“十四五”普通高等院校理工科基础课程系列教材

数 值 分 析

王亚红　王秋宝　田　茹◎主编

中国铁道出版社有限公司
CHINA RAILWAY PUBLISHING HOUSE CO., LTD.

内 容 简 介

本书分七章，包括绪论、非线性方程(组)的数值解法、线性方程组的数值解法、矩阵特征值的计算、函数的数值逼近、数值微分与数值积分、常微分方程数值解等。本书涵盖了数值分析领域基本的、常用的知识和方法，并且在算法及应用上增加了新工科背景的较新内容。每章附有习题和上机实验题，以及结合正文内容的素养提升内容，涉及算法背后的历史、应用案例、人文素养等。

本书适合作为普通高等院校数学专业“数值分析”课程、理工科院校高年级本科相关选修课程和研究生“数值分析”或“计算方法”课程的教材，也可作为高等院校“数学实验”课程的参考书，对从事科学计算的科技人员也有参考价值。

图书在版编目(CIP)数据

数值分析/王亚红，王秋宝，田茹主编. —北京：中国铁道出版社有限公司，2023.7

“十四五”普通高等院校理工科基础课程系列教材

ISBN 978-7-113-30271-9

Ⅰ.①数… Ⅱ.①王… ②王… ③田… Ⅲ.①数值分析-高等学校-教材 Ⅳ.①O241

中国国家版本馆 CIP 数据核字(2023)第 097191 号

书　　名：数值分析
作　　者：王亚红　王秋宝　田　茹

策　　划：潘星泉　　**编辑部电话：**(010)51873371
责任编辑：潘星泉　徐盼欣
封面设计：尚明龙
责任校对：刘　畅
责任印制：樊启鹏

出版发行：中国铁道出版社有限公司(100054，北京市西城区右安门西街 8 号)
网　　址：http://www.tdpress.com/51eds/
印　　刷：北京市科星印刷有限责任公司
版　　次：2023 年 7 月第 1 版　2023 年 7 月第 1 次印刷
开　　本：787 mm×1 092 mm 1/16　**印张：**13.5　**字数：**337 千
书　　号：ISBN 978-7-113-30271-9
定　　价：39.80 元

前　言

党的二十大报告指出："教育是国之大计、党之大计。培养什么人、怎样培养人、为谁培养人是教育的根本问题。"为此，我们以培养理工科德才兼备的高素质人才为宗旨，编写了本书。

"数值分析"是数学与应用数学专业的基础课程，也是理工科大学各专业开设的一门数学公共基础课程，其内容主要包括数值计算的理论与方法。数值计算是计算数学、计算机科学与其他工程学科相结合的产物，随着现代科学技术的发展和计算机的广泛使用，科学计算变得越来越重要，尤其是人工智能和机器学习正在蓬勃发展与应用，作为它们基础的数值计算方法也受到更广泛的重视。

本书是基于以下项目的研究成果：

研究生数学课程思政教学研究中心，项目编号：YSFZX2022014；

研究生"数值分析"课程思政示范课程建设项目，项目编号：YKCSZ2021070；

研究生"常微分方程数值方法"示范课程建设项目，项目编号：KCJX2022073。

本书的主要内容包括绪论、非线性方程（组）的数值解法、线性方程组的数值解法、矩阵特征值的计算、函数的数值逼近、数值微分与数值积分、常微分方程数值解等。本书具有如下特色：

(1) 每章附有精心挑选的习题和上机实验题。习题和上机实验题不仅涉及基础知识的巩固，还有新工科背景的数值计算的应用和拓展，以激发理工科本科生和研究生学习数值计算的兴趣和应用能力。

(2) 本书强调算法的理论分析，同时注重算法的实现，通过实例和MATLAB部分源程序、命令等更详细地体现了算法的应用。

(3) 本书内容编排有利于教学，由浅入深、由易到难，附有一些经典和当今较流行的算法介绍，还附有结合正文内容的素养提升内容，涉及算法背后的历史、应用案例、人文素养等，以丰富课堂内容和学生课外学习。

本书由王亚红、王秋宝、田茹主编，王亚红、王秋宝负责全书总体方案的设计、具体内容的安排及统稿。具体编写分工如下：王亚红编写第1～6章，王秋宝编写第7章，田茹编写全书例题、习题与上机实验题目。

本书是编者多年教研经验的积累，参考、借鉴了国内外优秀教材，力争使理论与实践相结合、课程与育人相结合，反映学科发展前沿，以适应新时代发展对学生培养的新要求。

感谢石家庄铁道大学数理系和研究生院的大力支持；感谢石家庄铁道大学马克思主义学院吕丽卿对素养提升部分内容提出的宝贵意见，感谢土木工程学院陈伟和机械工程学院范晓珂对部分新工科背景的例题进行修订。

限于编者水平，书中疏漏及不妥之处在所难免，恳请广大读者批评指正。

编　者

2023 年 1 月

目　　录

第1章　绪　　论

1.1　数值分析的研究对象与特点

科学技术离不开数学，它通过建立数学模型与数学产生紧密联系，数学又以各种形式应用于科学技术领域. 计算数学是数学的一个分支，通常也称为数值分析或数值计算方法. 它研究用计算工具(如算盘、计算器、计算机等)求解各种数学问题的数值计算方法及其理论与软件实现.

计算数学的前身可追溯到人类文明萌芽时期的算学和测绘学，是数学中最古老的一部分. 但是，计算工具的笨拙和数值计算的繁复，长期制约了计算数学的发展. 随着 20 世纪 40 年代计算机的出现，以及现代科学与工程中大规模科学计算的迫切需求，计算数学获得了前所未有的发展. 计算数学已经发展成为现代意义下的计算科学，科学计算已成为继牛顿(Isaac Newton，英国，1643—1727)和伽利略(Galileo Galilei，意大利，1564—1642)给出的理论研究和科学实验两大科学方法之后的第三大科学方法，并深入到各个学科领域的方方面面，扮演着越来越重要的角色.

用计算机求解科学技术问题主要包括如下几个环节：

(1)根据实际问题建立数学模型，即数学建模.

(2)设计求解数学模型的数值算法，即算法设计.

(3)根据计算方法，编制算法程序在计算机上算出结果.

(4)计算结果再表示，如图像的可视化等.

(5)分析计算结果的可靠性，必要时重复上述过程.

其中，(1)是应用数学的任务；(2)～(5)是计算数学的任务，也就是数值分析的研究对象，它涉及数学的各个分支，内容十分广泛.

“数值分析”都是以数学问题为研究对象，把理论与计算紧密结合，着重研究数学问题的数值算法及其理论，是一门内容丰富、研究方法深刻、有自身理论体系的课程. 它有纯数学的高度抽象与严密，又有应用的广泛性特点，是一门与计算机使用密切结合、实用性很强的数学课程. 本书针对源于科学与工程中的数学模型问题，介绍计算机上常用的、基本的数值计算方法的算法设计思想并进行算法分析. 内容包括非线性方程(组)的数值求解、线性方程组的数值求解、矩阵特征值的计算、函数的数值逼近、数值微分与数值积分、常微分方程数值解等.

需要特别注意的是，用计算机求解数学问题不是简单的构造算法. “数值分析”或“计算方法”这门课程不是一些方法简单的罗列，它涉及多方面的理论问题，如算法的收敛性和稳定性等. 除了理论分析，一个数值算法是否有效，还要通过大量的数值实验来检验，同时，大量的数值计算也促使理论分析更深入. 理论分析与数值计算相辅相成、相互促进. 因此，该课程理论分析与数值计算并重，具有理论性、实用性、实践性很强的特点.

对同一个数学问题,可构造多种数值计算方法,但它们不一定都有效.例如,求解一个 $n=30$ 的线性方程组,用克莱姆法则,要计算 31 个 30 阶行列式的值,至少需要 31! 次乘除法,若用每秒万亿次的计算机计算,也至少需要

$$\frac{31!}{365\times 24\times 3\ 600\times 10^{12}}\approx 2.607\ 445\times 10^{14}(\text{年})\approx 260(\text{万亿年}),$$

这是无法实现的!若用高斯列主元消元法则只需 9 890 次乘除法,不到 1 s 即可算出结果.克莱姆法则是线性方程组中重要且完美的理论结果,但是它并不适用于这里的数值计算.若仅靠计算机提高速度,不改变算法是不行的.这也说明评价理论结果和数值算法的“审美”观点是不同的.评价一个算法的好坏主要有两条标准:计算结果的精度和得到结果所付出的代价.我们自然追求代价小又能满足精度要求的算法.计算代价也称计算的复杂性,包括时间复杂性和空间复杂性.时间复杂性好指节省时间,主要由运算量决定;空间复杂性好指节省存储量,主要由数据量决定.一个面向计算机且计算复杂性好又有可靠的理论分析的算法就是好算法.

素养提升

了解数值计算的重要性

推荐观看电影《横空出世》(登录“学习强国”App 影视栏目可搜索观看),理解数值计算的重要性,理解我国在科技领域强调独立自主研发的重要性,培养严谨求实的科研精神,珍惜大好时光,不负美好青春,培育报效祖国的厚重情怀,激发求知欲、爱国情、报国志!

思考:影片中有哪些与数值计算相关的片段?哪些给你留下了最深刻印象?对你的学习有何启示?

电影《横空出世》由陈国星执导,李雪健和李幼斌领衔主演.影片讲述了我国制造第一颗原子弹的奋斗历程,是一部讴歌民族凝聚力和奉献精神的影片.该片不仅重现了那个时代的火热生活,而且昭示了一个民族、一个国家必须永远站在高科技前沿,拥有强大的现代化军事力量才能够不受外侮.

影片剧情简介:抗美援朝战争结束后,曾经立下赫赫战功的冯石将军接到中央委派的使命,带着一支英雄部队挺进戈壁滩.与此同时,科学家陆光达匆匆与妻子王茹慧告别,各科研机构、各重点大学也挑选大批优秀人才,奔赴西北荒漠.他们即将在那里完成一项震惊世界的使命——建造原子弹发射基地.

白手起家,艰苦创业,一群怀着崇高理想的中华儿女朝着共同的目标奋勇前进.

1.2 数值计算的误差

1.2.1 误差的来源

例 1 计算地球的表面积.

解 将地球近似看成一个球(这里有模型误差),可按照公式 $A=4\pi r^2$ 计算地球的表面积,其中地球半径取为 $r=6\ 370$ km(这是测量和计算得到的,有观测误差).

π 是无理数,$\frac{\pi}{2}=\frac{2}{\sqrt{2}}\cdot\frac{2}{\sqrt{2+\sqrt{2}}}\cdot\frac{2}{\sqrt{2+\sqrt{2+\sqrt{2}}}}\cdot\frac{2}{\sqrt{2+\sqrt{2+\sqrt{2+\sqrt{2}}}}}\cdot\cdots$.

可用有限项乘积近似圆周率 π 的值(这里有截断误差),即

$$\pi \approx p_n = 2 \cdot \frac{2}{q_1} \cdot \frac{2}{q_2} \cdot \cdots \cdot \frac{2}{q_n},$$

其中

$$\begin{cases} q_1 = \sqrt{2} \approx 1.414\ 214, \\ q_{k+1} = \sqrt{2+q_k}, \quad k = 1,2,\cdots,n-1. \end{cases}$$

如取 $n=8$,得

$$\pi \approx p_8 = 3.141\ 572\ 940\cdots \approx 3.141\ 6,$$

因此,$A=4\pi r^2 \approx 4\times 3.141\ 6\times 6\ 370^2 = 5.099\ 055\ 561\ 6\times 10^8 \approx 5.099\ 1\times 10^8(\mathrm{km}^2)$.

(这里输入数据和公式的计算都被舍入,有舍入误差.)

一般在数值计算时,首先需将一个物理系统或过程用一个数学模型描述.由于数学建模时往往忽略了许多次要因素,因此使得数学模型问题和真实的物理系统或过程存在差异,称这种差异为模型误差;在数学模型中存在各种参数,它们的值往往通过观测、测量或实验等手段获得,称由此产生的误差为观测误差(也称为数据误差或前计算误差);在计算过程中,为了求得数学模型问题的解,往往通过近似替代,将问题可算化,称由此产生的误差为截断误差(也称为离散误差、公式误差或方法误差);由于计算机只能对数的有限位进行存储和计算,因而往往会进行舍入,称这种由舍入引起的误差为舍入误差或计算误差.在"数值分析"中主要讨论算法的截断误差和舍入误差.

1.2.2　误差与误差限

定义 1　设 x 为准确值,$\tilde{x}$ 为 x 的一个近似值.称 $\Delta x = \tilde{x} - x$ 为近似值 $\tilde{x}$ 的绝对误差,简称误差.

由于通常情况下,准确值 x 的值未知,绝对误差 Δx 的值也不能算出.但是,往往可以给出绝对误差 Δx 的绝对值的一个上界.

例如,用有毫米刻度的计量工具测量某人身高 x 时,通常读出和该身高最接近的刻度 $\tilde{x}$.此时

$$|\Delta x| = |\tilde{x} - x| \leqslant 0.5(\mathrm{mm}).$$

再如,用一般的电子秒表读取时间时(读取到秒),绝对误差的绝对值不会超过 1 s.因此,给出如下绝对误差限的定义.它的值为正值且不唯一.

定义 2　设 x 为准确值,$\tilde{x}$ 为 x 的一个近似值.若正数 ε 满足

$$|\Delta x| = |\tilde{x} - x| \leqslant \varepsilon,$$

则称 ε 为近似值 $\tilde{x}$ 的一个绝对误差限,简称误差限.

不等式 $|\tilde{x} - x| \leqslant \varepsilon$,即 $\tilde{x} - \varepsilon \leqslant x \leqslant \tilde{x} + \varepsilon$,有时也表示为

$$x = \tilde{x} \pm \varepsilon.$$

误差和误差限的大小还不能完全表达近似值的精确程度.例如,百米比赛中,实际测量跑道 99 m,误差 1 m,这在竞赛规则里是不允许的.但是,马拉松比赛(42 195 m)中,实际测量 42 185 m,误差 10 m,这是允许的.再如,有两个量 $x=10\pm 1$ 和 $y=1\ 000\pm 1$ 的绝对误差限都

等于 1,但后者的精度显然比前者高.因此,为了更好地反映近似值的近似程度,必须考虑误差与准确值的比值,即相对误差.

定义 3 设 $x\neq 0$ 为准确值,$\tilde{x}$ 为 x 的一个近似值.称

$$\delta(x)=\frac{\Delta x}{x}=\frac{\tilde{x}-x}{x}$$

为近似值 $\tilde{x}$ 的相对误差.

在实际计算中,由于真值总是未知,因此通常取$\dfrac{\Delta x}{\tilde{x}}=\dfrac{\tilde{x}-x}{\tilde{x}}$作为 $\tilde{x}$ 的相对误差.

事实上,若$\dfrac{\Delta x}{x}$的值较小时,由于

$$\frac{\Delta x}{x}-\frac{\Delta x}{\tilde{x}}=\frac{(\tilde{x}-x)\Delta x}{x\tilde{x}}=\frac{(\Delta x)^2}{x(x+\Delta x)}=\frac{\left(\dfrac{\Delta x}{x}\right)^2}{1+\dfrac{\Delta x}{x}}\approx\left(\frac{\Delta x}{x}\right)^2,$$

其中,$\dfrac{\Delta x}{x}$的平方可忽略不计,故在实际计算时,可取

$$\tilde{\delta}(x)=\frac{\Delta x}{\tilde{x}}=\frac{\tilde{x}-x}{\tilde{x}}$$

作为近似值 $\tilde{x}$ 的相对误差.

定义 4 设 x 为准确值,$\tilde{x}$ 为 x 的一个近似值.若正数 ε_r 满足

$$|\delta(x)|=\left|\frac{\tilde{x}-x}{x}\right|\leqslant\varepsilon_r,$$

则称 ε_r 为近似值 $\tilde{x}$ 的一个相对误差限.

同样,若$\dfrac{\Delta x}{x}$的值较小,可用易于计算的 $\tilde{\varepsilon}_r$值代替 ε_r,其中 $\tilde{\varepsilon}_r$满足

$$|\tilde{\delta}(x)|=\left|\frac{\tilde{x}-x}{\tilde{x}}\right|\leqslant\tilde{\varepsilon}_r.$$

对于前述两个量 $x=10\pm1$ 和 $y=1\ 000\pm1$,由于

$$\varepsilon_r(x)=\frac{1}{10}=0.1,\quad \varepsilon_r(y)=\frac{1}{1\ 000}=0.001,$$

有 $\varepsilon_r(x)\gg\varepsilon_r(y)$,因此后者的相对误差限要小得多.

按照四舍五入原则近似下面三个值:

$$x=3.141\ 592\ 65\cdots,\quad y=314.159\ 265\cdots,\quad z=0.031\ 415\ 926\ 5\cdots,$$

得到准确到小数点后两位的近似值为

$$\tilde{x}=3.14,\quad \tilde{y}=314.16,\quad \tilde{z}=0.03.$$

它们的绝对误差限都等于 0.005.但是,它们的近似程度不同.比较它们的相对误差限不难判断 $\tilde{y}$ 的精度最高,$\tilde{z}$ 的精度最低.

1.2.3 浮点数与有效数字

小数在计算机中可以有两种方法表示.一种方法规定小数点的位置固定不变,称为定点数;一种是小数点的位置不固定,可以浮动,称为浮点数.为了提高精度,机器数通常是用浮点

数表示的. 比如,在一个 β 进制的字长为 t 的计算机中,非零的机器数可表示为如下浮点数的形式:

$$\mathrm{fl}(x)=\pm 0.a_1a_2\cdots a_t\times\beta^m,$$

其中,$1\leqslant a_1<\beta, 0\leqslant a_2, a_3, \cdots, a_t<\beta, m_1\leqslant m\leqslant m_2$,而 m_1 和 m_2 为整数且 $m_1<m_2$. $a_1a_2a_3\cdots a_t$ 称为尾数,m 称为阶码.

不难看出,最大和最小的正的机器数分别为

$$x_{\max}^{+}=0.(\beta-1)(\beta-1)\cdots(\beta-1)\times\beta^{m_2},\quad x_{\min}^{+}=0.10\cdots0\times\beta^{m_1};$$

而最小和最大的负的机器数分别为

$$x_{\min}^{-}=-0.(\beta-1)(\beta-1)\cdots(\beta-1)\times\beta^{m_2},\quad x_{\max}^{-}=-0.10\cdots0\times\beta^{m_1}.$$

数 0 在计算机中通常表示为

$$0.00\cdots0\times\beta^0.$$

它在有的计算机中用最小的正的机器数,即 $0.00\cdots1\times\beta^{m_1}$ 表示. 显然,计算机仅能表示有限个数. 从下面的例子还可看出,机器数之间不仅是离散的,而且是不均匀分布的.

例 2　试表示出所有的机器数,其中 $\beta=2, t=3, m_1=0, m_2=2$.

解　非零机器数可表示为

$$\mathrm{fl}(x)=\pm(0.a_1a_2a_3)_2\times2^m=\pm\left(\frac{a_1}{2}+\frac{a_2}{2^2}+\frac{a_3}{2^3}\right)\times2^m,$$

其中,$a_1=1, a_2, a_3=0,1, 0\leqslant m\leqslant2$. 它们可分为如下六组:

$$\pm\begin{cases}0.5,\\0.625,\\0.75,\\0.875;\end{cases}\qquad\pm\begin{cases}1,\\1.25,\\1.5,\\1.75;\end{cases}\qquad\pm\begin{cases}2,\\2.5,\\3,\\3.5.\end{cases}$$

在各组中,机器数是等距的. 因此,在一个计算机系统中,机器数的全体仅表示实轴上的有限个点,这些点是不均匀分布的,如图 1.1 所示.

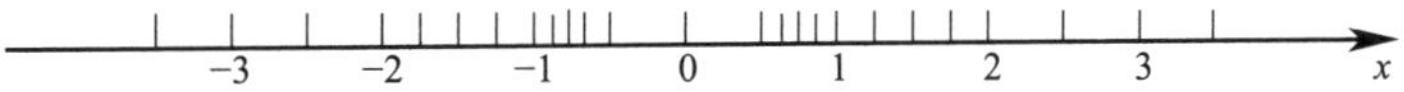

−3　−2　−1　0　1　2　3　x

图 1.1

一个数在输入计算机时,如果不出现上溢(如大于最大机器数的数),都将以机器数(如浮点数)的形式表示. 由于计算机只能表示有限个数,故通常利用某种舍入的规则(如四舍五入、截断舍入等),将数进行浮点化. 这样势必产生舍入误差. 下面通过引入有效数字的概念分析舍入误差. 为习惯起见,在下面的讨论中采用十进制且假定按照四舍五入规则进行舍入.

定义 5　设 x 为准确值,如果 $\frac{1}{2}\times10^{-n}$ 为近似数 $\widetilde{x}$ 的一个绝对误差限,即

$$|\Delta x|=|\widetilde{x}-x|\leqslant\frac{1}{2}\times10^{-n},$$

则称 $\widetilde{x}$ 准确到小数点后 n 位,并称 $\widetilde{x}$ 的第一个非零数字位到小数点后第 n 位的全部数字为 $\widetilde{x}$ 的有效数字.

显然,如果将 x 经四舍五入保留到小数点后 n 位,则得到准确到小数点后 n 位的近似数.

例如：

$$x=3.14159265\cdots\approx\widetilde{x}=3.14,$$
$$y=314.159265\cdots\approx\widetilde{y}=314.16,$$
$$z=0.0314159265\cdots\approx\widetilde{z}=0.03,$$

有效数字分别为3位、5位和1位.

对于一般情形，设 $\widetilde{x}$ 准确到小数点后 n 位. 如果 $\widetilde{x}$ 的形式为

$$\widetilde{x}=\pm a_1a_2\cdots a_m.b_1b_2\cdots b_n\cdots \quad (a_1\neq 0),$$

则 $\widetilde{x}$ 具有 $n+m$ 位有效数字，且

$$|\delta(x)|=\frac{|\widetilde{x}-x|}{|x|}\leqslant\frac{0.5\times 10^{-n}}{0.a_1\times 10^{m}}\leqslant 5\times 10^{-(n+m)}; \tag{1.1}$$

如果 $\widetilde{x}$ 的形式为

$$\widetilde{x}=\pm 0.00\cdots 0b_{m+1}b_{m+2}\cdots b_n\cdots \quad (b_{m+1}\neq 0),$$

则 $\widetilde{x}$ 具有 $n-m$ 位有效数字，且

$$|\delta(x)|=\frac{|\widetilde{x}-x|}{|x|}\leqslant\frac{0.5\times 10^{-n}}{0.b_{m+1}\times 10^{-m}}\leqslant 5\times 10^{-(n-m)}. \tag{1.2}$$

由式(1.1)和式(1.2)可以看出有效数字越多，相对误差就越小，近似数的精确程度也就越高.

例3 用四位浮点数计算

$$A=12\,340+1+2+3+4.$$

解 计算机计算加减法时的步骤为先对阶，后加减，再舍入. 具体的步骤是：浮点数相加要先比较它们的阶码，如果阶码相同则尾数相加，相加后尾数大于一，阶码加一；如果阶码不等，则以相对大的阶码为准，将阶码小的浮点数尾数移位直到阶码一致，再按阶码相等时的规则相加.

如果直接计算，则

$$12\,340+1:\mathrm{fl}(0.123\,4\times 10^{5}+0.100\,0\times 10^{1})=0.123\,4\times 10^{5},$$
$$12\,340+1+2:\mathrm{fl}(0.123\,4\times 10^{5}+0.200\,0\times 10^{1})=0.123\,4\times 10^{5},$$
$$12\,340+1+2+3:\mathrm{fl}(0.123\,4\times 10^{5}+0.300\,0\times 10^{1})=0.123\,4\times 10^{5},$$
$$A=12\,340+1+2+3+4:\mathrm{fl}(0.123\,4\times 10^{5}+0.400\,0\times 10^{1})=0.123\,4\times 10^{5}.$$

计算结果与 A 的真值12 350的误差为10. 出现“大数吃小数”现象，计算结果不可靠！

如果先计算

$$1+2:\mathrm{fl}(0.100\,0\times 10^{1}+0.200\,0\times 10^{1})=0.300\,0\times 10^{1},$$

继续计算

$$1+2+3:\mathrm{fl}(0.300\,0\times 10^{1}+0.300\,0\times 10^{1})=0.600\,0\times 10^{1},$$
$$1+2+3+4:\mathrm{fl}(0.600\,0\times 10^{1}+0.400\,0\times 10^{1})=0.100\,0\times 10^{2},$$

最后计算

$$1+2+3+4+12\,340:\mathrm{fl}(0.100\,0\times 10^{2}+0.123\,4\times 10^{5})=0.123\,5\times 10^{5}.$$

计算结果和真值相等.

在理论上加法交换律成立，即 $A=12\,340+1+2+3+4$，$B=1+2+3+4+12\,340$ 相等，但在数值计算上，浮点数加法不满足交换律与结合律. 这是计算机进行数值计算的特点，设计算法时注意避免“大数”吃掉“小数”.

素养提升

浮点运算的先驱——威廉·凯亨

威廉·凯亨(William M. Kahan)1933 年 6 月生于多伦多.在完成中学学业以后,进入多伦多大学.在那里,他于 1954 年取得数学学士学位,于 1956 年取得硕士学位,于 1958 年取得博士学位.学成以后,凯亨在母校和加州大学伯克利分校从事过教学和研究工作,又在 Intel、NS、IBM、HP、Apple 等公司工作过.这些经历使他积累了丰富的工程实践经验,并为计算机科学技术,尤其是在计算机运算技术的发展方面做出了重要贡献.

对于计算机而言,计算复杂程度越大,要求的内存也就越多,计算所用的时间也就越长,同时也需要更多的晶体管来支持计算.计算机中的"数"有"定点数"和"浮点数"之分,"定点数"的运算部件的设计和实现比较容易,而"浮点数"的运算部件的设计和实现却复杂得多,困难得多.因此,较早的计算机许多都不配备浮点运算,而是采用 IBM 的巴科斯(J. Backus,1999 年度图灵奖获得者)发明的软件,由定点运算部件去完成浮点运算.但这种做法使浮点运算的速度大大降低,难以满足某些应用的需要.在英特尔供职期间,凯亨主持设计与开发了 8087 芯片,成功地实现了高速、高效的浮点运算部件.凯亨后来又主持制定了二进制的、与基数无关的浮点运算标准,即 IEEE 754 标准和 IEEE 854 标准.这两个标准至今仍为大多数计算机厂商所遵守.也正是由于这两个标准,ACM 于 1990 年 1 月宣布凯亨因在浮点运算标准的制定上的贡献而获得图灵奖.

凯亨在科学、工程、财会计算的数值算法的设计、误差分析、验证与自动诊断方面也有卓越的贡献,曾发表过许多有价值的论文,尤其是在矩阵计算方面有极高的学术造诣.

严密、严谨、严格、追求更进一步是凯亨的一贯作风.

1.2.4 误差的传播

设有两个数 x_1, x_2 的近似数 $\tilde{x}_1, \tilde{x}_2$,将它们进行简单的四则运算,可得

$$\begin{cases} \Delta(x_1 \pm x_2) = \tilde{x}_1 \pm \tilde{x}_2 - (x_1 \pm x_2) = \Delta x_1 \pm \Delta x_2, \\ \delta(x_1 \pm x_2) = \dfrac{\Delta(x_1 \pm x_2)}{x_1 \pm x_2} = \dfrac{x_1}{x_1 \pm x_2}\delta(x_1) \pm \dfrac{x_2}{x_1 \pm x_2}\delta(x_2); \end{cases}$$

$$\begin{cases} \Delta(x_1 x_2) = \tilde{x}_1 \tilde{x}_2 - x_1 x_2 \approx x_2 \Delta x_1 + x_1 \Delta x_2, \\ \delta(x_1 x_2) = \dfrac{\Delta(x_1 x_2)}{x_1 x_2} \approx \delta(x_1) + \delta(x_2); \end{cases}$$

$$\begin{cases} \Delta(x_1/x_2) = \tilde{x}_1/\tilde{x}_2 - x_1/x_2 \approx \dfrac{\Delta x_1}{x_2} - \dfrac{x_1}{x_2^2}\Delta x_2, \\ \delta(x_1/x_2) = \dfrac{\Delta(x_1/x_2)}{x_1/x_2} \approx \delta(x_1) - \delta(x_2). \end{cases}$$

由上面各式可以看出,当两个同(异)号相近数相减(加)时,相对误差可能很大,会严重丢失有效数字;而当两个数相乘(除)时,大因子(小除数)可能使积(商)的绝对误差增大许多.因此,在设计算法时,应尽量避免上述情况发生.例如,当 x 很大时,用 $\dfrac{1}{\sqrt{x+1}+\sqrt{x}}$ 计算比直接计算 $\sqrt{x+1}-\sqrt{x}$ 可以减少有效数字的损失.

当计算函数值 $f(x)$ 时,计算结果也会因自变量的误差而产生误差:

$$|\Delta(f(x))|=|f(\tilde{x})-f(x)|\approx\left|f'(x)\Delta x+\frac{f''(\xi)}{2}(\Delta x)^2\right|$$
$$\approx|f'(x)\Delta x|\leqslant|f'(x)||\Delta x|,$$
$$|\delta(f(x))|=\left|\frac{\Delta(f(x))}{f(x)}\right|\approx\left|\frac{x}{f(x)}f'(x)\delta(x)\right|\leqslant\left|\frac{x}{f(x)}f'(x)\right||\delta(x)|.$$

更一般地，计算 $A=f(x_1,x_2,\cdots,x_n)$，自变量 x_i 有误差 $|\Delta x_i|=|\tilde{x}_i-x_i|$，$i=1,2,\cdots,n$，

$$|\Delta(f(x_1,x_2,\cdots,x_n))|=|f(\tilde{x}_1,\tilde{x}_2,\cdots,\tilde{x}_n)-f(x_1,x_2,\cdots,x_n)|$$
$$\approx\left|\sum_{i=1}^{n}\frac{\partial f(x_1,x_2,\cdots,x_n)}{\partial x_i}\Delta x_i\right|$$
$$\leqslant\sum_{i=1}^{n}\left|\frac{\partial f(x_1,x_2,\cdots,x_n)}{\partial x_i}\right||\Delta x_i|, \tag{1.3}$$
$$|\delta(f(x_1,x_2,\cdots,x_n))|\approx\left|\sum_{i=1}^{n}\frac{x_i}{f(x_1,x_2,\cdots,x_n)}\cdot\frac{\partial f(x_1,x_2,\cdots,x_n)}{\partial x_i}\delta(x_i)\right|$$
$$\leqslant\sum_{i=1}^{n}\left|\frac{x_i}{f(x_1,x_2,\cdots,x_n)}\cdot\frac{\partial f(x_1,x_2,\cdots,x_n)}{\partial x_i}\right||\delta(x_i)|. \tag{1.4}$$

因此，在计算函数值时，如果

$$\left|\frac{\partial f(x_1,x_2,\cdots,x_n)}{\partial x_i}\right| \quad 或 \quad \left|\frac{x_i}{f(x_1,x_2,\cdots,x_n)}\cdot\frac{\partial f(x_1,x_2,\cdots,x_n)}{\partial x_i}\right| \tag{1.5}$$

比较大，则可能引起计算结果产生较大的绝对误差或相对误差. 式(1.5)中的量通常称为问题 f 的条件数，其绝对值的大小可反映函数值对数据的敏感程度.

例 4 已知三角形面积 $s=\frac{1}{2}ab\sin c$，其中 c 为弧度，$0<c<\frac{\pi}{2}$，且测量 a,b,c 的误差分别为 $\Delta a,\Delta b,\Delta c$，证明面积的误差 Δs 满足 $\left|\frac{\Delta s}{s}\right|\leqslant\left|\frac{\Delta a}{a}\right|+\left|\frac{\Delta b}{b}\right|+\left|\frac{\Delta c}{c}\right|$.

解 因为

$$s=\frac{1}{2}ab\sin c,\quad \frac{\partial s}{\partial a}=\frac{1}{2}b\sin c,\quad \frac{\partial s}{\partial b}=\frac{1}{2}b\sin c,\quad \frac{\partial s}{\partial c}=\frac{1}{2}ab\cos c,$$

利用式(1.3)，得

$$|\Delta s|\leqslant\left|\frac{\partial s}{\partial a}\right||\Delta a|+\left|\frac{\partial s}{\partial b}\right||\Delta b|+\left|\frac{\partial s}{\partial c}\right||\Delta c|$$
$$=\left|\frac{1}{2}b\sin c\right||\Delta a|+\left|\frac{1}{2}a\sin c\right||\Delta b|+\left|\frac{1}{2}ab\cos c\right||\Delta c|.$$

所以

$$\left|\frac{\Delta s}{s}\right|=\frac{\left|\frac{1}{2}b\sin c\right||\Delta a|+\left|\frac{1}{2}a\sin c\right||\Delta b|+\left|\frac{1}{2}ab\cos c\right||\Delta c|}{\left|\frac{1}{2}ab\sin c\right|}$$
$$=\left|\frac{\Delta a}{a}\right|+\left|\frac{\Delta b}{b}\right|+\left|\frac{\Delta c}{\tan c}\right|$$
$$\leqslant\left|\frac{\Delta a}{a}\right|+\left|\frac{\Delta b}{b}\right|+\left|\frac{\Delta c}{c}\right|.$$

1.3　算法的稳定性

由前所述，计算机往往只能近似求解实际问题. 这不仅是由于在数学建模过程中存在着模型误差，计算数据的采集过程中存在着数据误差，在可算化过程中存在的方法误差，而且在机器浮点计算时存在着舍入误差. 自然，利用近似计算有时会冒风险.

例 5　求解线性方程组

$$\begin{cases} x_1 + \frac{1}{2}x_2 + \frac{1}{3}x_3 = \frac{11}{6}, \\ \frac{1}{2}x_1 + \frac{1}{3}x_2 + \frac{1}{4}x_3 = \frac{13}{12}, \\ \frac{1}{3}x_1 + \frac{1}{4}x_2 + \frac{1}{5}x_3 = \frac{47}{60}. \end{cases}$$

解　不难验证，线性方程组的精确解为 $x_1 = x_2 = x_3 = 1$. 若将线性方程组的系数舍入成两位浮点数变成如下线性方程组：

$$\begin{cases} x_1 + 0.50x_2 + 0.33x_3 = 1.8, \\ 0.50x_1 + 0.33x_2 + 0.25x_3 = 1.1, \\ 0.33x_1 + 0.25x_2 + 0.20x_3 = 0.78. \end{cases}$$

求其精确解，得 $x_1 = -11.333\cdots$，$x_2 = 65.238\cdots$，$x_3 = -59.047\cdots$. 这两组解之间可算是相差万里.

数据微小的变化引起了解的剧烈变化，称得上是“差之毫厘，谬以千里”. 这样的问题称为病态问题或坏条件问题. 当计算机用近似计算求解这类问题时，是相当冒险的，得到的结果可能根本不可靠. 因此，处理病态问题必须非常小心. 从上面的例子还可看到，对于病态问题，即使使用好的算法求解(如精确求解)，也往往因为初始数据的误差，得到不可靠的解. 因此，对于这类病态问题，一般应采用高精度计算.

非病态问题又称为良态问题. 对于良态问题，由于舍入的影响，不恰当的算法同样可引起计算结果的不可信.

例 6　计算定积分值

$$I_k = e^{-1}\int_0^1 x^k e^x \mathrm{d}x, \quad k = 0,1,\cdots,15.$$

解　利用积分学的知识，有

$$I_k > 0,$$

$$\frac{e^{-1}}{n+1} = e^{-1} \min_{0 \leqslant x \leqslant 1}(e^x) \int_0^1 x^n \mathrm{d}x < I_k < e^{-1} \max_{0 \leqslant x \leqslant 1}(e^x) \int_0^1 x^n \mathrm{d}x = \frac{1}{n+1}.$$

再利用分部积分公式得递推关系式

$$\begin{cases} I_k = 1 - kI_{k-1}, \quad k = 1,2,\cdots, \\ I_0 = 1 - e^{-1}. \end{cases} \tag{1.6a}$$

$$I_0 = 0.632\,120\,55\cdots \approx 0.632\,1 = \widetilde{I}_0 \text{，(初值误差} |I_0 - \widetilde{I}_0| \leqslant 0.5 \times 10^{-4}\text{)}$$

可由式(1.6a)递推出计算公式为

$$\begin{cases} \widetilde{I}_0 = 0.632\ 1, \\ \widetilde{I}_k = 1 - k\widetilde{I}_{k-1}, \quad k = 1,2,\cdots,15. \end{cases} \tag{1.6b}$$

计算结果见表 1.1 中第二列. 由此可见,当 k 较大时用 $\widetilde{I}_k$ 计算 I_k 误差太大了,显然不正确. 这里计算公式和每步计算均正确,但是分析每步的误差有

$$|I_k - \widetilde{I}_k| = k\,|I_{k-1} - \widetilde{I}_{k-1}| = \cdots = k!\,|I_0 - \widetilde{I}_0|,$$

计算过程中舍入误差逐步增长,计算到 I_{15} 时,误差为 $0.268\ 8 \times 10^8$,计算结果严重不可靠! 这表明式(1.6b)这样的算法是不能用的.

注意到

$$\frac{e^{-1}}{15+1} < I_{15} < \frac{1}{15+1}, \quad I_{15} = \frac{1}{2}\left(\frac{e^{-1}}{15+1} + \frac{1}{15+1}\right) \approx 0.042\ 746\ 2\cdots,$$

如果将递推公式变形为

$$\begin{cases} \widetilde{I}_{15} = 0.042\ 7, \\ \widetilde{I}_{k-1} = \dfrac{1}{k}(1 - \widetilde{I}_k), \quad k = 15,14,\cdots,1. \end{cases} \tag{1.7}$$

则在算出 I_{15} 后,可由式(1.7)依次算出 $I_{14}, I_{13}, \cdots, I_0$(见表 1.1 中第三列,表中箭头方向是计算的顺序). 可以看出式(1.7)计算的结果可靠. 分析每步的误差有 $|I_{k-1} - \widetilde{I}_{k-1}| = \dfrac{1}{k}|I_k - \widetilde{I}_k|$,每步计算中舍入误差不增长,得到控制,这表明式(1.7)的计算是可靠的.

表 1.1

k	$I_k = 1 - kI_{k-1}$ (↓)	$I_{k-1} = (1 - I_k)/k$ (↑)	精确解
0	0.632 1	0.632 1	0.632 1
1	0.367 9	0.367 9	0.367 9
2	0.264 2	0.264 2	0.264 2
3	0.207 4	0.207 3	0.207 3
4	0.170 4	0.170 9	0.170 9
5	0.148 0	0.145 5	0.145 5
6	0.112 0	0.126 8	0.126 8
7	0.216 0	0.112 4	0.112 4
8	−0.728 0	0.100 9	0.100 9
9	$0.755\ 5 \times 10^1$	0.091 6	0.091 6
10	$-0.745\ 2 \times 10^2$	0.083 9	0.083 9
11	$0.820\ 7 \times 10^3$	0.077 4	0.077 4
12	$-0.984\ 8 \times 10^4$	0.071 8	0.071 8
13	$0.128\ 0 \times 10^6$	0.066 9	0.067 0
14	$-0.179\ 2 \times 10^7$	0.063 8	0.062 7
15	$0.268\ 8 \times 10^8$	0.042 7	0.059 0

由于算法的不同,舍入误差对计算结果的影响程度也不一样. 与精确解相比,式(1.6b)由于数据微小的变化引起了后面计算结果的剧烈变化,误差积累越来越大,导致后面的计算值失真. 而用式(1.7),误差并没有随着计算步骤的增多而无限制增大. 上面的例子说明,由于算法

不同,舍入误差对计算结果的影响程度也不一样.

如果算法的舍入误差积累可以得到控制,则称算法是稳定的,否则称为不稳定的.显然,在上面例子中的式(1.6b)所示算法是不稳定的,式(1.7)所示算法是稳定的.不稳定的算法可能导致计算结果不可靠甚至严重失真.因此,在计算时,应该采用稳定的算法.

素养提升

理解算法的稳定性

某些事物发展的结果对初始条件具有极为敏感的依赖性,初始条件的极小偏差,将会引起结果的极大差异.

《礼记·经解》:《易》曰:"君子慎始,差若毫厘,谬以千里."

《魏书·乐志》:但气有盈虚,黍有巨细,差之毫厘,失之千里.

《韩非子·喻老》:昔者纣为象箸而箕子怖,以为象箸必不加于土铏,必将犀玉之杯;象箸玉杯必不羹菽藿,则必旄、象、豹胎;旄、象、豹胎必不衣短褐而食于茅屋之下,则锦衣九重,广室高台.吾畏其卒,故怖其始.居五年,纣为肉圃,设炮烙,登糟丘,临酒池,纣遂以亡.故箕子见象箸以知天下之祸.故曰:"见小曰明."

一只蝴蝶在巴西轻拍翅膀,可能导致一个月后得克萨斯州的一场龙卷风.

一个不起眼的小动作却足以引起一连串巨大的反应.一个坏的微小的机制,如果不及时地加以引导、调节,会给社会带来非常大的危害;一个好的微小的机制,只要正确指引,经过一段时间的努力,将会产生轰动效应.

1.4 算法设计的注意事项

数值分析是借助计算机研究数值问题的算法,所以算法设计要注意有可靠的理论分析,要保证算法具有收敛性和较高的收敛速度,要注意保证算法具有数值稳定性,要小心处理病态问题.为保证数值计算的准确性,应遵循以下减少舍入误差的原则:

(1)设计算法时,注意避免"大数"吃掉"小数".在数值计算上,浮点数加法不满足交换律与结合律.这是计算机进行数值计算的特点,例3说明的就是这种情况,解决此问题的方法主要是调整运算次序.

(2)避免符号相同的两个相近的数相减.例如,一元二次方程 $ax^2+bx+c=0(a\neq 0)$ 求两个根可由求根公式 $x=\dfrac{-b\pm\sqrt{b^2-4ac}}{2a}$ 给出,如果 $4ac$ 相对于 b^2 很小,则 $-b+\sqrt{b^2-4ac}$ 会发生抵消现象(不妨设 $b>0$),此时可采用 $x=\dfrac{2c}{-b-\sqrt{b^2-4ac}}$ 计算一个根.

再如,关于样本方差的计算,有限实数列 $x_i,i=1,2,\cdots,n$,它的均值和方差分别为

$$\bar{x}=\frac{1}{n}\sum_{i=1}^{n}x_i,\quad \sigma^2=\frac{1}{n-1}\sum_{i=1}^{n}(x_i-\bar{x}). \tag{1.8}$$

计算方差还可以用式(1.8)的变形

$$\sigma^2=\frac{1}{n-1}\left(\sum_{i=1}^{n}x_i^2-n\bar{x}^2\right). \tag{1.9}$$

采用式(1.8)与式(1.9)均可以计算方差,哪个计算更可靠?请读者自行上机实验并分析计算

结果.

(3)避免中间计算结果出现上溢或下溢. 上溢或下溢主要在乘法、除法运算中出现. 多个很大的数相乘可能导致上溢,很小的数相乘可能导致下溢;类似的极端情况在做除法运算时也可能发生. 下面通过一个简单的例子说明如何避免中间结果上溢.

例如,计算 $y=\frac{x_1}{x_2x_3\cdots x_n}$,其中 $\left|\frac{x_1}{x_2}\right|>3.403\times10^{38}$,$x_2$ 比 x_1 小很多. 采用单精度浮点数计算 $\frac{x_1}{x_2}$ 会发生上溢. 为避免上溢,应先计算分母 $z=x_2x_3\cdots x_n$,然后计算 $y=\frac{x_1}{z}$.

(4)注意简化步骤,减少运算次数. 求解一个问题有多种数学方法和具体算法,如果某种算法能减少计算次数,不但可以节约计算的时间,而且可以减少舍入误差的影响. 节省计算时间是时间复杂性好,节省存储空间是空间复杂性好,计算复杂性是算法要研究的一个重要内容.

例如,计算多项式 $P_n(x)=a_nx^n+a_{n-1}x^{n-1}+\cdots+a_0$ 的值,若直接计算,共需要 $\frac{n(n+1)}{2}$ 次乘法和 n 次加法. 可改用

$$P_n(x)=((a_nx+a_{n-1})x+\cdots+a_1)x+a_0,$$

即

$$\begin{cases}S_n=a_n,\\ S_k=xS_{k+1}+a_k, \quad k=n-1,n-2,\cdots,0,\\ P_n(x)=S_0.\end{cases}$$

仅需 n 次乘法和 n 次加法,计算量大大减少了.

我们称其为秦九韶算法. 这是我国南宋数学家秦九韶于 1247 年提出的. 国外称之为霍纳(Horner)算法,是 1891 年给出的,比秦九韶算法晚 500 多年.

减少乘除法的运算次数是设计算法中十分重要的一个原则. 例如,离散傅里叶变换(DFT)如点数太多其计算量太大,即使高速计算机也难于广泛使用,直到 20 世纪 60 年代提出了快速傅里叶变换(FFT)才使它得以广泛应用.

1.5 数值计算软件

近几十年来,随着计算机软件、互联网等技术的发展,涌现出一些高质量的数值计算软件或程序包,如 Maple,Mathematica,MATLAB,GAMS,libnet,Python 等,其中一些还可免费获得源代码. 有效地借助这些软件程序,可方便地求解一些典型问题,推进具体的科学与工程研究工作. 使用数学软件的重要性已得到广泛认同,基于此种考虑,目前理工科院校基本上都开设了"数学实验"课程. 本书在介绍数值计算基础算法的同时,还希望读者重视数值算法程序的编写和数值计算软件的使用,加深对方法的理解,了解最新的进展,真正获得实践应用的能力.

当前应用广泛的数值计算软件是美国 MathWorks 公司的 MATLAB. MATLAB 是一个交互式系统,汇集了大量的数值算法,尤其是处理线性代数、矩阵计算问题的能力很强. MATLAB 中包含大量的内部算法函数,较新的 MATLAB 版本具有一些加速运行的机制,因此用 MATLAB 进行编程实验非常便捷、高效. 除集成了大量先进的数值算法,MATLAB 还提供了强大的计算可视化功能. 通过 MATLAB 中的命令能很方便地分析计算的数据,以及将计算结

果以图形的形式直观显示. MATLAB 本身也定义了一种高级编程语言,语法比较简洁,有利于快速编写程序,同时 MATLAB 中还包含了很多选项工具箱(Toolbox),为信号处理、图像处理、控制、系统辨别、优化、统计、金融、通信等各种专业应用提供专门的工具,形成了一个很好的集成开发环境. MATLAB 已成为广大科研人员首选的工具软件.

本书每章均附有上机实验练习,建议读者在 MATLAB 中进行实践.

1.6 写给读者的话

数学学科经历了前所未有的繁荣和发展,其推动力源于数学的逻辑体系内部,但更重要的还是整个自然科学和工程技术发展的推动. 今天几乎没有一个数学分支是“没用的”,数学在其他学科的应用空前广泛,同时,其他学科不断提出新问题,又称为数学发展的基本源泉. 当代高科技本质上都是数学技术.

计算机从发明至今,已成为现代社会的支柱之一,对社会进步所起的作用举世公认,其发展速度在科学历史上实属少见. 催生计算机的迅速发展的,不是 Internet,不是数据库,不是游戏,而是源于重大实际应用问题、与流体力学相关的偏微分方程的计算等科学计算问题. 计算机对科学技术最深刻的影响莫过于它使科学计算并列于理论分析和实验研究,称为人类探索未知科学领域和进行大型工程涉及的第三种手段和方法. 科学计算在创新性研究中有突出作用,它已是衡量国家综合实力的一个重要方面,我国亦在大力推动和发展.

计算机仿真是在科学研究工作中普遍采用的方法,是以科学计算为手段进行的科学研究工作,我国已有这方面的成功经验.

“数值分析”是一门数学课. 抽象和严格的演绎、思维逻辑严密是所有数学课共有的特色,但与你以前熟悉的数学课又完全不同,其中“误差”(这个在数学上似乎根本就不应当存在的)是数值分析讨论的核心. 所以,从基本的思想方法和思维方式到课程的学习方法都有重大变化,学习本课程时,认真阅读教材并做一定量的习题十分重要,使用计算机进行上机计算更是必需的.“数值分析”是当今热门且内容十分广泛的发展迅速的学科,所介绍的算法都很经典,学习这门课的目的不要局限于方法的罗列,还要把主要精力放在算法分析和算法设计上,提升评价和鉴赏算法的能力,重在把握算法背后的思想和基本原理,这样才能针对具体问题筛选和比较算法,并更好地将其应用到解决实际问题中.

习　题

1. 设下面各数都是经过四舍五入得到的近似数,即误差不超过最后一位的半个单位,试指出它们各有几位有效数字.

(1) $\widetilde{x}=2.17$;　(2) $\widetilde{x}=2.170$;　(3) $\widetilde{x}=0.021\,70$;　(4) $\widetilde{x}=2.107\,0$.

2. 用十进制四位浮点数计算

(1) $31.97+2.456+0.135\,2$;　(2) $2.456+0.135\,2+31.97$.

哪个较精确?

3. 设正方形的边长大约 100 cm, 应该怎样测量才能使其面积的误差不超过 1 cm^2?

4. 下面计算 y 的公式(A)与(B),哪个算得准确些? 为什么?

(1)已知$|x|\ll 1$,(A)$y=\frac{2\sin^2 x}{x}$,(B)$y=\frac{1-\cos 2x}{x}$;

(2)(A)$y=9-\sqrt{80}$,(B)$y=\frac{1}{9+\sqrt{80}}$.

5. 设$T=x\cosh y$,$x=2$,$y=\ln 2$,若$|\tilde{x}-x|\leqslant 0.04$,$|\tilde{y}-y|\leqslant 0.02$,试估计$|\tilde{T}-T|$的上限.

6. 设序列$\{y_n\}$满足递推关系$y_{n+1}=100y_n-1$,$n=0,1,2,\cdots$.若$y_0=\sqrt{2}\approx 1.41$(3位有效数字)计算到y_{10}误差有多大?这个计算过程稳定吗?

上机实验

1. 验证序列$\{3^{-n}\}$可由下列四种递推公式生成:

(1)$x_0=1,x_n=\frac{1}{3}x_{n-1},n=1,2,\cdots$;

(2)$x_0=1,x_1=\frac{1}{3},x_n=\frac{4}{3}x_{n-1}-\frac{1}{3}x_{n-2},n=2,3,\cdots$;

(3)$x_0=1,x_1=\frac{1}{3},x_n=\frac{10}{3}x_{n-1}-x_{n-2},n=2,3,\cdots$;

(4)$x_0=1,x_1=\frac{1}{3},x_n=\frac{5}{3}x_{n-1}-\frac{4}{9}x_{n-2},n=2,3,\cdots$.

若初始值用5位有效数字给出,分别计算$\{x_n\}$,并对计算结果和算法进行分析.

2. 试导出计算积分$I_n=\int_0^1\frac{x^n}{4x+1}\mathrm{d}x$的递推公式并计算,分析所得公式的数值稳定性.

3. 统计学中,样本的标准差

$$s=\sqrt{\frac{1}{n-1}\sum_{i=1}^{n}(x_i-\bar{x})^2}=\sqrt{\frac{1}{n-1}\left(\sum_{i=1}^{n}x_i^2-n\bar{x}^2\right)},$$

两式理论上等价,数值计算上有何不同?分别取$x=10^9,10^9+1,10^9+2$进行计算并比较.

第 2 章　非线性方程(组)的数值解法

2.1　引　　言

在科学研究和工程计算中常常遇到非线性方程(组)求解问题.非线性科学已是21世纪科学技术发展的重要支柱,本章只讨论有限维的问题,它们可以是单个的方程,也可以是多个方程联立的方程组.

例如,$x^6-2x^5-8x^4+14x^2-28x+12=0$ 这个代数方程有三个解 $x=-2,1,3$. 这三个解重数各不相同,3是单根,-2是二重根,1是三重根.

再如,$\mathrm{e}^{-x/10}\sin(10x)=0$,这是含有超越函数的非线性方程.当 x 的取值范围不同时,它的解的个数也不同.它在整个实轴上有无穷多个解.

Stewart 平台(见图 2.1)是一个包含六个可变长度的支杆或者棱柱关节,用于支撑负载,棱柱关节通过气动或者水动的方式改变支杆的长度运转.Stewart 平台可以放在任何地方,并趋向它能力范围之内的三维空间,它是具有六个自由度的机器人,该平台可以极高的精度进行定位,最初由 Dunlop Tire 公司的 Efic Gough 在 20 世纪 50 年代发明,用于测试飞机的轮胎.1965 年由美国学者 Stewart 将它作为飞行模拟器机构提出来.

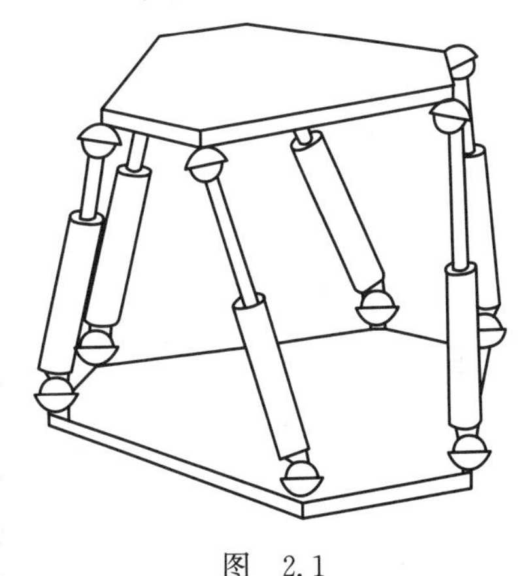

图　2.1

上述机构全称 Gough-Stewart 平台.它具有大刚度、高精度和高载荷自重比等特点,适用于高精度、大载荷且对工作空间的要求相对较小的场合,在许多领域得到了广泛的应用,从非常大的飞机的仿真器,到精度十分重要的工业制造、医学治疗,再到生活娱乐、军事、半导体制造以及太空探索等领域都能见到它的身影.尽管它们的形态各有不同,但它们都有一个共同的特点,就是能够接收指令,精确地定位到三维(或二维)空间上的某一点进行作业.现在它已成为机器人以及医疗设备、机械加工、天文仪器等多种应用领域的研究热点之一.

假设控制器由三个支杆控制的平面上的一个三角形平台构成,内部三角形表示平面 Stewart 平台,其对应的维数由三个长度 L_1, L_2, L_3 决定,令 γ 表示边 L_1 所对的角度(见图 2.2),平台位置由三个长度 p_1, p_2, p_3 控制,这对应三个支杆变化的长度.

给定三个支杆的长度,找到平台位置,被称为控制器的前向,或者方向动力学问题,若在给定 p_1, p_2, p_3 后,计算 (x, y) 和 θ.由于有三个自由度,很自然地列出方程

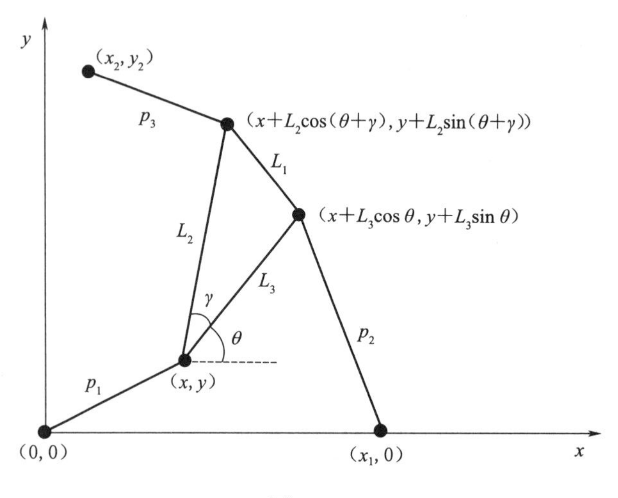

图 2.2

$$\begin{cases} p_1^2 = x^2 + y^2, \\ p_2^2 = (x+A_2)^2 + (y+B_2)^2, \\ p_3^2 = (x+A_3)^2 + (y+B_3)^2. \end{cases} \tag{2.1}$$

其中

$$A_2 = L_3\cos\theta - x_1;$$
$$B_2 = L_2\sin\theta;$$
$$A_3 = L_2\cos(\theta+\gamma) - x_2 = L_2[\cos\theta\cos\gamma - \sin\theta\sin\gamma] - x_2;$$
$$B_3 = L_2\sin(\theta+\gamma) - y_2 = L_2[\cos\theta\sin\gamma + \sin\theta\cos\gamma] - y_2.$$

给定 p_1, p_2, p_3后，求解 x, y 和θ.

对于运动规划，快速有效地求解问题非常重要. 但是，对于 Stewart 平台的方向运动学问题没有解析解，那就无法预先给出理论解，因此，需要研究非线性方程组数值解法.

一般的非线性问题不存在直接的求解公式，所以通常没有直接解法，而需要使用迭代法. 本章将讨论如何数值求解非线性方程(组)问题，其中主要讨论迭代法，包含以下几个问题：迭代法怎样构造？迭代法是否收敛？迭代法收敛速度怎样衡量？

2.2 二 分 法

设函数 $f(x)$在区间$[a,b]$上连续，且满足 $f(a)f(b)<0$，则由介值定理，函数在区间$[a,b]$内必存在一个根，即存在 $\alpha\in(a,b)$，使得 $f(\alpha)=0$. 称$[a,b]$为方程 $f(x)=0$ 的一个有根区间.

二分法正是建立在闭区间上连续函数的介值定理和闭区间套定理基础上的. 其思想可描述如下：设连续函数 $f(x)$满足 $f(a)f(b)<0$. 令$[a_0,b_0]=[a,b]$并取区间的中点 $x_0=\dfrac{a_0+b_0}{2}$. 如果 $f(x_0)=0$，则得到函数 $f(x)$在区间$[a,b]$上的一个零点 x_0. 如果 $f(x_0)\neq 0$，当 $f(x_0)f(a)<0$ 时，令 $a_1=a, b_1=x_0$；否则，令 $a_1=x_0, b_1=b$. 则函数 $f(x)$在区间$[a_1,b_1]$内必有一个零点. 这样，得到函数 $f(x)$的一个新的有根区间$[a_1,b_1]$，其长度是原来区间$[a,b]$长度的一半. 如此重复 k 次，即可得到一个区间序列$[a_k,b_k]$，$k=1,2,\cdots$，序列中的每个区间都是方程

$f(x)=0$ 的有根区间且区间的长度依次减半(见图 2.3). 当 k 充分大时,可用 $x_k=\frac{a_k+b_k}{2}$ 作为方程 $f(x)=0$ 的一个根的近似,即 $\alpha\approx x_k=\frac{a_k+b_k}{2}$. 此时有误差估计 $|\alpha-x_k|\leqslant\frac{b_k-a_k}{2}=\frac{b-a}{2^{k+1}}$.

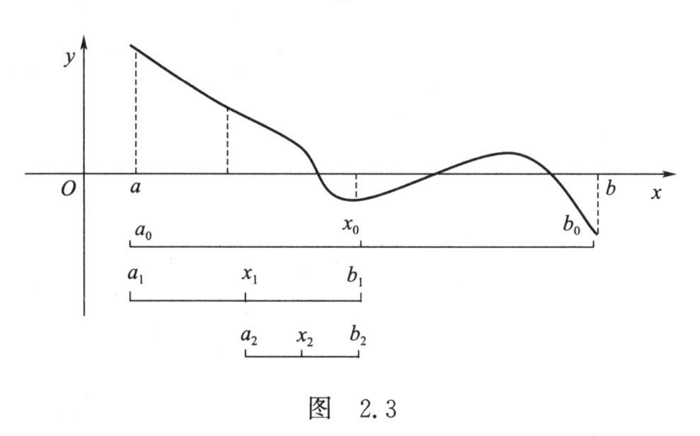

图　2.3

算法步骤如下:

(1)准备. 给定误差 ε,给出有根区间 $[a,b]$, 计算 $f(a)$, $f(b)$.

(2)二分. 计算 $f\left(\frac{a+b}{2}\right)$.

(3)判断. 若 $f\left(\frac{a+b}{2}\right)=0$,则 $\frac{a+b}{2}$ 为根,计算结束;否则检验:若 $f(a)f\left(\frac{a+b}{2}\right)<0$,则以 $\frac{a+b}{2}$ 代替 b; 否则以 $\frac{a+b}{2}$ 代替 a.

反复执行步骤(2)和(3),直到 $|b-a|<\varepsilon$,取中点 $\frac{a+b}{2}$ 为所求的近似根.

例 1　用二分法求 $f(x)=\cos x-x=0$ 在区间 $[0,1]$ 上的根,精确到小数点后 5 位.

解　由于 $f(0)=1>0$, $f(1)=\cos 1-1<0$ 以及 $f'(x)=-\sin x-1<0$, $\forall x\in[0,1]$,函数 $f(x)$ 在区间 $[0,1]$ 上存在唯一的零点(根). 由误差估计式

$$|\alpha-x_k|\leqslant\frac{b-a}{2^{k+1}},$$

所需迭代次数 k 满足 $\frac{1-0}{2^{k+1}}\leqslant\frac{1}{2}\times10^{-5}$,即 $k\geqslant16.6$. 因此可取 $k=17$. 表 2.1 列出了用二分法进行求解的计算过程, $x_k=\frac{a_k+b_k}{2}$. 由表 2.1 可知, $\alpha\approx x_{17}\approx0.739\,087$.

二分法程序简单,且必收敛, 是一种可靠的算法. 但在二分法中,每迭代一次, 区间缩小一半,也就是说,有根区间每次只缩小一半. 因此,它是一种收敛速度非常缓慢的方法,并且只能用于求实函数的实零点.

用二分法求函数 $f(x)$ 在区间 $[a,b]$ 上的一个实根的 MATLAB 程序如下:

```
% Input:  a,b:  区间两端点
% Input   Tol:  计算精度
% Input   N0:   最大迭代次数
% Output  x:    根
i = 0;
```

```
fa=f(a);
while i<=N0
x=a+(b-a)/2;
fx=f(x);
if fx==0|(b-a)/2<TOL
x
break
end
i=i+1;
if fa*fx>0
a=x;
fa=fx
else
b=x;
end
end
```

表 2.1

k	a_k	$f(a_k)$	x_k	$f(x_k)$	b_k	$f(b_k)$
0	0.000 000	+	0.500 000	+	1.000 000	−
1	0.500 000	+	0.750 000	−	1.000 000	−
2	0.500 000	+	0.625 000	+	0.750 000	−
3	0.625 000	+	0.687 500	+	0.750 000	−
4	0.687 500	+	0.718 750	+	0.750 000	−
5	0.718 750	+	0.734 375	+	0.750 000	−
6	0.734 375	+	0.742 188	−	0.750 000	−
7	0.734 375	+	0.738 281	+	0.742 188	−
8	0.738 281	+	0.740 234	−	0.742 188	−
9	0.738 281	+	0.739 258	−	0.740 234	−
10	0.738 281	+	0.738 770	+	0.739 258	−
11	0.738 770	+	0.739 014	+	0.740 234	−
12	0.739 014	+	0.739 136	−	0.740 234	−
13	0.739 014	+	0.739 075	+	0.739 136	−
14	0.739 075	+	0.739 106	−	0.739 136	−
15	0.739 075	+	0.739 091	−	0.739 106	−
16	0.739 075	+	0.739 083	+	0.739 091	−
17	0.739 083	+	0.739 087	−	0.739 091	−

2.3 不动点迭代法

2.3.1 不动点与不动点迭代法

例 1 中方程 $\cos x-x=0$，变形为 $x=\cos x$. 使用计算器或计算机以一个任意的初值 x_0 计算 cos ,然后对结果再计算 cos ,得到一个新的结果,不断地重复这个过程,直到数字不再发生改变. 结果是得到数字 0.739 085 133 2,至少会收敛到前面的 10 个小数位. 这个计算过程可以用 $x_{k+1}=\cos x_k, k=0,1,2,\cdots$表示. 随着 k 的增大,x_k越来越逼近 0.739 085 133 2 (例 1 中方程的根).

定义 1　若 $x=\varphi(x)$,则称 x 是 $\varphi(x)$的不动点.

一般地,将函数 $f(x)=0$ 作等价变形 $x=\varphi(x)$, 其中函数 $\varphi(x)$为连续函数. 然后构造迭代格式

$$x_{k+1}=\varphi(x_k) \tag{2.2}$$

并选取初值 x_0, 根据初值 x_0 及迭代格式 (2.2)可产生迭代序列 $\{x_k\}$. 称这种迭代法为不动点迭代法,并称 $\varphi(x)$为迭代函数.

于是,我们知道 0.739 085 133 2 是函数 $\varphi(x)=\cos x$ 的近似的不动点,同时也是方程 $f(x)=\cos x-x=0$ 的根. $x_{k+1}=\cos x_k, k=0,1,2,\cdots$是从一个初始值 x_0 开始进行不动点迭代.

如果迭代产生的迭代序列$\{x_k\}$收敛于 x^*,则由函数的连续性知 $x^*=\varphi(x^*)$. 因此,x^* 是 $\varphi(x)$的不动点,也是 $f(x)=0$ 的一个根. 但是,迭代序列是否一定收敛于某一特定的解呢?

例 2　求 $f(x)=x^3+4x^2-10$ 在区间[1,2]上的根.

解　构造下列等价方程:

(a)$x=\varphi_1(x)=x-f(x)=x-x^3-4x^2+10$;

(b)$x=\varphi_2(x)=\left(\dfrac{10}{x}-4x\right)^{1/2}$;

(c)$x=\varphi_3(x)=\dfrac{1}{2}(10-x^3)^{1/2}$;

(d)$x=\varphi_4(x)=\left(\dfrac{10}{x+4}\right)^{1/2}$;

(e)$x=\varphi_5(x)=x-\dfrac{f(x)}{f'(x)}=x-\dfrac{x^3+4x^2-10}{3x^2+8x}$.

取初值 $x_0=1.5$. 不动点迭代 $x_{k+1}=\varphi(x_k)$的计算结果见表 2.2.

表　2.2

k	(a)	(b)	(c)	(d)	(e)
0	1.5	1.5	1.5	1.5	1.5
1	−0.875	0.816 5	1.286 953 768	1.348 399 725	1.373 333 333
2	6.732	2.996 9	1.402 540 804	1.367 376 372	1.365 262 015
3	−469.7	$(-8.650\ 8)^{1/2}$	1.345 458 374	1.364 957 015	1.365 230 014
4	1.03×10^8		1.375 170 253	1.365 264 748	1.365 230 013
5			1.360 094 193	1.365 225 594	
6			1.367 846 968	1.365 230 576	
7			1.363 887 004	1.365 229 942	
8			1.365 916 733	1.365 230 023	

续表

k	(a)	(b)	(c)	(d)	(e)
9			1.364 878 217	1.365 230 012	
10			1.365 410 061	1.365 230 014	
15			1.365 223 680	1.365 230 013	
20			1.365 230 236		
25			1.365 230 006		
30			1.365 230 014		

由表 2.2 可以看出，第一种格式发散，第二种格式不适定，后面三种迭代格式均收敛，且最后一种迭代格式收敛最快.

由例 2 可知，迭代格式的构造形式直接影响迭代序列的适定性、收敛性以及收敛速度. 一般来说，迭代序列是否收敛或者收敛于哪一个根，不仅与迭代格式的构造有关，而且与初值的选取有关. 例如，取不同的初值 x_0，在图 2.4 中，迭代点由 $x_{k+1}=x_k^2-1$ 产生. 当 k 充分大时，迭代点在 0 和 -1 两点附近来回跳动，迭代序列不收敛. 而在图 2.5 中，迭代点由 $x_{k+1}=0.5(x_k^2-1)$ 产生. 图中的初始点 x_0 虽然靠近方程 $x=0.5(x^2-1)$ 的一个根 $\alpha_1=1+\sqrt{2}$，但迭代序列显然收敛于方程的另一个根 $\alpha_2=1-\sqrt{2}$.

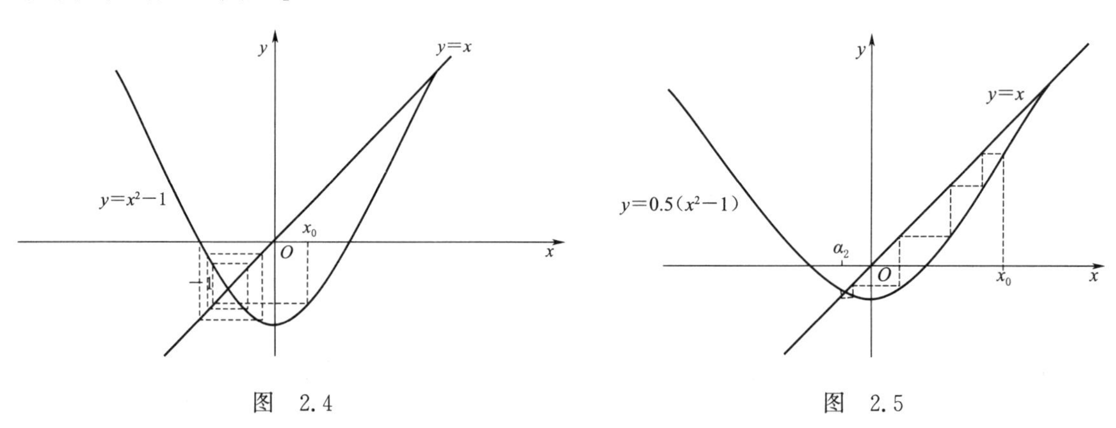

图 2.4　　　　图 2.5

2.3.2 不动点迭代法的收敛性分析与误差分析

定理 1 设迭代函数 $\varphi(x)\in C[a,b]$ 满足如下条件：

(1) 当 $x\in[a,b]$ 时，$\varphi(x)\in[a,b]$；

(2) $\varphi(x)$ 在 $[a,b]$ 上满足利普希茨(Lipschitz)条件，即对任何 $x_1,x_2\in[a,b]$ 成立

$$|\varphi(x_1)-\varphi(x_2)|\leqslant L|x_1-x_2|, \tag{2.3}$$

其中 $0<L<1$（L 称为利普希茨常数）. 则方程 $x=\varphi(x)$ 在 $[a,b]$ 上存在唯一的解 α. 而且，对任何 $x_0\in[a,b]$，由迭代格式 $x_{k+1}=\varphi(x_k)$ 产生的迭代序列 $\{x_k\}$ 收敛于 α，并有误差估计式

$$|x_k-\alpha|\leqslant\frac{L^k}{1-L}|x_1-x_0|. \tag{2.4}$$

证　条件(1)保证了曲线 $y=\varphi(x)(a\leqslant x\leqslant b)$落在 $x=a,x=b$ 以及 $y=a,y=b$ 围成的正方形内(见图 2.6),故与直线 $y=x$ 必有交点.此交点即为 $x=\varphi(x)$的解.

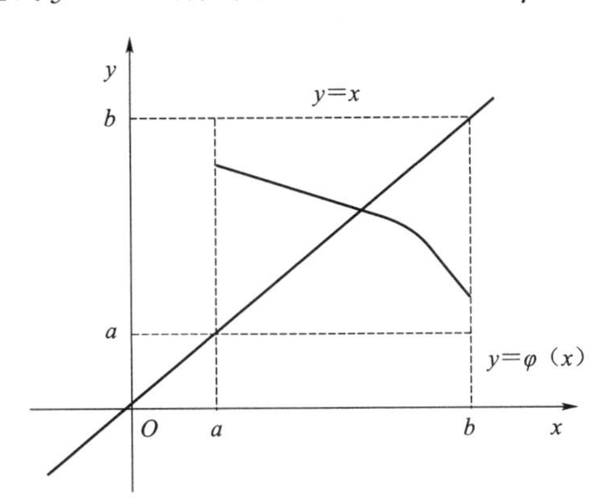

图　2.6

事实上,作函数 $g(x)=x-\varphi(x)$,则在端点处有 $g(a)=a-\varphi(a)\leqslant 0$ 和 $g(b)=b-\varphi(b)\geqslant 0$.

若 $g(a)=0$ 或 $g(b)=0$,即 $\varphi(a)=a$ 或 $\varphi(b)=b$,显然 $\varphi(x)$在$[a,b]$上存在不动点.当 $g(a)<0,g(b)>0$ 时,因为 $\varphi(x)\in C[a,b]$,有 $g(x)\in C[a,b]$,故由介值定理,存在 $\alpha\in[a,b]$,使 $g(\alpha)=0$,即 $\alpha=\varphi(\alpha)$.因此,方程$x=\varphi(x)$在 $[a,b]$ 上有解 α.

假设另有 $\bar{\alpha}\in[a,b]$,$|\bar{\alpha}-\alpha|\neq 0$,使 $\bar{\alpha}=\varphi(\bar{\alpha})$,则$|\bar{\alpha}-\alpha|=|\varphi(\bar{\alpha})-\varphi(\alpha)|$.由利普希茨条件(2)有$|\bar{\alpha}-\alpha|\leqslant L|\bar{\alpha}-\alpha|<|\bar{\alpha}-\alpha|$成立,与假设矛盾.所以$|\bar{\alpha}-\alpha|=0$,即 $\bar{\alpha}=\alpha$.因此方程 $x=\varphi(x)$在 $[a,b]$ 上存在唯一解 α.

又由迭代格式 $x_{k+1}=\varphi(x_k)$得

$$|x_{k+1}-\alpha|=|\varphi(x_k)-\varphi(\alpha)|\leqslant L|x_k-\alpha|\leqslant\cdots\leqslant L^{k+1}|x_0-\alpha|.$$

因此

$$\lim_{k\to\infty}x_{k+1}=\alpha.$$

此外,由

$$|x_{k+1}-x_k|=|\varphi(x_k)-\varphi(x_{k-1})|\leqslant L|x_k-x_{k-1}|$$

得

$$\begin{aligned}|x_{k+p}-x_k|&\leqslant|x_{k+p}-x_{k+p-1}|+\cdots+|x_{k+2}-x_{k+1}|+|x_{k+1}-x_k|\\&\leqslant(L^{p-1}+\cdots+L+1)|x_{k+1}-x_k|\\&\leqslant(L^{p-1}+\cdots+L+1)L^k|x_1-x_0|=\frac{L^k(1-L^p)}{1-L}|x_1-x_0| \qquad (2.5)\\&\leqslant\frac{L^k}{1-L}|x_1-x_0|.\end{aligned}$$

上式中令 $p\to\infty$,即得式(2.4).

给出了精度要求,可用误差估计式(2.4) 确定所需的迭代次数.设精度要求为 ε,即要求 $|x_{k+1}-\alpha|<\varepsilon$,只需迭代次数 k 满足

$$\frac{L^k}{1-L}|x_1-x_0|<\varepsilon,\quad k>\left[\ln\frac{(1-L)\varepsilon}{|x_1-x_0|}/\ln L\right].$$

但由于上式中含有常数 L 的信息,不实用.根据式(2.5),对任何自然数 p 及k,

$$|x_{k+p}-x_k| \leqslant (L^{p-1}+\cdots+L+1)|x_{k+1}-x_k|.$$

上式中令 $p \to \infty$,即得

$$|x_k-\alpha| \leqslant \frac{1}{1-L}|x_{k+1}-x_k|. \tag{2.6}$$

由此可见,只要常数 L 不充分接近 1,就可用相邻两次迭代解之差的绝对值 $|x_{k+1}-x_k|$ 的大小判断是否终止迭代.

当函数 $\varphi(x) \in C^1[a,b]$ 时,有

$$\varphi(x_1)-\varphi(x_2)=\varphi'(\xi)(x_1-x_2),$$

其中 ξ 在 x_1 和 x_2 之间. 由此,不难导出下面的推论.

推论 设函数 $\varphi(x) \in C^1[a,b]$ 满足定理 1 中的条件(1)且下面的条件成立:

$$|\varphi'(x)| \leqslant L, \quad \forall x \in [a,b], \tag{2.7}$$

其中 $0<L<1$,则定理 1 的结论成立.

式(2.7)有明确的几何意义:在根的附近,曲线 $y=\varphi(x)$ 的切线不能太陡. 若 $\varphi(x) \in C^1[a,b]$ 时,利用式(2.7)比式(2.3)简单实用.

例 3 求 $9x^2-\sin x-1=0$ 在[0,1]内的一个根.

解 将方程化为等价方程

$$x=\frac{1}{3}\sqrt{\sin x+1}.$$

此时,$\varphi(x)=\frac{1}{3}\sqrt{\sin x+1}$. 显然定理 1 中条件(1) 成立. 又

$$|\varphi'(x)|=\frac{1}{6}\cdot\frac{|\cos x|}{\sqrt{\sin x+1}} \leqslant \frac{1}{6}, x \in [0,1],$$

故定理 1 的推论中的条件(2.7)满足. 因此,在[0,1]中任取一个初值,由迭代格式

$$x_{k+1}=\frac{1}{3}\sqrt{\sin x_k+1}$$

产生的迭代序列都收敛于方程在[0,1]中的根. 比如,取 $x_0=0.4$,按上述迭代格式计算,计算结果见表 2.3.

表 2.3

k	x_k	k	x_k
0	0.4	8	0.391 846 907 708 69
1	0.392 911 969 545 43	9	0.391 846 907 095 16
2	0.391 986 409 403 87	10	0.391 846 907 014 77
3	0.391 865 185 419 03	11	0.391 846 907 004 24
4	0.391 849 302 055 66	12	0.391 846 907 002 86
5	0.391 847 220 832 52	13	0.391 846 907 002 68
6	0.391 846 948 124 60	14	0.391 846 907 002 65
7	0.391 846 912 390 97	15	0.391 846 907 002 65

$k=14$ 以后,迭代点的小数点后 14 位已无变化,故可取

$$\alpha \approx x_{14} = 0.391\ 846\ 907\ 002\ 65.$$

定理 2　如果函数 $\varphi(x)$ 在根 α 的邻域内连续可微，且 $|\varphi'(\alpha)|<1$，则只要 x_0 充分接近 α，迭代格式 $x_{k+1}=\varphi(x_k)$ 产生的迭代序列 $\{x_k\}$ 收敛于 α.

证　由于 $\varphi(x)$ 在根 α 的邻域内连续可微，且 $|\varphi'(\alpha)|<1$，存在正常数 $L<1$ 及 δ，使得

$$|\varphi'(x)| \leqslant L < 1, \quad \forall x \in [\alpha-\delta, \alpha+\delta]. \tag{2.8}$$

令区间 $[a,b]=[\alpha-\delta,\alpha+\delta]$，则当 $x\in[a,b]$，即 $|x-\alpha|\leqslant\delta$ 时，

$$|\varphi(x)-\alpha| = |\varphi(x)-\varphi(\alpha)| = |\varphi'(\xi)(x-\alpha)| \leqslant L|x-\alpha| < \delta,$$

其中 $\xi\in[a,b]$，即 $\varphi(x)\in[a,b]$ 成立. 因此，定理 1 的推论的条件均满足，从而得证.

定理 2 所涉及的收敛性，即在根的邻域内的收敛性称为局部收敛性. 具有局部收敛性的迭代法通常对初值的要求很高，使用起来不太方便. 因而，人们通常希望迭代算法对相对大的范围的初始点具有收敛性.

2.3.3　迭代法的收敛阶和埃特金加速

构造迭代法，人们自然希望迭代算法不仅收敛，而且收敛快. 在例 1 中我们看到，后面三种迭代格式虽然都是收敛的，但收敛的效率，即收敛的速度显然不同.

如果函数 $\varphi(x)$ 在根 α 的邻域连续可微，则当迭代序列 $\{x_k\}$ 收敛于 α 时有

$$\lim_{k\to\infty}\frac{|x_{k+1}-\alpha|}{|x_k-\alpha|} = \lim_{\substack{k\to\infty \\ t_k\in(0,1)}} |\varphi'(\alpha+t_k(x_k-\alpha))| = |\varphi'(\alpha)|.$$

粗略地说，$|\varphi'(\alpha)|$ 越小，迭代序列收敛的速度就越快.

一般情况下，我们借助无穷小量的比较，定义如下收敛阶的概念，以便分析迭代法收敛的速度.

定义 2　设迭代过程 $x_{k+1}=\varphi(x_k)$ 收敛于 $x=\varphi(x)$ 的根 α. 如果迭代误差 $e_k=x_k-\alpha$ 满足下述关系式

$$\lim_{k\to\infty}\frac{|e_{k+1}|}{|e_k|^p}=c \quad (c\neq 0), \tag{2.9}$$

则称该迭代序列是 p 阶收敛的($p=1$ 时要求 $c<1$). 当 $p=1$ 时称为线性收敛，当 $p=2$ 时称为平方收敛，当 $p>1$ 时称为超线性收敛.

定理 3　对于迭代过程 $x_{k+1}=\varphi(x_k)$ 及正整数 p，如果 $\varphi^{(p)}(x)$ 在所求根 α 的邻近连续，且

$$\varphi'(\alpha)=\varphi''(\alpha)=\cdots=\varphi^{(p-1)}(\alpha)=0,$$
$$\varphi^{(p)}(\alpha)\neq 0,$$

则该迭代过程在点 α 邻近是 p 阶收敛的.

借助函数的泰勒展开易证明定理 3，留给读者练习.

显然，迭代序列的收敛阶越高，它的收敛速度就越快. 对于不动点迭代格式 $x_{k+1}=\varphi(x_k)$，当 $\varphi'(\alpha)\neq 0$ 时只能达到线性收敛.

如果迭代序列 $\{x_k\}$ 线性收敛于 α，则

$$\lim_{k\to\infty}\frac{|e_{k+1}|}{|e_k|}=c\quad(0<c<1).$$

又假设当 k 充分大时 $x_k-\alpha, x_{k+1}-\alpha$ 和 $x_{k+2}-\alpha$ 同号,则

$$\frac{x_{k+1}-\alpha}{x_k-\alpha}\approx\frac{x_{k+2}-\alpha}{x_{k+1}-\alpha}\to c,$$

因此,

$$(x_{k+1}-\alpha)^2\approx(x_{k+2}-\alpha)(x_k-\alpha),$$

即

$$x_{k+1}^2-2x_{k+1}\alpha+\alpha^2\approx x_{k+2}x_k-(x_{k+2}+x_k)\alpha+\alpha^2.$$

整理得

$$(x_{k+2}-2x_{k+1}+x_k)\alpha\approx x_{k+2}x_k-x_{k+1}^2.$$

解之得

$$\alpha\approx\frac{x_{k+2}x_k-x_{k+1}^2}{x_{k+2}-2x_{k+1}+x_k}.$$

将分子重新整理得

$$\begin{aligned}\alpha&\approx\frac{(x_{k+2}-2x_{k+1}+x_k)x_k+x_{k+2}x_k-x_{k+1}^2-x_{k+2}x_k+2x_{k+1}x_k-x_k^2}{x_{k+2}-2x_{k+1}+x_k}\\&=x_k-\frac{x_{k+1}^2-2x_{k+1}x_k+x_k^2}{x_{k+2}-2x_{k+1}+x_k}\\&=x_k-\frac{(x_{k+1}-x_k)^2}{x_{k+2}-2x_{k+1}+x_k}.\end{aligned}$$

于是定义序列

$$\widetilde{x}_k=x_k-\frac{(x_{k+1}-x_k)^2}{x_{k+2}-2x_{k+1}+x_k}.\tag{2.10}$$

如果迭代序列$\{x_k\}$线性收敛于α,且$\frac{x_{k+1}-\alpha}{x_k-\alpha}\approx\frac{x_{k+2}-\alpha}{x_{k+1}-\alpha}\to c$,则

$$\lim_{k\to\infty}\frac{\widetilde{x}_k-\alpha}{x_k-\alpha}=0.\tag{2.11}$$

事实上,

$$\begin{aligned}\frac{\widetilde{x}_k-\alpha}{x_k-\alpha}&=\frac{x_k-\dfrac{(x_{k+1}-x_k)^2}{(x_{k+2}-2x_{k+1}+x_k)}-\alpha}{x_k-\alpha}=1-\frac{(x_{k+1}-x_k)^2}{(x_{k+2}-2x_{k+1}+x_k)(x_k-\alpha)}\\&=1-\frac{\left(\dfrac{x_{k+1}-\alpha}{x_k-\alpha}-1\right)^2}{\dfrac{x_{k+2}-\alpha}{x_k-\alpha}-2\dfrac{x_{k+1}-\alpha}{x_k-\alpha}+1}.\end{aligned}$$

注意到 $\lim\limits_{k\to\infty}\frac{x_{k+1}-\alpha}{x_k-\alpha}=\lim\limits_{k\to\infty}\frac{x_{k+2}-\alpha}{x_{k+1}-\alpha}=c$, $\lim\limits_{k\to\infty}\frac{x_{k+2}-\alpha}{x_k-\alpha}=\lim\limits_{k\to\infty}\frac{x_{k+2}-\alpha}{x_{k+1}-\alpha}\cdot\frac{x_{k+1}-\alpha}{x_k-\alpha}=c^2$,

故

$$\lim_{k\to\infty}\frac{\widetilde{x}_k-\alpha}{x_k-\alpha}=1-\frac{(c-1)^2}{c^2-2c+1}=1-1=0,$$

即式(2.11)成立.

式(2.11)意味着迭代序列$\{\widetilde{x}_k\}$较$\{x_k\}$更快地收敛到α.

称式(2.10)为$\{x_k\}$的埃特金(Aitken)序列，它可达到对原序列加速的目的.

例 4　对表 2.3 中的迭代序列$\{x_k\}$用埃特金序列加速.

解　由式(2.10)计算,结果列于表 2.4 中最后一列. 和原迭代序列(表 2.3 中第二列)相比,计算结果明显好得多.

表　2.4

k	x_k	k	$\widetilde{x}_k$
0	0.4	0	0.391 847 396 713 81
1	0.392 911 969 545 43	1	0.391 846 915 378 11
2	0.391 986 409 403 87	2	0.391 846 907 146 38
3	0.391 865 185 419 03	3	0.391 846 907 005 12
4	0.391 849 302 055 66	4	0.391 846 907 002 69
5	0.391 847 220 832 52	5	0.391 846 907 002 65
6	0.391 846 948 124 60		
7	0.391 846 912 390 97		
8	0.391 846 907 708 69		
9	0.391 846 907 095 16		
10	0.391 846 907 014 77		
11	0.391 846 907 004 24		
12	0.391 846 907 002 86		
13	0.391 846 907 002 68		
14	0.391 846 907 002 65		
15	0.391 846 907 002 65		

素养提升

通过迭代逐步走向成功

成功不是一蹴而就,是在不断的迭代中逐步逼近成功. 全红婵,2007 年 3 月 28 日出生于广东湛江,中国国家跳水队女运动员. 2021 年 8 月,全红婵以五跳中三跳满分总分466.2 分创女子 10 米跳台历史最高分纪录,夺得 2020 东京奥运会跳水女子单人 10 米跳台金牌！全红婵是“天赋型+努力型”选手,她的弹跳力、腰腹能力在同龄人里突出,身材条件符合跳水运动员选拔标准,身体柔韧性好,控制力也比同龄人要强. 她非常能吃苦,对待训练的态度也非常认真,每次训练都是全力以赴地把自己的能力表现出来. 在东京奥运会选拔赛南京站,她没有跳好,回去之后每天将近一百次的练习. 正是这样艰苦而严格的训练,才使得全红婵取得骄人的跳水成就.

事实上，每位奥运冠军都要经历上万次训练，上万次的训练貌似重复,但它的实质是迭代,每次都进步一点点,最后近乎完美呈现！新时代的青年有自己的人生目标或梦想,需要在不断地努力(迭代)中逐步逼近成功,实现自己的梦想.

在不断迭代中实现自己的目标,还要注意方法. 两种迭代法 A 和 B,若 A 的收敛阶比

B高,则刚开始计算时A与B计算结果可能相差不大,但总会存在某时刻开始A的计算结果误差较B小.通过本章中的数值算例看收敛性,映射到自己的工作中:一个人最终能取得多大的成就不取决于起点,而是取决于前进的“斜率”,起点再高,若不努力提速,前进的步伐仍然很慢;落后时也不能害怕或退缩,应该找准方向,充满信心地奋起直追,保持前进的步伐,终有胜利.

2.4 牛顿迭代法及其变形

2.4.1 牛顿迭代法

设 α 是非线性方程 $f(x)=0$ 的根,迭代 $x_{k+1}=\varphi(x_k)$,由定理1的推论知若 $\varphi'(\alpha)\neq 0$,收敛至多是线性的,若要提升迭代序列收敛的速度,最好需要 $\varphi'(\alpha)=0$.

对任意的可微函数 $k(x)\neq 0$,$f(x)=0 \Leftrightarrow x=x-k(x)f(x)$.

记
$$\varphi(x)=x-k(x)f(x),x_{k+1}=\varphi(x_k),$$
计算
$$\begin{aligned}\varphi'(\alpha)&=1-k'(\alpha)f(\alpha)-k(\alpha)f'(\alpha)\\&=1-k(\alpha)f'(\alpha).\end{aligned}$$

如果 $f'(\alpha)\neq 0$,取 $k(x)=\dfrac{1}{f'(x)}$,于是有 $\varphi'(\alpha)=0$,迭代为
$$x_{k+1}=x_k-\frac{f(x_k)}{f'(x_k)}. \tag{2.12}$$

这就是牛顿(Newton)迭代法.利用定理3可以证明如下定理.

定理4 当 $f(x)$ 有连续的二阶导数,且 $f'(\alpha)\neq 0$ 时,牛顿迭代具有局部收敛性,且收敛阶至少为2.

例2中的迭代(e)就是牛顿迭代法,从计算结果可以看出序列收敛迅速.

注意:(1)将 $f(x)$ 在 x_k 处展开
$$f(x)=f(x_k)+f'(x_k)(x-x_k)+\frac{1}{2}f''(x_k)(x-x_k)^2+\cdots,$$
用泰勒展开的线性部分近似 $f(x)$,从而方程 $f(x)=0$ 近似为
$$f(x_k)+f'(x_k)(x-x_k)=0.$$
这是一个线性方程,它的解记为 x_{k+1} 作为 α 的新的近似,这样也得到了牛顿迭代法.

(2)牛顿迭代法的本质是逐次线性化,图2.7给出了牛顿迭代法的几何解释.设 x_k 是 $f(x)=0$ 的根 α 的一个近似.过点 $(x_k,f(x_k))$ 作函数 $y=f(x)$ 的切线 $L_k(x)=f(x_k)+f'(x_k)(x-x_k)$.

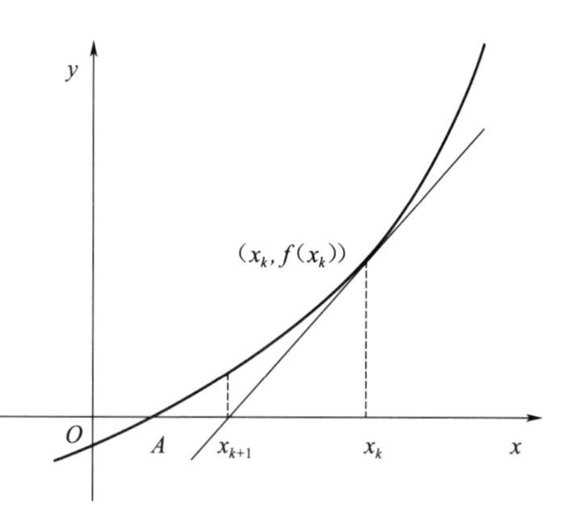

图 2.7

以切线函数 $L_k(x)$ 代替函数 $f(x)$ 并用切线函数的零点,记为 x_{k+1},作为函数 $f(x)$ 的零点 α 的一

个新的近似值.显然

$$x_{k+1} = x_k - \frac{f(x_k)}{f'(x_k)}, \quad k = 0,1,2,\cdots,$$

每次迭代用切线替代曲线(这是局部的),所以,牛顿迭代法又称切线法.

(3)牛顿最早讨论这一方法的时间据考证是 1669 年,他使用的第一个例子是 $x^2-2x-5=0$. 1690 年拉弗森(Raphson)以略有修改的形式发表了这一算法,所以又称为牛顿-拉弗森(Newton - Raphson)方法.

牛顿迭代法的算法步骤如下:

(1)输入精度 $\varepsilon_1,\varepsilon_2$,最大迭代次数 N,初值 x_0,计算 $f(x_0)$,$f'(x_0)$,$k=0$.

(2)如果 $k\geqslant N$ 或 $f'(x_k)=0$,则输出算法失败标志并终止迭代.

(3)计算 $x_{k+1}=x_k-\dfrac{f(x_k)}{f'(x_k)}$.

(4)如果 $|x_{k+1}-x_k|<\varepsilon_1$ 或 $|f(x_{k+1})|<\varepsilon_2$,则终止迭代,并 $\alpha\approx x_{k+1}$;否则,$k:=k+1$ 转步骤(2).

牛顿迭代法编程非常简单,MATLAB 程序如下:

```
% Input  eps1, eps2:  精度
% Input  N  最大迭代次数
% Input  x(0)  初值
% Output alpha  根
fx(1) = N(x(1));  N 为定义的函数 f(x)
fxd(1) = ND(x(1));  ND 为定义的函数 f(x)的导数
k = 1;
if k> = N|fxd(1) = = 0
alpha = error
break
end
while k< = N
x(k + 1) = x(k) - fx(k)/fxd(k);
fx(k + 1) = N(x(k + 1));
fxd(k + 1) = ND(x(k + 1));
if abs(x(k + 1) - x(k))<eps1|abs(fx(k + 1))<eps2
alpha = x(k + 1)
break
else
k = k + 1
end
end
```

例 5　用牛顿迭代求 $f(x)=\cos x-x$ 在区间$[0,1]$上的根,精确到小数点后 6 位.

解　$f(x)=\cos x-x$,$f'(x)=-\sin x-1$.

牛顿迭代格式:$x_{k+1}=x_k-\dfrac{x_k-\cos x_k}{\sin x_k+1}$,$k=0,1,2,\cdots$.

取初值 $x_0=0.4$ 计算,计算结果见表 2.5.

表 2.5

k	x_k	k	x_k
0	0.4	3	0.739 085 15
1	0.775 020 96	4	0.739 085 13
2	0.739 359 68	5	0.739 085 13

$k=3$ 以后，迭代点的小数点后 7 位已无变化，故可取

$$\alpha \approx x_3 = 0.739\ 085\ 15.$$

而例 1 中所用二分法需二分 20 次，可见牛顿迭代法收敛迅速，优于二分法.

例 6 用牛顿法建立求 $\sqrt{M}$ 的迭代格式，其中 $M>0$.

解 作函数 $f(x)=x^2-M$，则函数 $f(x)$ 的正根即为 $\sqrt{M}$. 迭代格式

$$x_{k+1} = x_k - \frac{f(x_k)}{f'(x_k)} = x_k - \frac{x_k^2 - M}{2x_k} = \frac{1}{2}\left(x_k + \frac{M}{x_k}\right).$$

当 $x_0>0$ 时，$\{x_k\}$ 单调递减，且 $x_k \geqslant \sqrt{M}$，故 $\{x_k\}$ 收敛，且收敛到 $\sqrt{M}$.

若取 $M=15$，$\sqrt{M}=3.872\ 983\ 346\ 207\ 416\cdots$，取初值 $x_0=1$，迭代 6 次，已精确到小数 13 位，计算结果见表 2.6. 最后一列 $k=5,6$ 时，$e_{k+1}/e_k^2 \approx 0.129$.

表 2.6

k	x_k	e_k	e_{k+1}/e_k^2
0	1.000 000 000 000 000	2.872 983 346 207 417	
1	8.000 000 000 000 000	4.127 016 653 792 583	0.500 000 000 000 000
2	4.937 500 000 000 000	1.064 516 653 792 583	0.062 500 000 000 000
3	3.987 737 341 772 152	0.114 753 995 564 735	0.101 265 822 784 810
4	3.874 634 467 930 020	0.001 651 121 722 603	0.125 384 386 469 584
5	3.872 983 698 008 724	0.000 000 351 801 307	0.129 044 430 870 160
6	3.872 983 346 207 433	0.000 000 000 000 016	0.129 174 807 856 267

2.4.2 简化牛顿法

当函数 $f(x)$ 的导数不易计算时，通常为了避免计算导数值，将 $f'(x_k)$ 取为在某定点，如 x_0 处的导数值近似替代. 这时，迭代格式变为

$$x_{k+1} = x_k - \frac{f(x_k)}{f'(x_0)}. \tag{2.13}$$

此格式称为简化牛顿迭代. 与切线法不同，此时的迭代序列 $\{x_k\}$ 为一系列平行直线与 x 轴的交点(见图 2.8).

在迭代格式(2.13)中，如果 $f'(x_0)$ 用某常数 c 替代，即一次导数值都不计算，则得迭代格式

$$x_{k+1}=x_k-\frac{f(x_k)}{c}. \tag{2.14}$$

此格式称为推广的简化牛顿迭代.

迭代格式(2.14)的迭代函数为

$$\varphi(x)=x-\frac{f(x)}{c},$$

故

$$\varphi'(x)=1-\frac{f'(x)}{c}.$$

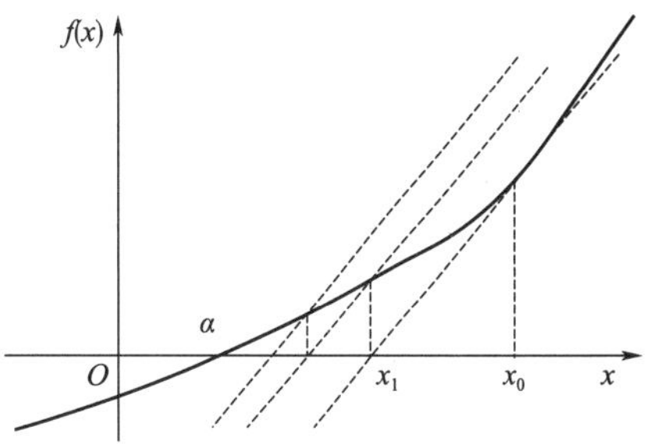

图　2.8

根据局部收敛性定理 2 中的局部收敛条件

$$|\varphi'(x)|\leqslant L<1,\quad \forall x\in[\alpha-\delta,\alpha+\delta],$$

当常数 c 满足

$$0<\frac{f'(x)}{c}<2 \tag{2.15}$$

时,迭代格式(2.14)收敛.

由式(2.15),在迭代格式(2.14)中,常数 c 至少应与导数同号. 否则,迭代可能发散(见图 2.9).

由于在一般情况下,

$$\varphi'(\alpha)=1-\frac{f'(\alpha)}{c}\neq 0,$$

迭代格式(2.14)的收敛阶通常为线性的. 但若常数 c 取得好,收敛速度仍然可以很快(见图 2.8).

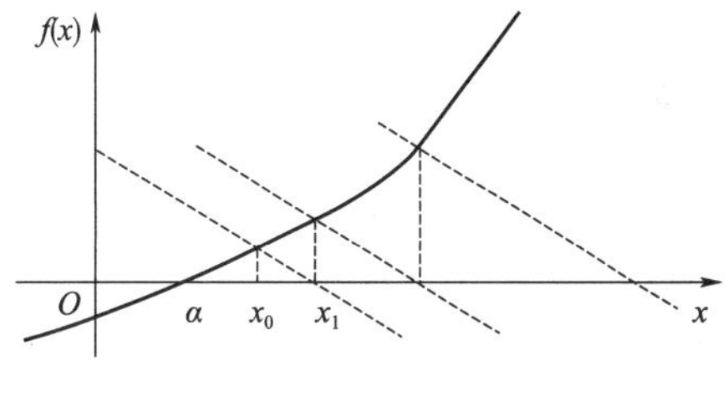

图　2.9

2.4.3　重根情形

例 7　用牛顿迭代法求 $f(x)=x^3$ 的零点.

解　易知方程有一个实根 $\alpha=0$,而且是 3 重根. 牛顿迭代法如下:

$$x_{k+1}=x_k-\frac{f(x_k)}{f'(x_k)}=\frac{x_k}{2},$$

迭代如此简单! 取初值 $x_0=1$,计算结果见表 2.7.

表　2.7

k	x_k	$e_k=\lvert x_k-0\rvert$	e_k/e_{k-1}	k	x_k	$e_k=\lvert x_k-0\rvert$	e_k/e_{k-1}
0	1	1	0.5	6	0.015 625	0.015 625	0.5
1	0.5	0.5	0.5	7	0.007 812 5	0.007 812 5	0.5
2	0.25	0.25	0.5	8	0.003 906 25	0.003 906 25	0.5
3	0.125	0.125	0.5	9	0.001 953 125	0.001 953 125	0.5
4	0.062 5	0.062 5	0.5	10	0.000 976 562 5	0.000 976 562 5	
5	0.031 25	0.031 25	0.5				

从计算结果得出牛顿迭代法收敛,收敛是线性的.

一般地,若 α 是方程 $f(x)=0$ 的 m 重根,即 $f(x)=(x-\alpha)^m h(x)$,其中 $h(x)$ 在 $x=\alpha$ 处连

续且 $h(\alpha)\neq 0$.

令 $F(x)=[f(x)]^{\frac{1}{m}}=(x-\alpha)[h(x)]^{\frac{1}{m}}$，此时 α 恰是方程 $F(x)=0$ 的单根，应用牛顿迭代法可得

$$x_{k+1}=x_k-\frac{F(x_k)}{F'(x_k)}=x_k-\frac{[f(x_k)]^{\frac{1}{m}}}{\frac{1}{m}[f(x_k)]^{\frac{1}{m}-1}f'(x_k)},$$

即

$$x_{k+1}=x_k-m\frac{f(x_k)}{f'(x_k)},\quad k=0,1,2,\cdots,\tag{2.16}$$

这时的迭代序列平方收敛.

令 $u(x)=\frac{f(x)}{f'(x)}=\frac{(x-\alpha)h(x)}{mh(x)+(x-\alpha)h'(x)}$，$\alpha$ 恰是方程 $u(x)=0$ 的单根，应用牛顿迭代法有

$$x_{k+1}=x_k-\frac{u(x_k)}{u'(x_k)}=x_k-\frac{f(x_k)f'(x_k)}{[f'(x_k)]^2-f(x_k)f''(x_k)},\quad k=0,1,2,\cdots.\tag{2.17}$$

这是求方程 $f(x)=0$ 重根的具有平方收敛的迭代法，而且无须知道根的重数.

例 8 求 $f(x)=\sin x+x^2\cos x-x^2-x$ 的零点.

解 易知 $\alpha=0$ 是方程的 3 重根. 分别利用

(a) $x_{k+1}=x_k-\frac{f(x_k)}{f'(x_k)}$,

(b) $x_{k+1}=x_k-3\frac{f(x_k)}{f'(x_k)}$,

(c) $x_{k+1}=x_k-\frac{f(x_k)f'(x_k)}{[f'(x_k)]^2-f(x_k)f''(x_k)}$, $k=0,1,2,\cdots$.

计算结果见表 2.8. 可以看出对于重根，用牛顿迭代法线性收敛，用改进的牛顿迭代法式(2.16)或式(2.17)收敛迅速.

表 2.8

k	(a)	(b)	(c)
0	1	1	1
1	0.721 590 239 860 747	0.164 770 719 582 242	0.038 230 472 600 416
2	0.521 370 951 820 402	0.016 207 337 711 438	−0.001 167 834 188 637
3	0.375 308 308 590 761	0.000 246 541 437 739	−0.000 001 373 544 320
4	0.268 363 490 527 132	0.000 000 060 720 923	0.000 000 000 542 533
5	0.190 261 613 699 237	−0.000 000 002 389 877	
6	0.133 612 505 326 191		
7	0.092 925 286 725 174		
8	0.064 039 266 777 341		
9	0.043 778 062 160 090		
10	0.029 728 055 524 228		

素养提升

牛顿的勤奋与方程求根的迭代法

牛顿的名言：你若想获得知识，你该下苦功；你若想获得食物，你该下苦功；你若想得到快乐，你也该下苦功，因为辛苦是获得一切的定律.

人一旦确立了自己的目标，就不应该再动摇为之奋斗的决心.

我并无特别过人的智慧，有的只是坚持不懈的思索精力而已.

牛顿的勤奋和向目标奋斗的不懈坚持使他取得巨大的科学成就.

牛顿的这些至理名言与方程求根的迭代法可以看成是对成功很好地诠释：勤奋、坚持不懈和正确的努力方向，不断迭代，终有成功！

2.4.4 割线法

设 x_{k-1}，x_k 是 $f(x)=0$ 的两个近似根，过两点 $(x_{k-1},f(x_{k-1}))$，$(x_k,f(x_k))$ 作函数 $y=f(x)$ 的割线

$$L_k(x)=f(x_k)+\frac{f(x_{k-1})-f(x_k)}{x_{k-1}-x_k}(x-x_k).$$

以割线函数 $L_k(x)$ 代替函数 $f(x)$，并用割线函数的零点，记为 x_{k+1}，作为解 α 的一个新的近似值，图 2.10 给出了几何解释. 显然

$$x_{k+1}=x_k-\frac{f(x_k)}{f(x_{k-1})-f(x_k)}(x_{k-1}-x_k). \tag{2.18}$$

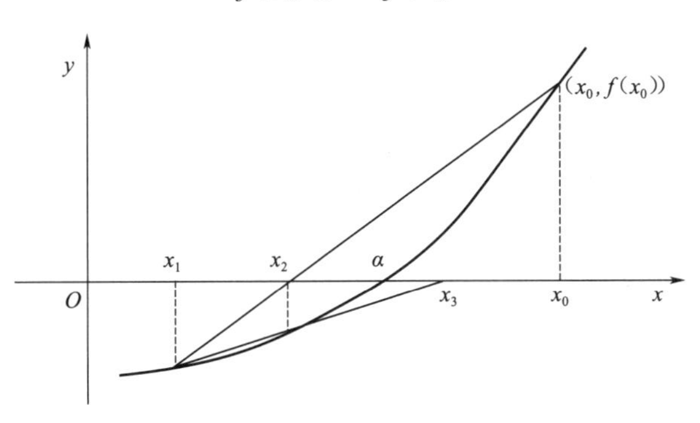

图 2.10

由式(2.18)定义的迭代算法称为割线法. 因为在计算 x_{k+1} 时，须事先知道 x_{k-1} 和 x_k 两点处的值，这是两点迭代. 可以证明如下定理：

定理 5　设函数 $f(x)\in C^2[\alpha-\delta,\alpha+\delta]$，其中 α 为 $f(x)$ 的根，δ 为某正数. 如果 $f'(\alpha)\neq 0$，则存在 $\delta_1\leqslant\delta$，当 $x_0,x_1\in[\alpha-\delta_1,\alpha+\delta_1]$ 时，割线法(2.18)将至少按阶

$$p\approx\frac{1+\sqrt{5}}{2}\approx 1.618$$

收敛到根 α.

割线法的计算步骤如下：

(1) 输入精度 $\varepsilon_1,\varepsilon_2$，最大迭代次数 N，互异初值 x_0,x_1，计算 $f(x_0),f(x_1)$，$k=0$.

(2)如果 $k \geqslant N$ 或 $f(x_{k-1})-f(x_k)=0$,则输出算法失败标志并终止迭代.

(3)计算 $x_{k+1}=x_k-\dfrac{f(x_k)}{f(x_{k-1})-f(x_k)}(x_{k-1}-x_k)$.

(4)如果 $|x_{k+1}-x_k|<\varepsilon_1$ 或 $|f(x_{k+1})|<\varepsilon_2$,则终止迭代,并令 $\alpha \approx x_{k+1}$;否则,$k:=k+1$ 并转步骤(2).

例 9 用割线法求 $f(x)=\cos x-x$ 在区间[0,1]上的根,精确到小数点后 6 位.

解 取 $x_0=0.4, x_1=0.5$,按照割线法的迭代格式(2.18)进行计算,计算结果见表 2.9.

表 2.9

k	x_k	k	x_k
0	0.4	4	0.739 077 670 590 240
1	0.5	5	0.739 085 135 557 535
2	0.763 163 289 653 376	6	0.739 085 133 215 157
3	0.737 664 670 860 936	7	0.739 085 133 215 161

$k=5$ 以后,迭代点的小数点后 8 位已无变化,故可取

$$\alpha \approx x_4 = 0.739\ 085\ 13.$$

2.5 非线性方程组的牛顿迭代法简介

考虑非线性方程组

$$\begin{cases} f_1(x_1,x_2,\cdots,x_n)=0, \\ f_2(x_1,x_2,\cdots,x_n)=0, \\ \cdots\cdots \\ f_n(x_1,x_2,\cdots,x_n)=0. \end{cases} \tag{2.19}$$

引入向量 $\boldsymbol{x}=(x_1,x_2,\cdots,x_n)^{\mathrm{T}}$,$\boldsymbol{F}(\boldsymbol{x})=(f_1(x),f_2(x),\cdots,f_n(x))^{\mathrm{T}}$,于是方程组(2.19)可以写成 $\boldsymbol{F}(\boldsymbol{x})=\boldsymbol{0}$. 非线性方程组无论是在理论上或实际解法上都很复杂和困难. 本节仅简要介绍常用的牛顿迭代法.

将牛顿迭代法求解非线性方程 $f(x)=0$ 的局部线性化的思想推广到一般的多元向量函数,就得到非线性方程组的牛顿迭代法.

我们以二元的方程组为例,利用多元函数在 $\boldsymbol{x}^{(k)}=(x_1^{(k)},x_2^{(k)})^{\mathrm{T}}$ 的泰勒展开,取泰勒展开的线性部分近似 $\boldsymbol{F}(\boldsymbol{x})$,即

$$\begin{cases} f_1(x_1,x_2,)\approx f_1(x_1^{(k)},x_2^{(k)})+\dfrac{\partial f_1(x_1^{(k)},x_2^{(k)})}{\partial x_1}(x_1-x_1^{(k)})+\dfrac{\partial f_1(x_1^{(k)},x_2^{(k)})}{\partial x_2}(x_2-x_2^{(k)}), \\ f_2(x_1,x_2)\approx f_2(x_1^{(k)},x_2^{(k)})+\dfrac{\partial f_2(x_1^{(k)},x_2^{(k)})}{\partial x_1}(x_1-x_1^{(k)})+\dfrac{\partial f_2(x_1^{(k)},x_2^{(k)})}{\partial x_2}(x_2-x_2^{(k)}). \end{cases} \tag{2.20}$$

线性方程组

$$\begin{cases} f_1(x_1^{(k)},x_2^{(k)})+\dfrac{\partial f_1(x_1^{(k)},x_2^{(k)})}{\partial x_1}(x_1-x_1^{(k)})+\dfrac{\partial f_1(x_1^{(k)},x_2^{(k)})}{\partial x_2}(x_2-x_2^{(k)})=0, \\ f_2(x_1^{(k)},x_2^{(k)})+\dfrac{\partial f_2(x_1^{(k)},x_2^{(k)})}{\partial x_1}(x_1-x_1^{(k)})+\dfrac{\partial f_2(x_1^{(k)},x_2^{(k)})}{\partial x_2}(x_2-x_2^{(k)})=0. \end{cases} \tag{2.21}$$

线性方程组(2.21)的解记为 $\boldsymbol{x}^{(k+1)}=(x_1^{(k+1)},x_2^{(k+1)})^{\mathrm{T}}$,作为非线性方程组的解的新的近似.

令 $\boldsymbol{F}'(\boldsymbol{x})|_{(x_1^{(k)},x_2^{(k)})}=\begin{pmatrix} \dfrac{\partial f_1(x_1^{(k)},x_2^{(k)})}{\partial x_1} & \dfrac{\partial f_1(x_1^{(k)},x_2^{(k)})}{\partial x_2} \\ \dfrac{\partial f_2(x_1^{(k)},x_2^{(k)})}{\partial x_1} & \dfrac{\partial f_2(x_1^{(k)},x_2^{(k)})}{\partial x_2} \end{pmatrix}$,这里 $\boldsymbol{F}'(\boldsymbol{x})=\begin{pmatrix} \dfrac{\partial f_1(x)}{\partial x_1} & \dfrac{\partial f_1(x)}{\partial x_2} \\ \dfrac{\partial f_2(x)}{\partial x_1} & \dfrac{\partial f_2(x)}{\partial x_2} \end{pmatrix}$

称为$\boldsymbol{F}(\boldsymbol{x})$的雅克比(Jacobi)矩阵.

于是,取适当的初始向量 $\boldsymbol{x}^{(0)}=(x_1^{(0)},x_2^{(0)})^{\mathrm{T}}$,有迭代公式

$$\boldsymbol{x}^{(k+1)}=\boldsymbol{x}^{(k)}-(\boldsymbol{F}'(\boldsymbol{x}^{(k)}))^{-1}\boldsymbol{F}(\boldsymbol{x}^{(k)}),\quad k=0,1,2,\cdots. \tag{2.22}$$

这与非线性方程的牛顿迭代法形式上是一致的.

一般地,对于非线性方程组 $\boldsymbol{F}(\boldsymbol{x})=0$,记

$$\boldsymbol{F}'(\boldsymbol{x})=\begin{pmatrix} \dfrac{\partial f_1(x)}{\partial x_1} & \dfrac{\partial f_1(x)}{\partial x_2} & \cdots & \dfrac{\partial f_1(x)}{\partial x_n} \\ \dfrac{\partial f_2(x)}{\partial x_1} & \dfrac{\partial f_2(x)}{\partial x_2} & \cdots & \dfrac{\partial f_2(x)}{\partial x_n} \\ \vdots & \vdots & & \vdots \\ \dfrac{\partial f_n(x)}{\partial x_1} & \dfrac{\partial f_n(x)}{\partial x_2} & \cdots & \dfrac{\partial f_n(x)}{\partial x_n} \end{pmatrix},$$

牛顿迭代法为:取适当的初始向量

$$\boldsymbol{x}^{(0)}=(x_1^{(0)},x_2^{(0)},\cdots,x_n^{(0)})^{\mathrm{T}},$$

$$\boldsymbol{x}^{(k+1)}=\boldsymbol{x}^{(k)}-(\boldsymbol{F}'(\boldsymbol{x}^{(k)}))^{-1}\boldsymbol{F}(\boldsymbol{x}^{(k)}),\quad k=0,1,2,\cdots. \tag{2.23}$$

实际中计算时,式(2.23)中不需要求逆矩阵,而是先解线性方程组求出向量 $\Delta\boldsymbol{x}^{(k)}$,

$$\boldsymbol{F}'(\boldsymbol{x}^{(k)})\Delta\boldsymbol{x}^{(k)}=-\boldsymbol{F}(\boldsymbol{x}^{(k)}),$$

再令 $\boldsymbol{x}^{(k+1)}=\boldsymbol{x}^{(k)}+\Delta\boldsymbol{x}^{(k)}$,$k=0,1,2,\cdots$. 每迭代一步,就计算了向量函数 $\boldsymbol{F}(\boldsymbol{x}^{(k)})$及雅克比矩阵 $\boldsymbol{F}'(\boldsymbol{x}^{(k)})$. 牛顿迭代法有下面的收敛性定理.

定理 6　设 $\boldsymbol{F}(\boldsymbol{x})$的定义域为 $D\subset\mathbf{R}^n$,$\boldsymbol{\alpha}\in D$,$\boldsymbol{F}(\boldsymbol{\alpha})=\boldsymbol{O}$,在 $\boldsymbol{\alpha}$ 邻近 $\boldsymbol{F}'(\boldsymbol{x})$存在且连续,$\boldsymbol{F}'(\boldsymbol{\alpha})$非奇异,则牛顿迭代法生成的向量序列$\{\boldsymbol{x}^{(k)}\}$收敛于 $\boldsymbol{\alpha}$.

例 10　用牛顿迭代法求解$\begin{cases} x_1^2-10x_1+x_2^2+8=0, \\ x_1x_2^2+x_1-10x_2+8=0. \end{cases}$

解　对该方程组有

$$\boldsymbol{F}(\boldsymbol{x})=\begin{pmatrix} x_1^2-10x_1+x_2^2+8 \\ x_1x_2^2+x_1-10x_2+8 \end{pmatrix},\quad \boldsymbol{F}'(\boldsymbol{x})=\begin{pmatrix} 2x_1-10 & 2x_2 \\ x_2^2+1 & 2x_1x_2-10 \end{pmatrix}.$$

取初始向量 $\boldsymbol{x}^{(0)}=(0,0)^{\mathrm{T}}$,解方程组 $\boldsymbol{F}'(\boldsymbol{x}^{(0)})\Delta\boldsymbol{x}^{(0)}=-\boldsymbol{F}(\boldsymbol{x}^{(0)})$,即

$$\begin{pmatrix} -10 & 0 \\ 1 & -10 \end{pmatrix}\Delta x^{(0)}=-\begin{pmatrix} 8 \\ 8 \end{pmatrix}.$$

求出 $\Delta\boldsymbol{x}^{(0)}$，$\boldsymbol{x}^{(1)}=\boldsymbol{x}^{(0)}+\Delta\boldsymbol{x}^{(0)}=(0.8,0.88)^{\mathrm{T}}$，同理计算 $\boldsymbol{x}^{(2)}$，…，计算结果见表 2.10.

表 2.10

k	0	1	2	3	4
$\boldsymbol{x}_1^{(k)}$	0	0.80	0.991 787 221	0.999 975 229	1.000 000 000
$\boldsymbol{x}_2^{(k)}$	0	0.88	0.991 711 737	0.999 968 524	1.000 000 000

素养提升

注意理解处理非线性问题的方法和思想

首先，了解非线性问题的广泛来源，由于各学科的共同发展，促使机器人研究和应用越来越广泛，机构学中最典型的非线性方程组的求解是设计构件长度的基础问题，也就是机构云顶尺寸综合问题.我们学习了非线性方程组的数值解，要应用到实际问题中去，这正是体现了从实践到理论，再把理论服务到实践中去的认知规律.其次，理解处理非线性问题的基本思想和方法，分别从泰勒展开和几何图形上理解牛顿迭代法，它是将非线性问题逐次线性化.学习不动点迭代法的收敛性分析和误差分析的证明，体会算法要有严谨可靠的理论分析，提升数学素养.以高等数学中的无穷小量的比较理解迭代序列的收敛阶，并对算法做出评价.细致的理论分析和推导有助于培养科学的思维.

习　题

1. 找出下列方程的长度为 1 的有根区间.

(1) $x^3=9$；　(2) $\cos^2 x+6=x$；　(3) $3x^3+x^2-x-5=0$.

2. 用二分法求方程 $x^4=x^2+10$ 在 $[2,3]$ 内的根的近似值，并分析误差限 10^{-10} 时至少二分多少次？

3. 求下列函数的不动点.

(1) $\dfrac{3}{x}$；　(2) x^2-2x-2；　(3) $\dfrac{x^3+x-5}{6x-10}$.

4. 将方程 $x^3-x+e^x=0$ 用三种方式表示为不动点迭代法.

5. 下列哪个不动点迭代法收敛到 $\sqrt{5}$？并对收敛速度由快到慢排序.

(1) $x_{k+1}=\dfrac{4}{5}x_k+\dfrac{1}{x_k}$；　(2) $x_{k+1}=\dfrac{1}{2}x_k+\dfrac{5}{2x_k}$；　(3) $x_{k+1}=\dfrac{x_k+5}{x_k+1}$.

6. 已知 $x=\varphi(x)$ 在区间 $[a,b]$ 内只有一根，而当 $a<x<b$ 时，$|\varphi'(x)|\geqslant k>1$，试问：如何将 $x=\varphi(x)$ 化为适于迭代的格式？将 $x=\tan x$ 化为适于迭代的格式，并求 $x=4.5$（弧度）附近的根.

7. 判断用等价方程 $x=\varphi(x)$ 建立的求解非线性方程 $f(x)=x^3-x^2-1=0$ 在 1.5 附近的根的迭代法 $x_{k+1}=\varphi(x_k)$ 的收敛性，其中：

(1) $\varphi(x)=1+1/x^2$；　(2) $\varphi(x)=\sqrt[3]{1+x^2}$；　(3) $\varphi(x)=\dfrac{1}{\sqrt{x-1}}$.

8. 对如下点列用埃特金方法加速.

$x_0=0.540\,30$，

$x_1=0.877\ 58$,

$x_2=0.944\ 96$,

$x_3=0.968\ 91$,

$x_4=0.980\ 07$,

$x_5=0.986\ 14$,

$x_6=0.989\ 81$.

9. 取适当的初值,分别用牛顿迭代法、割线法求解方程 $f(x)=x^2-6=0$ 的解.

10. 建立利用方程 $x^3-c=0$ 求 $\sqrt[3]{c}\,(c>0)$ 的牛顿迭代格式,并讨论算法的收敛性.

11. 写出求解方程 $f(x)=\frac{1}{x}-1=0$ 的牛顿迭代格式并判断以下情形的收敛性:

(1) $x_0>2$ 或 $x_0<0$;　　(2) $x_0=2$ 或 $x_0=0$;　　(3) $0<x_0<2$.

12. 设迭代过程 $x_{k+1}=\varphi(x_k)$ 及正整数 p,如果 $\varphi^{(p)}(x)$ 在所求根 α 的邻近连续,且 $\varphi'(\alpha)=\varphi''(\alpha)=\cdots=\varphi^{(p-1)}(\alpha)=0$,$\varphi^{(p)}(\alpha)\neq 0$,证明:该迭代过程在点 α 邻近是 p 阶收敛的.

13. 对于 $f(x)=0$ 的牛顿公式 $x_{k+1}=x_k-\frac{f(x_k)}{f'(x_k)}$,证明:

$R_k=(x_k-x_{k-1})/(x_{k-1}-x_{k-2})^2$ 收敛到 $-f''(x^*)/(2f'(x^*))$,这里 x^* 为 $f(x)=0$ 的根.

14. 用下列方法求 $f(x)=x^3-3x-1=0$ 在 $x_0=2$ 附近的根. 根的准确值 $x^*=1.879\ 385\ 24\cdots$,要求计算结果准确到四位有效数字. (1)用牛顿法;(2)用割线法,取 $x_0=2$,$x_1=1.9$.

15. 证明迭代公式 $x_{k+1}=\frac{x_k(x_k^2+3a)}{3x_k^2+a}$ 是计算 $\sqrt{a}$ 的三阶方法. 假定初值 x_0 充分靠近 $\sqrt{a}$,求 $\lim\limits_{k\to\infty}(\sqrt{a}-x_{k+1})/(\sqrt{a}-x_k)^3$.

16. 利用适当的迭代格式证明 $\lim\limits_{k\to\infty}\underbrace{\sqrt{2+\sqrt{2+\cdots+\sqrt{2}}}}_{k}=2$.

17. 设 a 为正整数,试建立一个求 $\frac{1}{a}$ 的牛顿迭代公式,要求在迭代公式中不含有除法运算,并考虑公式的收敛性.

上机实验

1. 分别取初值 $x_0=1$,$x_0=-1$,用牛顿迭代法求解方程 $f(x)=x^2-6=0$ 的解,并分析计算结果.

2. 用适当的方法求方程 $f(x)=x^3+3x^2-1=0$ 的全部根,要求误差限为 0.5×10^{-8}.

3. 设 $p(x)=(x-1)(x-2)\cdots(x-20)$,取多个非常小的 ε,用 MATLAB 解方程 $p(x)+\varepsilon x^{19}=0$,并分析计算结果.

4. (悬索垂度与张力的计算问题) 湖南湘西矮寨特大悬索桥(见图 2.11)是中国湖南省湘西土家族苗族自治州境内的高速通道,位于德夯大峡谷之上,是吉首市西北部公路的构成部分,也是包头—茂名高速公路(国家高速 G65)关键控制性工程. 矮寨大桥于 2007 年 10 月 28 日动工兴建,于 2011 年 8 月 20 日完成主桥合龙工程,大桥全线贯通,于 2012 年 3 月 31 日通车运营,并举行通车仪式.

图 2.11

这种悬索桥是公路和铁路设计中常用的设计，在设计悬索桥时需计算在自重作用下缆索的张力．设高架悬索系统如图 2.12 所示，其中，a 表示悬索的跨度，x 是悬索的垂度，m 是悬索承受的质量．

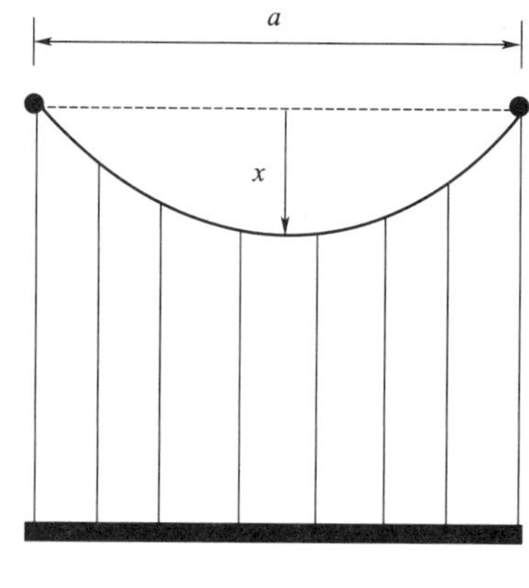

图 2.12

设悬索承受的质量是均匀分布的，$g=9.78\ \mathrm{m\cdot s^{-2}}$ 表示重力加速度，则悬索承受的负荷密度为 $\omega=\dfrac{mg}{a}$．若不计温度变化的影响，悬索端点的张力由公式 $T=\dfrac{\omega a}{2}\sqrt{1+\left(\dfrac{a}{x}\right)^2}$ 确定，为此需要计算悬索的垂度 x．

设悬索的长度为 $L>a$，垂度 x 近似满足如下的非线性方程：

$$L=a\left[1+\frac{8}{3}\left(\frac{a}{x}\right)^2-\frac{32}{5}\left(\frac{a}{x}\right)^4+\frac{256}{7}\left(\frac{a}{x}\right)^6\right].$$

不妨设 $a=120\ \mathrm{m}$，$L=125\ \mathrm{m}$，$m=1\,500\ \mathrm{kg}$，则悬索的负荷密度 $\omega=122.25\ \mathrm{N\cdot m^{-1}}$．采用牛顿迭代法求解非线性方程，取迭代初值 $x_0=\dfrac{a}{2}$，误差精度 $\varepsilon=10^{-9}$，计算悬索垂度和悬索端点承受张力．

5．数值计算 Stewart 平台(二维情形)的方向动力学问题．

(a)将式(2.1)后两个方程展开，并把第一个方程代入，进行计算整理，得到 x,y 可由 θ 表示，再利用式(2.1)中第一个方程，化简整理得到一个仅有未知数 θ 的方程 $f(\theta)=0$．(注意 p_1，p_2，p_3，L_1，L_2，L_3，γ，x_1，x_2，y_2都是已知的，如果求得 $f(\theta)=0$ 的根，对应的 x,y 即可解得)

(b)取定三角形的形状参数 $L_1=2, L_2=L_3=\sqrt{2}, \gamma=\pi/2$，臂长参数 $p_1=p_2=p_3=\sqrt{5}$，分别令 $\theta=-\pi/4$ 或 $\theta=\pi/4$ 时，画出平面 Stewart 平台的两个姿态.

(c)求解平面 Stewart 平台的前向动力系统，其中，$x_1=5$，$(x_2, y_2)=(0,6)$，$L_1=L_3=3$，$L_2=3\sqrt{2}$，$\gamma=\pi/4$，$p_1=p_2=5$，$p_3=3$. 画出 $f(\theta)$，求解 $f(\theta)=0$，找出 4 个位置，并画图. 通过验证 p_1, p_2, p_3，检查计算结果.

(d)改变支杆长度 $p_2=7$，其他参数不变，重新求解，画出平面 Stewart 平台的两个姿态；找出支杆长度 p_2，其他参数不变，使平面 Stewart 平台只有两个姿态；计算 p_2 的区间，其他参数不变，使平面 Stewart 平台分别有 0,2,4,6 个姿态.

第3章 线性方程组的数值解法

3.1 引言与预备知识

3.1.1 引言

解线性方程组是一个古老的问题，最早出自我国古代数学著作《九章算术》的第八章方程章．这里的“方程”专指多元一次方程组问题（将它们的系数和常数项用算筹摆成“方阵”，所以称之为“方程”）．其第一题：

今有上禾三秉，中禾二秉，下禾一秉，实三十九斗；上禾二秉，中禾三秉，下禾二秉，实三十四斗；上禾一秉，中禾二秉，下禾三秉，实二十六斗；问上、中、下禾实一秉各几何？

用 x,y,z 分别代替上禾、中禾、下禾各1秉能打出的斗米数，据题意有

$$\begin{cases}3x+2y+z=39,\\2x+3y+2z=34,\\x+2y+3z=26.\end{cases}$$

这是三元一次线性方程组．方程术是《九章算术》中提出的一种解线性方程组的消元，采用分离系数的方法表示线性方程组，相当于现在的矩阵；解线性方程组时使用的直除法，与矩阵的初等变换一致．这是世界上最早的完整的线性方程组的解法．

直到现在，自然科学和工程技术中很多问题的解决，依旧通常归结为求解线性方程组，例如，电学中的网络问题，船体数学放样中建立三次样条函数问题，用最小二乘法求解实验数据的曲线拟合问题，非线性方程组求根以及用差分法或有限元法求解偏微分方程等都须求解线性方程组．这些线性方程组的系数矩阵大致分两种：一种是低阶稠密矩阵；另一种是大型稀疏矩阵（矩阵的阶数高且零元素较多）．

线性方程组的解法从理论上分为两类：

（1）直接法就是经过有限步算术运算，可求得线性方程组精确解的方法．但实际计算中，由于舍入误差的存在和影响，这种方法也只能求得方程组的近似解．本章将阐述这类算法中最基本的高斯消元法及其变形．这类方法是解低阶稠密的线性方程组及某些大型稀疏矩阵方程组（如大型带状方程组）的有效方法．

（2）迭代法就是用某种极限过程去逐步逼近线性方程组精确解的方法．迭代法具有需要计算机的存储单元较少、程序设计简单、原始系数矩阵在计算过程中始终不变等优点，但是存在收敛性及收敛速度问题．迭代法是解大型稀疏矩阵方程组（尤其是由微分方程离散后得到的大型方程组）的重要方法．本章将介绍迭代法的一些基本理论及雅克比迭代法、高斯-赛德尔迭代法、超松弛迭代法和共轭梯度法等．

应当注意的是，这两类方法的使用没有明显的界限，有时对某一种问题两种方法混合使

用.对某些精度要求高的问题,经常用直接法得到的解,再用迭代法进行若干步的迭代,从而达到更高精度的要求.

一般地,设 n 元线性代数方程组

$$\begin{cases} a_{11}x_1 + a_{12}x_2 + \cdots + a_{1n}x_n = b_1, \\ a_{21}x_1 + a_{22}x_2 + \cdots + a_{2n}x_n = b_2, \\ \quad\quad\cdots\cdots \\ a_{n1}x_1 + a_{n2}x_2 + \cdots + a_{nn}x_n = b_n. \end{cases} \tag{3.1}$$

本章将介绍求解线性代数方程组(3.1)的有效数值算法.为简化记号,线性代数方程组(3.1)常简写成矩阵形式

$$\boldsymbol{A}\boldsymbol{x} = \boldsymbol{b},$$

其中

$$\boldsymbol{A} = \begin{pmatrix} a_{11} & a_{12} & \cdots & a_{1n} \\ a_{21} & a_{22} & \cdots & a_{2n} \\ \vdots & \vdots & & \vdots \\ a_{n1} & a_{n2} & \cdots & a_{nn} \end{pmatrix} \in \mathbf{R}^{n\times n}$$

称为线性代数方程组(3.1)的系数矩阵,而

$$\boldsymbol{x} = \begin{pmatrix} x_1 \\ x_2 \\ \vdots \\ x_n \end{pmatrix} \text{和} \boldsymbol{b} = \begin{pmatrix} b_1 \\ b_2 \\ \vdots \\ b_n \end{pmatrix}$$

分别称为线性代数方程组(3.1)的解向量和右端向量.有时,还记上述线性方程组的增广矩阵为 $\overline{\boldsymbol{A}}=(\boldsymbol{A}\quad \boldsymbol{b})$.

3.1.2　向量与矩阵的预备知识

为了讨论线性方程组的性态与解的误差,以及解线性方程组迭代解法的收敛性质,需要对向量或矩阵的"大小"引进某种度量——向量范数和矩阵范数的概念.向量范数和矩阵范数是研究与多个变量相关的问题时必备的数学基础知识.

定义 1　若 $\mathbf{R}^n \to \mathbf{R}$ 的映射 $\|\cdot\|$ 满足:

(1) $\|\boldsymbol{x}\| \geqslant 0$,　$\forall \boldsymbol{x} \in \mathbf{R}^n$,当且仅当 $\boldsymbol{x}=\mathbf{0}$ 时等号成立(正定性);

(2) $\|k\boldsymbol{x}\| \geqslant |k|\,\|\boldsymbol{x}\|$,　$\forall k \in \mathbf{R}, \boldsymbol{x} \in \mathbf{R}^n$(齐次性);

(3) $\|\boldsymbol{x}+\boldsymbol{y}\| \leqslant \|\boldsymbol{x}\| + \|\boldsymbol{y}\|$,　$\forall \boldsymbol{x}, \boldsymbol{y} \in \mathbf{R}^n$(三角不等式).

则称 $\|\cdot\|$ 为 $\mathbf{R}^n$ 中的一种范数,并称 $\|\boldsymbol{x}\|$ 为向量 $\boldsymbol{x}$ 的范数(或模).

下面介绍几种常用范数:

(1)无穷范数(切比雪夫范数):$\|\boldsymbol{x}\|_\infty = \max\limits_{1\leqslant i\leqslant n} |x_i|$;

(2)平均范数:$\|\boldsymbol{x}\|_1 = \sum\limits_{i=1}^{n} |x_i|$;

(3)欧几里得(Euclid)范数:$\|\boldsymbol{x}\|_2 = \sqrt{\sum\limits_{i=1}^{n} x_i^2}$.

上述常用范数都属于 p-范数：$\|\boldsymbol{x}\|_p=(\sum\limits_{i=1}^{n}|x_i|^p)^{1/p}(p\geqslant 1)$，其中无穷范数 $\|\boldsymbol{x}\|_\infty=\lim\limits_{p\to\infty}\|\boldsymbol{x}\|_p$. 如果 $\|\boldsymbol{x}\|=1$，则称 $\boldsymbol{x}$ 为单位向量.

可以证明，向量范数是其分量的连续函数，即有下面定理：

定理 1（向量范数连续性定理） 设 $\|\cdot\|$ 是向量空间 $\mathbf{R}^n$ 中的一种范数，则 $\|\boldsymbol{x}\|$ 是关于 $\boldsymbol{x}$ 的分量 $x_1,x_2,\cdots,x_n$ 的连续函数.

证明见本章附注 1.

定理 2（有限维向量空间的范数等价性定理） 设 $\|\cdot\|$ 和 $\|\cdot\|'$ 为向量空间 $\mathbf{R}^n$ 中的两种范数，则存在正常数 c 和 C，使得下面不等式成立：

$$c\|x\|'\leqslant\|x\|\leqslant C\|x\|',\quad \forall x\in\mathbf{R}^n.$$

证明见本章附注 2.

对于向量的 p-范数（$p=1,2,\infty$），有如下等价关系：

$$\frac{1}{n}\|x\|_1\leqslant\|x\|_\infty\leqslant\|x\|_2\leqslant\|x\|_1.$$

图 3.1 是平面向量的三种常用范数的直观解释.

有了向量范数的概念，可以讨论 $\mathbf{R}^n$ 中的向量误差以及向量序列的收敛性等问题. 设 $\boldsymbol{x}\in\mathbf{R}^n$，$\widetilde{\boldsymbol{x}}$ 为其近似向量，称 $\widetilde{\boldsymbol{x}}-\boldsymbol{x}$ 为误差向量，记为 $\Delta\boldsymbol{x}$，称 $\|\Delta\boldsymbol{x}\|$ 与 $\dfrac{\|\Delta\boldsymbol{x}\|}{\|\boldsymbol{x}\|}$ 为 $\widetilde{\boldsymbol{x}}$ 的绝对误差和相对误差.

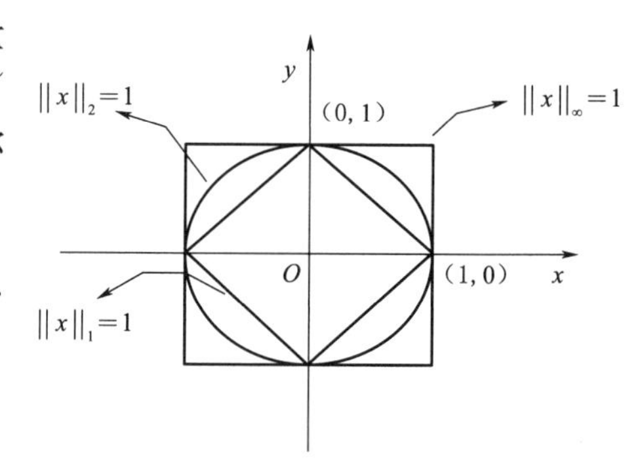

图 3.1

设 $\boldsymbol{x}^{(k)}=(x_1^{(k)},x_2^{(k)},\cdots,x_n^{(k)})^{\mathrm{T}}\in\mathbf{R}^n,k=0,1,\cdots$ 为 $\mathbf{R}^n$ 中的一个向量序列. 如果

$$\lim_{k\to\infty}x_i^{(k)}=x_i,\quad i=1,2,\cdots,n,$$

则称向量序列 $\{\boldsymbol{x}^{(k)}\}$ 收敛于向量 $\boldsymbol{x}=(x_1,x_2,\cdots,x_n)^{\mathrm{T}}$，记为 $\lim\limits_{k\to\infty}\boldsymbol{x}^{(k)}=\boldsymbol{x}$.

显然，$\lim\limits_{k\to\infty}\boldsymbol{x}^{(k)}=\boldsymbol{x}$ 的充要条件是 $\lim\limits_{k\to\infty}\|\boldsymbol{x}^{(k)}-\boldsymbol{x}\|_\infty=0$. 又根据向量范数的等价性定理 2 立即可得，$\lim\limits_{k\to\infty}\boldsymbol{x}^{(k)}=\boldsymbol{x}$ 的充要条件是

$$\lim_{k\to\infty}\|\boldsymbol{x}^{(k)}-\boldsymbol{x}\|=0,$$

其中 $\|\cdot\|$ 为 $\mathbf{R}^n$ 中任意一种范数.

向量是一种特殊的矩阵，可以把向量范数的概念推广到矩阵上去. 若把 $\mathbf{R}^{n\times n}$ 中的矩阵视为 $\mathbf{R}^{n^2}$ 中的向量，则由 $\|\boldsymbol{x}\|_2=\sqrt{\sum\limits_{i=1}^{n}x_i^2}$，可以得到 $\|\boldsymbol{A}\|_F=\sqrt{\sum\limits_{j=1}^{n}\sum\limits_{i=1}^{n}a_{ij}^2}$，它也有向量范数的正定性、齐次性及三角不等式，称 $\|\boldsymbol{A}\|_F=\sqrt{\sum\limits_{j=1}^{n}\sum\limits_{i=1}^{n}a_{ij}^2}=\sqrt{\mathrm{tr}(\boldsymbol{A}^{\mathrm{T}}\boldsymbol{A})}$ 为 $\boldsymbol{A}$ 的弗罗贝尼乌斯（Frobenius）范数，简称 F-范数. 因为矩阵空间 $\mathbf{R}^{n\times n}$ 中除了矩阵的加法和数乘的线性运算外，还有矩阵的乘法运算，矩阵范数仅满足正定性、齐次性及三角不等式在实际应用中还不方便，于是，给出矩阵范数的一般定义.

定义 2　若 $\mathbf{R}^{n\times n}\to\mathbf{R}$ 的映射 $\|\cdot\|$ 满足：

(1) $\|\boldsymbol{A}\|\geqslant 0$,　$\forall \boldsymbol{A}\in\mathbf{R}^{n\times n}$，且等号成立当且仅当 $\boldsymbol{A}=\boldsymbol{0}$(正定性)；

(2) $\|k\boldsymbol{A}\|\geqslant|k|\,\|\boldsymbol{A}\|$,　$\forall k\in\mathbf{R},\boldsymbol{A}\in\mathbf{R}^{n\times n}$(齐次性)；

(3) $\|\boldsymbol{A}+\boldsymbol{B}\|\leqslant\|\boldsymbol{A}\|+\|\boldsymbol{B}\|$,　$\forall \boldsymbol{A},\boldsymbol{B}\in\mathbf{R}^{n\times n}$(三角不等式)；

(4) $\|\boldsymbol{AB}\|\leqslant\|\boldsymbol{A}\|\,\|\boldsymbol{B}\|$,　$\forall \boldsymbol{A},\boldsymbol{B}\in\mathbf{R}^{n\times n}$(相容性).

则称 $\|\cdot\|$ 为 $\mathbf{R}^{n\times n}$ 中的一种矩阵范数，并称 $\|\boldsymbol{A}\|$ 为 $\boldsymbol{A}$ 的矩阵范数(或模).

借助泛函分析中算子范数的定义，定义 $\|\boldsymbol{A}\|_p=\sup\limits_{x\neq 0}\dfrac{\|\boldsymbol{Ax}\|_p}{\|\boldsymbol{x}\|_p}=\sup\limits_{\|\boldsymbol{x}\|_p=1}\|\boldsymbol{Ax}\|_p$.

由于

$$\left|\,\|\boldsymbol{Ax}\|_p-\|\boldsymbol{Ay}\|_p\right|\leqslant\|\boldsymbol{Ax}-\boldsymbol{Ay}\|_p\leqslant\|\boldsymbol{A}\|_p\,\|\boldsymbol{x}-\boldsymbol{y}\|_p,$$

$\|\boldsymbol{Ax}\|_p$ 为连续函数. 因此，$\|\boldsymbol{Ax}\|_p$ 在有界闭集 $\|\boldsymbol{x}\|_p=1$ 上达到最大值，即有

$$\|\boldsymbol{A}\|_p=\sup_{\|\boldsymbol{x}\|_p=1}\|\boldsymbol{Ax}\|_p=\max_{\|\boldsymbol{x}\|_p=1}\|\boldsymbol{Ax}\|_p=\max_{\|\boldsymbol{x}\|_p\neq 0}\frac{\|\boldsymbol{Ax}\|_p}{\|\boldsymbol{x}\|_p}. \tag{3.2}$$

可以证明，由式(3.2)定义的 $\|\cdot\|_p$ 为 $\mathbf{R}^{n\times n}$ 中的范数，并称之为由向量的 p-范数诱导出的矩阵范数，也称为算子范数. 容易看出，下面不等式成立：

$$\|\boldsymbol{Ax}\|_p\leqslant\|\boldsymbol{A}\|_p\,\|\boldsymbol{x}\|_p. \tag{3.3}$$

上式称矩阵的 p-范数与向量的 p-范数相容.

定理 3　设 $\boldsymbol{A}\in\mathbf{R}^{n\times n}$.

(1) $\|\boldsymbol{A}\|_\infty=\max\limits_{1\leqslant i\leqslant n}\sum\limits_{j=1}^{n}|a_{ij}|$ (称为 $\boldsymbol{A}$ 的行范数或行和范数)；

(2) $\|\boldsymbol{A}\|_1=\max\limits_{1\leqslant j\leqslant n}\sum\limits_{i=1}^{n}|a_{ij}|$ (称为 $\boldsymbol{A}$ 的列范数或列和范数)；

(3) $\|\boldsymbol{A}\|_2=\sqrt{\lambda_{\max}(\boldsymbol{A}^{\mathrm{T}}\boldsymbol{A})}$，其中 $\lambda_{\max}(\boldsymbol{A}^{\mathrm{T}}\boldsymbol{A})$ 为矩阵 $\boldsymbol{A}^{\mathrm{T}}\boldsymbol{A}$ 的最大特征值(称为 $\boldsymbol{A}$ 的 2-范数或谱范数).

证明见本章附注 3.

例 1　设 $\boldsymbol{x}=(1,2,-3)^{\mathrm{T}},\boldsymbol{A}=\begin{pmatrix}1&-2\\-3&4\end{pmatrix}$，计算 $\boldsymbol{x}$ 与 $\boldsymbol{A}$ 的常用矩阵范数.

解　$\|\boldsymbol{x}\|_1=6$，$\|\boldsymbol{x}\|_\infty=3$，$|\boldsymbol{x}|_2=\sqrt{14}$.

$\|\boldsymbol{A}\|_1=6$，$\|\boldsymbol{A}\|_\infty=7$，$\|\boldsymbol{A}\|_F\approx 5.477$，

$\boldsymbol{A}^{\mathrm{T}}\boldsymbol{A}=\begin{pmatrix}10&-14\\-14&20\end{pmatrix}$，其特征根为 $\lambda_{1,2}=15\pm\sqrt{221}$，所以 $\|\boldsymbol{A}\|_2=\sqrt{15+\sqrt{221}}\approx 5.46$.

由定理 3 和例 1 可以看出，$\|\boldsymbol{A}\|_\infty$ 和 $\|\boldsymbol{A}\|_1$ 都易于计算，而 $\|\boldsymbol{A}\|_2$ 的计算则很困难. 但矩阵的 2-范数具有许多好的性质，特别是在理论分析中是一个很好的工具.

定义 3　矩阵 $\boldsymbol{A}$ 的所有特征值的模的最大值称为矩阵 $\boldsymbol{A}$ 的谱半径，用 $\rho(\boldsymbol{A})$ 表示，即 $\rho(\boldsymbol{A})=\max\limits_{1\leqslant i\leqslant n}|\lambda_i|$，其中 $\lambda_i(i=1,2,\cdots,n)$ 为矩阵 $\boldsymbol{A}$ 的特征值.

对于与向量范数相容的矩阵范数有如下重要定理.

定理 4 设矩阵范数 $\|\cdot\|$ 为与某向量范数相容的范数，则

$$\rho(\mathbf{A}) \leqslant \|\mathbf{A}\|. \tag{3.4}$$

证 设矩阵范数 $\|\cdot\|$ 与向量范数 $\|\cdot\|$ 相容. 设 λ 为矩阵 $\mathbf{A}$ 的模最大的特征值，即 $|\lambda| = \rho(\mathbf{A})$. 则存在非零向量(特征向量) $\boldsymbol{x}$ 满足

$$\mathbf{A}\boldsymbol{x} = \lambda\boldsymbol{x}.$$

因此

$$|\lambda| \|\boldsymbol{x}\| = \|\lambda\boldsymbol{x}\| = \|\mathbf{A}\boldsymbol{x}\| \leqslant \|\mathbf{A}\| \|\boldsymbol{x}\|.$$

故

$$\rho(\mathbf{A}) = |\lambda| \leqslant \|\mathbf{A}\|.$$

定理 5 对任何 $\varepsilon > 0$，存在与某向量范数相容的矩阵范数 $\|\cdot\|_\varepsilon$，使得

$$\|\mathbf{A}\|_\varepsilon \leqslant \rho(\mathbf{A}) + \varepsilon. \tag{3.5}$$

证明参见本章附注 4.

对于 $\mathbf{R}^{n\times n}$ 中的矩阵范数，同样有范数等价性定理，即

定理 6 设 $\|\cdot\|$ 和 $\|\cdot\|'$ 为 $\mathbf{R}^{n\times n}$ 中的两种范数，则存在正常数 c 和 C，使得下面不等式成立

$$c\|\mathbf{A}\|' \leqslant \|\mathbf{A}\| \leqslant C\|\mathbf{A}\|', \quad \forall \mathbf{A} \in \mathbf{R}^{n\times n}.$$

下面列出上述常用矩阵范数的等价关系：

$$\|\mathbf{A}\|_2 \leqslant \|\mathbf{A}\|_F \leqslant \sqrt{n}\|\mathbf{A}\|_2,$$

$$\frac{1}{\sqrt{n}}\|\mathbf{A}\|_\infty \leqslant \|\mathbf{A}\|_2 \leqslant \sqrt{n}\|\mathbf{A}\|_\infty,$$

$$\frac{1}{\sqrt{n}}\|\mathbf{A}\|_1 \leqslant \|\mathbf{A}\|_2 \leqslant \sqrt{n}\|\mathbf{A}\|_1.$$

类似于向量误差和向量序列的收敛性定义，可以定义 $\mathbf{R}^{n\times n}$ 中矩阵误差和矩阵序列收敛性的概念. 设 $\mathbf{A} \in \mathbf{R}^{n\times n}$，$\widetilde{\mathbf{A}}$ 为其近似矩阵. 记 $\Delta\mathbf{A} = \widetilde{\mathbf{A}} - \mathbf{A}$，$\Delta\mathbf{A}$ 也称为矩阵 $\mathbf{A}$ 的扰动或摄动，称

$$\|\Delta\mathbf{A}\|, \quad \frac{\|\Delta\mathbf{A}\|}{\|\mathbf{A}\|}$$

分别为 $\mathbf{A}$ 的绝对误差和相对误差. 设

$$\mathbf{A}^{(k)} = (a_{ij}^{(k)}) \in \mathbf{R}^{n\times n}, \quad k = 0,1,\cdots$$

为 $\mathbf{R}^{n\times n}$ 中的一个矩阵序列. 如果

$$\lim_{k\to\infty} a_{ij}^{(k)} = a_{ij}, \quad i,j = 1,2,\cdots,n,$$

则称矩阵序列 $\{\mathbf{A}^{(k)}\}$ 收敛于矩阵 $\mathbf{A} = (a_{ij})$，记为 $\lim\limits_{k\to\infty} \mathbf{A}^{(k)} = \mathbf{A}$.

显然，$\lim\limits_{k\to\infty} \mathbf{A}^{(k)} = \mathbf{A}$ 的充要条件是

$$\lim_{k\to\infty} \|\mathbf{A}^{(k)} - \mathbf{A}\| = 0,$$

其中 $\|\cdot\|$ 为 $\mathbf{R}^{n\times n}$ 中的任意一种范数.

定理 7 设 $\mathbf{A} \in \mathbf{R}^{n\times n}$，则 $\lim\limits_{k\to\infty} \mathbf{A}^k = \mathbf{O}$ 的充要条件是 $\rho(\mathbf{A}) < 1$.

证　设 $\rho(\boldsymbol{A})<1$，则 $\exists\,\varepsilon>0$，$\rho(\boldsymbol{A})+\varepsilon<1$. 由定理 5，存在范数 $\|\cdot\|$，使得

$$\|\boldsymbol{A}\|\leqslant\rho(\boldsymbol{A})+\varepsilon<1.$$

而 $\|\boldsymbol{A}^k\|\leqslant\|\boldsymbol{A}\|^k\to 0, k\to\infty$，于是 $\lim\limits_{k\to\infty}\boldsymbol{A}^k=\boldsymbol{O}$.

反之，设 $\rho(\boldsymbol{A})\geqslant 1$，则必有矩阵 $\boldsymbol{A}$ 的一个特征值 λ，x 为相应的特征向量，其中 $|\lambda|=\rho(\boldsymbol{A})$. 则

$$\|\boldsymbol{A}^k\boldsymbol{x}\|=\|\lambda^k\boldsymbol{x}\|\geqslant\|\boldsymbol{x}\|.$$

因此

$$\|\boldsymbol{A}^k\|\geqslant\frac{\|\boldsymbol{A}^k\boldsymbol{x}\|}{\|\boldsymbol{x}\|}\geqslant 1,$$

即 $\lim\limits_{k\to\infty}\boldsymbol{A}^k=\boldsymbol{O}$ 不成立.

素养提升

线性方程组的研究

高斯消元法是计算方法中求解线性方程组 $\boldsymbol{Ax}=\boldsymbol{b}$ 最简单和最基本的直接法，其应用非常广泛. 我国早在公元前 250 年就掌握了求解方程组的消元法，解线性方程组最早出现在古代数学著作《九章算术》，大约在 263 年刘徽撰写的《九章算术注》创立了“互乘相消法”. 在西方，线性方程组的研究是在 17 世纪后期由莱布尼茨开创的. 中国比欧洲至少早 1 500 年，这是我们的自豪！《九章算术》第八章方程章中所谓“方程”是专指多元一次方程组问题，是将它们的系数和常数项用算筹摆成“方阵”(所以称之为“方程”). 采用分离系数的方法表示线性方程组，相当于现在的矩阵；消元的过程相当于现代大学课程高等代数中的线性变换. 解线性方程组时使用的直除法，与矩阵的初等变换一致. 这是世界上最早的、完整的线性方程组的解法.

虽然线性方程组的研究起源于我国，但是有关线性方程组的理论还是 17—19 世纪西方数学家的贡献是主要的，高斯消元法及各种变形是在 19 世纪计算机出现之后飞速发展并广泛应用. 随着实际问题的研究产生很多大型线性方程组，关于高阶矩阵的数值计算，尤其是并行计算的研究越来越重要，我国在 20 世纪 50 年代中期开始大力发展计算数学，在数值线性代数及其应用亦有重要贡献.

3.2　高斯消元法与矩阵分解

3.2.1　高斯消元法

高斯(Gauss)消元法是一种常用的求解线性方程组的直接法.

高斯消元法的基本思想是先通过逐次消元，将原线性方程组化为同解的上三角形线性方程组，然后回代求解. 下面以一个简单例子说明高斯消元法求解线性代数方程组的过程.

例 2　求过三点(1,1)，(2,−1)和(3,1)的抛物线 $y=a+bx+cx^2$.

解　首先建立关于参数 a，b 和 c 满足的方程组：

$$\begin{cases}a+b+c=1,\\ a+2b+4c=-1,\\ a+3b+9c=1.\end{cases}$$

这是关于 a,b 和 c 的三元线性方程组. 分别把第一个方程乘(−1)加到第二和第三个方程,化成同解线性方程组:

$$\begin{cases} a+b+c=1, \\ b+3c=-2, \\ 2b+8c=0. \end{cases}$$

再将上面方程组中的第二个方程乘(−2)加到第三个方程,化成上三角形线性方程组:

$$\begin{cases} a+b+\ c=1, \\ \quad\ b+3c=-2, \\ \qquad\ \ 2c=4. \end{cases}$$

求解上述上三角形线性代数方程组可得

$$\begin{cases} a=7, \\ b=-8, \\ c=2. \end{cases}$$

故所求抛物线方程为

$$y=7-8x+2x^2.$$

下面讨论一般的线性代数方程组(3.1)的高斯消元法. 将 $\boldsymbol{Ax}=\boldsymbol{b}$ 记为 $\boldsymbol{A}^{(1)}\boldsymbol{x}=\boldsymbol{b}^{(1)}$,其中 $(a_{ij}^{(1)})=(a_{ij})$,$\boldsymbol{b}^{(1)}=\boldsymbol{b}$.

高斯消元法的步骤如下:

(1)若 $a_{11}^{(1)}\neq 0$,令

$$l_{i1}=a_{i1}^{(1)}/a_{11}^{(1)}, \quad i=2,3,\cdots,n.$$

用 $(-l_{i1})$ 乘线性代数方程组(3.1)中第一个方程加到第 i 个方程($i=2,3,\cdots,n$),可消去第 i 个方程中的变量 x_1,将线性代数方程组(3.1)变为同解线性方程组:

$$\begin{cases} a_{11}^{(1)}x_1+a_{12}^{(1)}x_2+a_{13}^{(1)}x_3+\cdots+a_{1n}^{(1)}x_n=b_1^{(1)}, \\ \qquad\qquad a_{22}^{(2)}x_2+a_{23}^{(2)}x_3+\cdots+a_{2n}^{(2)}x_n=b_2^{(2)}, \\ \qquad\qquad a_{32}^{(2)}x_2+a_{33}^{(2)}x_3+\cdots+a_{3n}^{(2)}x_n=b_3^{(2)}, \\ \qquad\qquad\qquad\qquad \cdots\cdots \\ \qquad\qquad a_{n2}^{(2)}x_2+a_{n3}^{(2)}x_3+\cdots+a_{nn}^{(2)}x_n=b_n^{(2)}. \end{cases} \tag{3.6}$$

记为 $\boldsymbol{A}^{(2)}\boldsymbol{x}=\boldsymbol{b}^{(2)}$,其中

$$a_{ij}^{(2)}=a_{ij}^{(1)}-l_{i1}a_{1j}^{(1)}, \quad i,j=2,3,\cdots,n,$$
$$b_i^{(2)}=b_i^{(1)}-l_{i1}b_1^{(1)}, \quad i=2,3,\cdots,n.$$

(2)若 $a_{22}^{(2)}\neq 0$,令

$$l_{i2}=a_{i2}^{(2)}/a_{22}^{(2)}, \quad i=3,4,\cdots,n.$$

用 $(-l_{i2})$ 乘线性方程组(3.6)中第二个方程加到第 i 个方程($i=3,4,\cdots,n$),可消去第 i 个方程中的变量 x_2,将线性方程组(3.6)变成同解的线性方程组 $\boldsymbol{A}^{(3)}\boldsymbol{x}=\boldsymbol{b}^{(3)}$,即

$$\begin{cases} a_{11}^{(1)}x_1+a_{12}^{(1)}x_2+a_{13}^{(1)}x_3+\cdots+a_{1n}^{(1)}x_n=b_1^{(1)}, \\ \qquad\qquad a_{22}^{(2)}x_2+a_{23}^{(2)}x_3+\cdots+a_{2n}^{(2)}x_n=b_2^{(2)}, \\ \qquad\qquad\qquad\qquad a_{33}^{(3)}x_3+\cdots+a_{3n}^{(3)}x_n=b_3^{(3)}, \\ \qquad\qquad\qquad\qquad \cdots\cdots \\ \qquad\qquad\qquad\qquad a_{n3}^{(3)}x_3+\cdots+a_{nn}^{(3)}x_n=b_n^{(3)}. \end{cases} \tag{3.7}$$

其中

$$a_{ij}^{(3)}=a_{ij}^{(2)}-l_{i2}a_{2j}^{(2)},\quad i,j=3,4,\cdots,n,$$
$$b_i^{(3)}=b_i^{(2)}-l_{i2}b_2^{(2)},\quad i=3,4,\cdots,n.$$

如此下去,更一般地,第 k 步:

假设第 $k-1$ 步已完成,即得到同解的线性方程组

$$\begin{cases}a_{11}^{(1)}x_1+a_{12}^{(1)}x_2+a_{13}^{(1)}x_3+\cdots+a_{1n}^{(1)}x_n=b_1^{(1)},\\ \qquad a_{22}^{(2)}x_2+a_{23}^{(2)}x_3+\cdots+a_{2n}^{(2)}x_n=b_2^{(2)},\\ \qquad\qquad a_{33}^{(3)}x_3+\cdots+a_{3n}^{(3)}x_n=b_3^{(3)},\\ \qquad\qquad\qquad \cdots\cdots\\ \qquad\qquad a_{kk}^{(k)}x_k+\cdots+a_{kn}^{(k)}x_n=b_k^{(k)},\\ \qquad\qquad\qquad \cdots\cdots\\ \qquad\qquad a_{nk}^{(k)}x_k+\cdots+a_{nn}^{(k)}x_n=b_n^{(k)}.\end{cases}\tag{3.8}$$

如果 $a_{kk}^{(k)}\neq 0$,令

$$l_{ik}=a_{ik}^{(k)}/a_{kk}^{(k)},\quad i=k+1,\cdots,n,\tag{3.9}$$

用$-l_{i/2}$乘方程组(3.8),第 k 个方程再加到第 i 个方程上($i=k+1,k+2,\cdots,n$),可消去第 i 个方程中的变量 x_k. 进行第 k 步的消元过程,可将线性方程组(3.1)变成同解线性方程组 $\boldsymbol{A}^{(k+1)}\boldsymbol{x}=\boldsymbol{b}^{(k+1)}$,

其中

$$a_{ij}^{(k+1)}=a_{ij}^{(k)}-l_{ik}a_{kj}^{(k)},\quad i,j=k+1,\cdots,n;$$
$$b_i^{(k+1)}=b_i^{(k)}-l_{ik}b_k^{(k)},\quad i=k+1,\cdots,n.\tag{3.10}$$

经 $n-1$ 步消元后,线性方程组(3.1)变为如下同解的上三角形线性代数方程组 $\boldsymbol{A}^{(n)}\boldsymbol{x}=\boldsymbol{b}^{(n)}$ 即

$$\begin{cases}a_{11}^{(1)}x_1+a_{12}^{(1)}x_2+a_{13}^{(1)}x_3+\cdots+a_{1n}^{(1)}x_n=b_1^{(1)},\\ \qquad a_{22}^{(2)}x_2+a_{23}^{(2)}x_3+\cdots+a_{2n}^{(2)}x_n=b_2^{(2)},\\ \qquad\qquad a_{33}^{(3)}x_3+\cdots+a_{3n}^{(3)}x_n=b_3^{(3)},\\ \qquad\qquad\qquad \cdots\cdots\\ \qquad\qquad\qquad\qquad a_{nn}^{(n)}x_n=b_n^{(n)}.\end{cases}\tag{3.11}$$

第 n 步, 回代求解上三角形线性方程组(3.11)

$$\begin{cases}x_n=b_n^{(n)}/a_{nn}^{(n)},\\ x_i=(b_i^{(i)}-a_{i,i+1}^{(i)}x_{i+1}-\cdots-a_{in}^{(i)}x_n)/a_{ii}^{(i)},\quad i=n-1,n-2,\cdots,1.\end{cases}\tag{3.12}$$

总结上述讨论,得到以下定理.

定理 8　线性方程组 $\boldsymbol{Ax}=\boldsymbol{b},\boldsymbol{A}\in\mathbf{R}^{n\times n}$.

(1)若 $a_{k,k}^{(k)}\neq 0(k=1,2,\cdots,n-1)$,则可以通过高斯消元法将 $\boldsymbol{Ax}=\boldsymbol{b}$ 约化为等价的上三角形线性方程组(3.11).

(2)若 $\boldsymbol{A}$ 非奇异,则可通过交换两行的初等变换及高斯消元法将 $\boldsymbol{Ax}=\boldsymbol{b}$ 约化为等价的上三角形线性方程组(3.11).

上述高斯消元法中,$a_{kk}^{(k)}$ 称为第 k 步的主元. 高斯消元法的前 $n-1$ 步称为消元过程,第 n 步称为回代过程. 由算法可知,高斯消元法实际上是先将线性方程组进行消元,化成同解的且易于求解的上三角形线性方程组,再经回代求得问题的解. 观察消元和回代的过程的式(3.9)～式(3.10)和式(3.12),可得高斯消元法的计算量,即:

乘除法次数:消元过程为 $\sum_{k=1}^{n-1}[(n-k)^2+2(n-k)]$,回代过程为$\frac{n(n+1)}{2}$,总计乘除法次数为$\frac{n^3}{3}+n^2-\frac{n}{3}=O\left(\frac{n^3}{3}\right)$;

加减法次数:消元过程为 $\sum_{k=1}^{n-1}[(n-k)^2+(n-k)]$,回代过程为$\frac{n(n-1)}{2}$,总计加减法次数为$\frac{n^3}{3}+\frac{n^2}{2}-\frac{5n}{6}=O\left(\frac{n^3}{3}\right)$.

3.2.2 列主元高斯消元法

对于某些线性方程组,例如$\begin{cases}2x_2=3,\\3x_1+x_2=4\end{cases}$,其系数矩阵 $\boldsymbol{A}=\begin{pmatrix}0&2\\3&1\end{pmatrix}$,此时无法进行高斯消元.若对换两个方程,则高斯消元法可以执行了.

例 3 求解线性方程组(用三位浮点数计算)

$$\begin{cases}0.000\,1x_1+1.00x_2=1.00,\\1.00x_1+1.00x_2=2.00.\end{cases}$$

解 用高斯消元法求解.首先以 $a_{11}^{(1)}=0.000\,1$ 为主元,消去第二个方程中的 x_1,即

$$a_{22}^{(2)}=1.00-\frac{1.00}{0.000\,1}=-9\,999,\quad b_2^{(2)}=2.00-\frac{1.00}{0.000\,1}=-9\,998.$$

事实上,在计算机中

$$a_{22}^{(2)}=-1.00\times10^4=-10\,000,\quad b_2^{(2)}=-1.00\times10^4=-10\,000.$$

即得同解线性方程组

$$\begin{cases}0.000\,1x_1+1.00x_2=1.00,\\-10\,000x_2=-10\,000.\end{cases}$$

故经回代得解

$$x_2=\frac{-10\,000}{-10\,000}=1.00,\quad x_1=\frac{1.00-1.00\times1.00}{0.000\,1}=0.00.$$

注意到线性方程组的精确解为

$$x_1=1.000\,1\cdots,\quad x_2=0.999\,9\cdots.$$

显然计算解严重失真.造成这样结果的原因在于小主元 $a_{11}^{(1)}=0.000\,1$.由于小主元 $a_{11}^{(1)}$ 的出现,使得计算 $a_{22}^{(2)}$ 和 $b_2^{(2)}$ 时,分别产生误差

$$\Delta(a_{22}^{(2)})=1(\text{相对误差为万分之一}),$$
$$\Delta(b_2^{(2)})=2(\text{相对误差为万分之二}).$$

由此导致解 x_2 产生 $\Delta(x_2)\approx-0.000\,1$ 的误差(相对误差仍为万分之一).但由于

$$x_1=\frac{1.00-1.00\times x_2}{a_{11}^{(1)}},$$

使得 x_1 产生 $\Delta(x_1)=\frac{-\Delta(x_2)}{a_{11}^{(1)}}\approx1$(相对误差为百分之百)的误差.由于小主元 $a_{11}^{(1)}$,x_1 的误差被扩大了 10 000 倍.

当用一种计算方法对于一个"好"的问题进行计算时,如果在计算过程中舍入误差积累增长迅速,造成计算解失真,则称这一方法是不稳定的;反之则称它为稳定的.在后面,我们将给出

线性方程组是“好”或是“坏”的一个判别准则. 由上例看出,高斯消元法是不稳定的算法,因此需进行改进. 最通常的改进方法是选列主元高斯消元法. 其目的是消元时的主元尽可能 “大”.

其方法是在 $n-1$ 步的消元过程中,每步消元之前先选列主元, 即:在 $a_{kk}^{(k)}, a_{k+1,k}^{(k)}, \cdots, a_{nk}^{(k)}$ $(k=1,2,\cdots,n-1)$中选取列主元,求 p,使得

$$|a_{pk}^{(k)}| = \max_{k\leqslant i\leqslant n} |a_{ik}^{(k)}|,$$

并互换矩阵$[\boldsymbol{A}^{(k)}, \boldsymbol{b}^{(k)}]$的第 k 行与第 p 行,然后再按照通常的高斯消元法进行消元.

列选主元消元法可保证$|l_{ik}|=|a_{ik}^{(k)}|/|a_{kk}^{(k)}|\leqslant 1$,因此,在某种程度上能够保证舍入误差不会扩散,方法基本上是稳定的. 在实际中,经常用列选主元消元法求解线性代数方程组.

例 4　求解线性代数方程组(用十进制三位浮点数计算)

$$\begin{cases} 0.000\,1x_1 + 1.00x_2 = 1.00, \\ 1.00x_1 + 1.00x_2 = 2.00. \end{cases}$$

解　用列选主元高斯消元法解方程组(用十进制三位浮点数模仿计算机计算).

首先选取主元 a_{21},交换第一行和第二行得

$$\begin{cases} 1.00x_1 + 1.00x_2 = 2.00, \\ 0.000\,1x_1 + 1.00x_2 = 1.00. \end{cases}$$

消去第二个方程中的 x_1 得

$$\begin{cases} 1.00x_1 + 1.00x_2 = 2.00, \\ \qquad\qquad 1.00x_2 = 1.00. \end{cases}$$

回代得计算解

$$x_1 = 1.00, \quad x_2 = 1.00.$$

和真解比较,上述解可作为真解的一个很好的近似解.

例 5　用高斯列主元消元法解方程组

$$\begin{pmatrix} 1 & 2 & 3 & 0 \\ 2 & 1 & 2 & 3 \\ 0 & 2 & 1 & 2 \\ 0 & 0 & 2 & 1 \end{pmatrix} \begin{pmatrix} x_1 \\ x_2 \\ x_3 \\ x_4 \end{pmatrix} = \begin{pmatrix} 0 \\ -2 \\ -1 \\ -3 \end{pmatrix}$$

解　根据题意,可得

$$\begin{pmatrix} 1 & 2 & 3 & 0 & 0 \\ 2 & 1 & 2 & 3 & -2 \\ 0 & 2 & 1 & 2 & -1 \\ 0 & 0 & 2 & 1 & -3 \end{pmatrix} \xrightarrow{r_1\leftrightarrow r_2} \begin{pmatrix} 2 & 1 & 2 & 3 & -2 \\ 1 & 2 & 3 & 0 & 0 \\ 0 & 2 & 1 & 2 & -1 \\ 0 & 0 & 2 & 1 & -3 \end{pmatrix} \xrightarrow{r_2+\left(\frac{-1}{2}\right)r_1} \begin{pmatrix} 2 & 1 & 2 & 3 & -2 \\ 0 & 3/2 & 2 & -3/2 & 1 \\ 0 & 2 & 1 & 2 & -1 \\ 0 & 0 & 2 & 1 & -3 \end{pmatrix}$$

$$\xrightarrow{r_2\leftrightarrow r_3} \begin{pmatrix} 2 & 1 & 2 & 3 & -2 \\ 0 & 2 & 1 & 2 & -1 \\ 0 & 3/2 & 2 & -3/2 & 1 \\ 0 & 0 & 2 & 1 & -3 \end{pmatrix} \xrightarrow{r_3+\left(\frac{-3/2}{2}\right)r_2} \begin{pmatrix} 2 & 1 & 2 & 3 & -2 \\ 0 & 2 & 1 & 2 & -1 \\ 0 & 0 & 5/4 & -3 & 7/4 \\ 0 & 0 & 2 & 1 & -3 \end{pmatrix}$$

$$\xrightarrow{r_3\leftrightarrow r_4} \begin{pmatrix} 2 & 1 & 2 & 3 & -2 \\ 0 & 2 & 1 & 2 & -1 \\ 0 & 0 & 2 & 1 & -3 \\ 0 & 0 & 5/4 & -3 & 7/4 \end{pmatrix} \xrightarrow{r_4+\left(\frac{-5/4}{2}\right)r_3} \begin{pmatrix} 2 & 1 & 2 & 3 & -2 \\ 0 & 2 & 1 & 2 & -1 \\ 0 & 0 & 2 & 1 & -3 \\ 0 & 0 & 0 & -29/8 & 29/8 \end{pmatrix},$$

回代得 $x_1=1, x_2=1, x_3=-1, x_4=-1$.

列选主元高斯消元法的加减法和乘除法次数与高斯消元法相同,但每步都多了一个选主元步骤,因此总的计算时间增多. 如果方程组系数矩阵具有某种“好”的性质,使得不用选主元技术,高斯消元法也能得到可靠的计算解,则不必选主元. 例如,当系数矩阵 $\boldsymbol{A}$ 对称正定或严格对角占优或不可约弱对角占优时,可不必选主元. 这些类型的矩阵在工程中有广泛的应用背景.

用选列主元的高斯消元法求解增广矩阵为 $\boldsymbol{A}$ 的线性代数方程组,MATLAB 程序如下:

```
% Input:增广矩阵 A
% Output:方程组解 x
[N,M] = size(A);
for i = 1:N
prow(i) = i;
end
for i = 1:N - 1
for k = i + 1:N
if abs(A(prow(i),i))<abs(A(prow(k),i))
q = prow(i);
prow(i) = prow(k);
prow(k) = q;
end
end
if A(prow(i),i) = = 0
break
end
for k = i + 1:N
l = A(prow(k),i)/A(prow(i),i);
for j = i + 1:M
A(prow(k),j) = A(prow(k),j) - l * A(prow(i),j);
end
end
end
x(N) = A(prow(N),M)/A(prow(N),N);
for i = N - 1: - 1:1
x(i) = A(prow(i),M);
for j = i + 1:N
x(i) = x(i) - A(prow(i),j) * x(j);
end
x(i) = x(i)/A(prow(i),i);
end
```

3.2.3 高斯消元法的矩阵形式

高斯消元法的消元过程实际上是对线性代数方程组进行一系列初等行变换的过程. 由线性代数知识知,线性方程组的同解变形,相当于对其增广矩阵实施相应的初等变换. 对矩阵实施初等行变换，相当于以一个相应的初等矩阵左乘增广矩阵. 事实上，在第一步、第二步，直到第 $n-1$ 步消元过程中，相当于依次对增广矩阵 $\overline{A}$ 左乘下三角形矩阵：

$$L_1=\begin{pmatrix} 1 & 0 & 0 & \cdots & 0 & 0 \\ -l_{21} & 1 & 0 & \cdots & 0 & 0 \\ -l_{31} & 0 & 1 & \cdots & 0 & 0 \\ \vdots & \vdots & \vdots & & \vdots & \vdots \\ -l_{n-1,1} & 0 & 0 & \cdots & 1 & 0 \\ -l_{n1} & 0 & 0 & \cdots & 0 & 1 \end{pmatrix},\quad L_2=\begin{pmatrix} 1 & 0 & 0 & \cdots & 0 & 0 \\ 0 & 1 & 0 & \cdots & 0 & 0 \\ 0 & -l_{32} & 1 & \cdots & 0 & 0 \\ \vdots & \vdots & \vdots & & \vdots & \vdots \\ 0 & -l_{n-1,2} & 0 & \cdots & 1 & 0 \\ 0 & -l_{n2} & 0 & \cdots & 0 & 1 \end{pmatrix},$$

$$\cdots,L_{n-1}=\begin{pmatrix} 1 & 0 & 0 & \cdots & 0 & 0 \\ 0 & 1 & 0 & \cdots & 0 & 0 \\ 0 & 0 & 1 & \cdots & 0 & 0 \\ \vdots & \vdots & \vdots & & \vdots & \vdots \\ 0 & 0 & 0 & \cdots & 1 & 0 \\ 0 & 0 & 0 & \cdots & -l_{n,n-1} & 1 \end{pmatrix}.$$

显然 L_i，$(i=1,2,\cdots,n-1)$ 均为对角元为 1 的下三角形矩阵(称为指标为 i 的初等下三角阵或高斯变换阵)，因而它们非奇异. 容易证明矩阵 $L=L_1^{-1}L_2^{-1}\cdots L_{n-1}^{-1}$ 仍然是单位下三角矩阵.

令

$$U=\begin{pmatrix} a_{11}^{(1)} & a_{12}^{(1)} & a_{13}^{(1)} & \cdots & a_{1n}^{(1)} \\ 0 & a_{22}^{(2)} & a_{23}^{(2)} & \cdots & a_{2n}^{(2)} \\ 0 & 0 & a_{33}^{(3)} & \cdots & a_{3n}^{(3)} \\ \vdots & \vdots & \vdots & & \vdots \\ 0 & 0 & 0 & \cdots & a_{nn}^{(n)} \end{pmatrix},\quad y=\begin{pmatrix} b_1^{(1)} \\ b_2^{(2)} \\ b_3^{(3)} \\ \vdots \\ b_n^{(n)} \end{pmatrix}.$$

则有 $L^{-1}(A\ b)=(U\ y)$，即 $(A\ b)=L(U\ y)=(LU\ Ly)$. 因此，由分块矩阵的性质，$A=LU$，$b=Ly$.

由于 $Ax=b$，故得

$$\begin{cases} Ly=b, \\ Ux=y. \end{cases} \tag{3.13}$$

从而，高斯消元法中，消元的过程就是先将系数矩阵 A 分解成一个单位下三角矩阵 L 和一个上三角矩阵 U 的乘积，并求得 $Ly=b$，回代的过程是求解上三角形方程组 $Ux=y$.

3.3　矩阵的三角分解法

3.3.1　直接三角分解法

如果矩阵 A 被分解成 $A=LU$，其中 L 为一个下三角形矩阵，U 为一个上三角形矩阵，则称分解 $A=LU$ 为矩阵 A 的一个三角分解. 高斯消元法实质上是先将矩阵 A 进行三角分解：$A=LU$(其中 L 为单位下三角形矩阵，U 为上三角形矩阵)，然后求解一对三角形线性方程组(3.13).

下面用比较法直接导出分解 $\boldsymbol{A}=\boldsymbol{LU}$ 的计算公式. 将 $\boldsymbol{A}=\boldsymbol{LU}$ 写成

$$\begin{pmatrix} a_{11} & a_{12} & \cdots & a_{1n} \\ a_{21} & a_{22} & \cdots & a_{2n} \\ \vdots & \vdots & & \vdots \\ a_{n1} & a_{n2} & \cdots & a_{nn} \end{pmatrix} = \begin{pmatrix} 1 & & & \\ l_{21} & 1 & & \\ \vdots & \vdots & \ddots & \\ l_{n1} & l_{n2} & \cdots & 1 \end{pmatrix} \begin{pmatrix} u_{11} & u_{12} & \cdots & u_{1n} \\ & u_{22} & \cdots & u_{2n} \\ & & \ddots & \vdots \\ & & & u_{nn} \end{pmatrix}. \tag{3.14}$$

利用矩阵乘法和矩阵相等,依次比较等式左右两端对应的元素可以求得 $\boldsymbol{L}$、$\boldsymbol{U}$. 首先,比较等式两端第 1 行和第 1 列元素,可计算得 $\boldsymbol{U}$ 的第 1 行和 $\boldsymbol{L}$ 的第 1 列,即

$$u_{1i} = a_{1i}, i = 1,2,\cdots,n. \quad l_{i1} = a_{i1}/u_{11}, i = 2,3,\cdots,n. \tag{3.15}$$

再依次比较等式两端第 $i(i=2,3,\cdots,n)$ 行和第 $i(i=2,3,\cdots,n-1)$ 列元素,可计算得 $\boldsymbol{U}$ 的第 $i(i=2,3,\cdots,n)$ 行和 $\boldsymbol{L}$ 的第 $i(i=2,3,\cdots,n-1)$ 列元素,即

$$u_{ij} = a_{ij} - \sum_{k=1}^{i-1} l_{ik}u_{kj}, \quad j = i,i+1,\cdots,n. \tag{3.16}$$

$$l_{ji} = \left(a_{ji} - \sum_{k=1}^{i-1} l_{jk}u_{ki}\right)/u_{ii}, \quad j = i+1,i+2,\cdots,n. \tag{3.17}$$

利用式(3.15)~式(3.17)可计算出三角分解式(3.14). 式(3.14)也称为矩阵 $\boldsymbol{A}$ 的杜里特尔(Doolittle)分解. 由式(3.16)和式(3.17)知,杜里特尔分解的加法和乘法的计算量均为 $Q\left(\frac{n^3}{3}\right)$.

在计算时,采用紧凑格式,计算量少而且节省存储. 把矩阵 $\boldsymbol{L}$ 和 $\boldsymbol{U}$ 的元素作如下排列(括号内为矩阵 $\boldsymbol{A}$ 的元素):

$$\begin{pmatrix} (a_{11})u_{11} & (a_{12})u_{12} & (a_{13})u_{13} & (a_{14})u_{14} \cdots & (b_1)y_1 \\ (a_{21})l_{21} & (a_{22})u_{22} & (a_{23})u_{23} & (a_{24})u_{24} \cdots & (b_2)y_2 \\ (a_{31})l_{31} & (a_{32})l_{32} & (a_{33})u_{33} & (a_{34})u_{34} \cdots & (b_3)y_3 \\ (a_{41})l_{41} & (a_{42})l_{42} & (a_{43})l_{43} & (a_{44})u_{44} \cdots & (b_4)y_4 \\ \vdots & \vdots & \vdots & \vdots & \vdots \end{pmatrix}$$

由式(3.15)~式(3.17)可知,$\boldsymbol{U}$ 的元素 $u_{ij}(i\leqslant j)$ 等于矩阵 $\boldsymbol{A}$ 的对应元 a_{ij} 减去与 u_{ij} 上边的同列元素 u_{kj} 和它左边的同行元素 l_{ik} 之积的和. $\boldsymbol{L}$ 的元素 $l_{ji}(j>i)$ 等于矩阵 $\boldsymbol{A}$ 的对应元 a_{ji} 减去与 l_{ji} 上边的同列元素 u_{ki} 和它左边的同行元素 l_{jk} 之积的和后,再除以与它同列的 $\boldsymbol{U}$ 的对角元 u_{ii}. 因此,计算时,应以先行后列的顺序,即第一行第一列、第二行第二列、……的顺序计算. 由于在计算 u_{ij}(或 l_{ij})以后,a_{ij} 在以后的计算中不再出现,故可直接将 u_{ij}(或 l_{ij})存入 a_{ij} 的位置.

在解方程组时,由式(3.13),得

$$y_i = b_i - \sum_{k=1}^{i-1} l_{ik}y_k, \quad i = 1,2,\cdots,n. \tag{3.18}$$

注意式(3.18)与式(3.16),将右端向量 $\boldsymbol{b}$ 放于紧凑格式的最后一列,$\boldsymbol{y}$ 的计算按 $\boldsymbol{U}$ 中元素一样处理.

例 6 用杜里特尔分解求解线性代数方程组 $\boldsymbol{Ax}=\boldsymbol{b}$,其中

$$\boldsymbol{A} = \begin{pmatrix} 9 & 18 & 9 & -27 \\ 18 & 45 & 0 & -45 \\ 9 & 0 & 126 & 9 \\ -27 & -45 & 9 & 135 \end{pmatrix}, \quad \boldsymbol{b} = \begin{pmatrix} 1 \\ 2 \\ 16 \\ 8 \end{pmatrix}.$$

解　求系数矩阵的杜里特尔分解. 首先计算 $\boldsymbol{U}$ 的第一行以及 $\boldsymbol{L}$ 的第一列,即

$$u_{11}=a_{11}=9, u_{12}=a_{12}=18, u_{13}=a_{13}=9, u_{14}=a_{14}=-27;$$

$$l_{21}=a_{21}/u_{11}=2, l_{31}=a_{31}/u_{11}=1, l_{41}=a_{41}/u_{11}=-3.$$

然后计算 $\boldsymbol{U}$ 的第二行以及 $\boldsymbol{L}$ 的第二列,即

$$u_{22}=a_{22}-l_{21}u_{12}=9, u_{23}=a_{23}-l_{21}u_{13}=-18, u_{24}=a_{24}-l_{21}u_{14}=9;$$

$$l_{32}=(a_{32}-l_{31}u_{12})/u_{22}=-2, l_{42}=(a_{42}-l_{41}u_{12})/u_{22}=1.$$

再计算 $\boldsymbol{U}$ 的第三行以及 $\boldsymbol{L}$ 的第三列,即

$$u_{33}=a_{33}-l_{31}u_{13}-l_{32}u_{23}=81,\quad u_{34}=a_{34}-l_{31}u_{14}-l_{32}u_{24}=54;$$

$$l_{43}=(a_{43}-l_{41}u_{13}-l_{42}u_{23})/u_{33}=\frac{2}{3}.$$

最后计算 u_{44},即

$$u_{44}=a_{44}-l_{41}u_{14}-l_{42}u_{24}-l_{43}u_{34}=9.$$

因此

$$\boldsymbol{L}=\begin{pmatrix}1&0&0&0\\2&1&0&0\\1&-2&1&0\\-3&1&\frac{2}{3}&1\end{pmatrix},\quad \boldsymbol{U}=\begin{pmatrix}9&18&9&-27\\0&9&-18&9\\0&0&81&54\\0&0&0&9\end{pmatrix}.$$

解方程组 $\boldsymbol{Ly}=\boldsymbol{b}$,得 $y_1=1, y_2=0, y_3=15, y_4=1$.

上述过程也可直接用紧凑格式计算: $\begin{pmatrix}9&18&9&-27&1\\2&9&-18&9&0\\1&-2&81&54&15\\-3&1&\frac{2}{3}&9&1\end{pmatrix}$

求解线性代数方程组 $\boldsymbol{Ux}=\boldsymbol{y}$,得解为

$$x_1=\frac{1}{9},\quad x_2=\frac{1}{9},\quad x_3=\frac{1}{9},\quad x_4=\frac{1}{9}.$$

下面给出杜里特尔分解存在唯一的一个充要条件.

定理 9　设矩阵 $\boldsymbol{A}$ 非奇异. 当且仅当矩阵 $\boldsymbol{A}$ 的所有顺序主子式全非零时,其杜里特尔分解存在,且分解是唯一的.

证　对任何 $k=1,2,\cdots,n$,将式(3.14)写成分块形式,即

$$\begin{bmatrix}\boldsymbol{A}_{11}^{(k)}&\boldsymbol{A}_{12}^{(k)}\\\boldsymbol{A}_{21}^{(k)}&\boldsymbol{A}_{22}^{(k)}\end{bmatrix}=\begin{bmatrix}\boldsymbol{L}_k&\boldsymbol{O}\\ *&*\end{bmatrix}\begin{bmatrix}\boldsymbol{U}_k&*\\\boldsymbol{O}&*\end{bmatrix},\tag{3.19}$$

其中

$$\boldsymbol{A}_{11}^{(k)}=\begin{pmatrix}a_{11}&a_{12}&\cdots&a_{1k}\\a_{21}&a_{22}&\cdots&a_{2k}\\\vdots&\vdots&&\vdots\\a_{k1}&a_{k2}&\cdots&a_{kk}\end{pmatrix}$$

为矩阵 $\boldsymbol{A}$ 的 k 阶顺序主子阵,

$$
\boldsymbol{L}_k=\begin{pmatrix}1 & & & \\ l_{21} & 1 & & \\ \vdots & \vdots & \ddots & \\ l_{k1} & l_{k2} & \cdots & 1\end{pmatrix},\quad \boldsymbol{U}_k=\begin{pmatrix}u_{11} & u_{12} & \cdots & u_{1k} \\ & u_{21} & \cdots & u_{2k} \\ & & \ddots & \vdots \\ & & & u_{kk}\end{pmatrix}.
$$

对比式(3.19)的左上角块得

$$
\boldsymbol{A}_{11}^{(k)}=\boldsymbol{L}_k\boldsymbol{U}_k.
$$

上式两端取行列式得

$$
\det(\boldsymbol{A}_{11}^{(k)})=\det(\boldsymbol{L}_k\boldsymbol{U}_k)=\det(\boldsymbol{L}_k)\cdot\det(\boldsymbol{U}_k).
$$

即

$$
\det(\boldsymbol{A}_{11}^{(k)})=u_{11}u_{22}\cdots u_{kk},\quad k=1,2,\cdots,n. \tag{3.20}
$$

如果矩阵 $\boldsymbol{A}$ 的顺序主子式全不为零,即

$$
\det(\boldsymbol{A}_{11}^{(k)})\neq 0,\quad k=1,2,\cdots,n.
$$

则

$$
u_{11}u_{22}\cdots u_{kk}\neq 0,\quad k=1,2,\cdots,n.
$$

因此

$$
u_{11}\neq 0,\quad u_{22}\neq 0,\quad \cdots\quad ,u_{nn}\neq 0.
$$

通过高斯消元法知分解存在. 反之,如果 $\boldsymbol{A}$ 有杜立特尔分解式(3.14),由于矩阵 $\boldsymbol{A}$ 非奇异,故 $u_{11}u_{22}\cdots u_{nn}\neq 0$. 因此式(3.20)成立,即矩阵 $\boldsymbol{A}$ 的顺序主子式全不为零.

下面证明分解的唯一性. 假定非奇异 $\boldsymbol{A}$ 有两个分解

$$
\boldsymbol{A}=\boldsymbol{L}\boldsymbol{U}=\widetilde{\boldsymbol{L}}\widetilde{\boldsymbol{U}},
$$

其中 $\boldsymbol{L}$ 和 $\widetilde{\boldsymbol{L}}$ 为单位下三角形矩阵,而 $\boldsymbol{U}$ 和 $\widetilde{\boldsymbol{U}}$ 为上三角形矩阵. 显然,$\boldsymbol{L}$ 和 $\widetilde{\boldsymbol{L}}$ 以及 $\boldsymbol{U}$ 和 $\widetilde{\boldsymbol{U}}$ 均非奇异. 那么

$$
\boldsymbol{U}\widetilde{\boldsymbol{U}}^{-1}=\boldsymbol{L}^{-1}\widetilde{\boldsymbol{L}}.
$$

上面等式左端为两个上三角形矩阵的乘积,仍为一个上三角形矩阵;而右端为两个单位下三角形矩阵的乘积,仍为一个单位下三角矩阵. 故

$$
\boldsymbol{U}\widetilde{\boldsymbol{U}}^{-1}=\boldsymbol{L}^{-1}\widetilde{\boldsymbol{L}}=\boldsymbol{I},
$$

其中 $\boldsymbol{I}$ 为单位矩阵. 因此

$$
\boldsymbol{L}=\widetilde{\boldsymbol{L}},\quad \boldsymbol{U}=\widetilde{\boldsymbol{U}},
$$

即分解唯一.

和高斯消元法一样,为了保证算法的可行性和计算稳定性,矩阵的三角分解一般应采用列选主元技术. 设在列选主元杜里特尔分解的 $k-1$ 步后,矩阵分解的紧凑格式为

$$
\begin{pmatrix}
u_{11} & u_{12} & \cdots & u_{1,k-1} & u_{1k} & \cdots & u_{1n} \\
l_{21} & u_{22} & \cdots & u_{2,k-1} & u_{2k} & \cdots & u_{2n} \\
\vdots & \vdots & & \vdots & \vdots & & \vdots \\
l_{k-1,1} & l_{k-1,2} & \cdots & u_{k-1,k-1} & u_{k-1,k} & \cdots & u_{k-1,n} \\
l_{k1} & l_{k2} & \cdots & l_{k,k-1} & a_{kk} & \cdots & a_{kn} \\
\vdots & \vdots & & \vdots & \vdots & & \vdots \\
l_{n1} & l_{n2} & \cdots & l_{k,k-1} & a_{nk} & \cdots & a_{nn}
\end{pmatrix}.
$$

在上面存储方式中，

$$l_{ji} \Rightarrow a_{ji}, \quad i = 1,2,\cdots,k-1, j = i+1, i+2,\cdots,n,$$
$$u_{ij} \Rightarrow a_{ij}, \quad i = 1,2,\cdots,k-1, j = i, i+1,\cdots,n.$$

第 k 步计算时，分如下两步：

第一步(选列主元，换行)：计算

$$s_j = a_{jk} - \sum_{t=1}^{k-1} a_{jt} a_{tk} \Rightarrow a_{jk}, \quad j = k, k+1, \cdots, n.$$

并求 p，使得

$$|s_p| = \max_{k \leqslant j \leqslant n} |s_j|.$$

如果 $k \neq p$，则互换矩阵第 k 行与第 p 行，即

$$s = a_{kj}, \quad a_{kj} = a_{pj}, \quad a_{pj} = s, \quad j = 1,2,\cdots,n.$$

第二步(求 U 的第 k 行，L 的第 k 列)：

$$l_{jk} = \frac{a_{jk}}{a_{kk}} \Rightarrow a_{jk}, \quad j = k+1, k+2, \cdots, n, k \neq n,$$

$$u_{kj} = a_{kj} - \sum_{t=1}^{k-1} a_{kt} a_{tj} \Rightarrow a_{kj}, \quad j = k+1, k+2, \cdots, n.$$

对于列选主元杜里特尔分解，有如下结论：

定理 10　如果矩阵 $\boldsymbol{A}$ 非奇异，则列选主元杜里特尔分解存在，即存在置换矩阵 $\boldsymbol{P}$，和元素的绝对值不大于 1 的单位下三角形矩阵 $\boldsymbol{L}$ 以及非奇异上三角形矩阵 $\boldsymbol{U}$，使得

$$\boldsymbol{PA} = \boldsymbol{LU}.$$

设在分解 $\boldsymbol{A} = \boldsymbol{LU}$ 中，$\boldsymbol{L}$ 为下三角形矩阵，$\boldsymbol{U}$ 为单位上三角形矩阵，即

$$\begin{pmatrix} a_{11} & a_{12} & \cdots & a_{1n} \\ a_{21} & a_{22} & \cdots & a_{2n} \\ \vdots & \vdots & & \vdots \\ a_{n1} & a_{n2} & \cdots & a_{nn} \end{pmatrix} = \begin{pmatrix} l_{11} & & & \\ l_{21} & l_{22} & & \\ \vdots & \vdots & \ddots & \\ l_{n1} & l_{n2} & \cdots & l_{nn} \end{pmatrix} \begin{pmatrix} 1 & u_{12} & \cdots & u_{1n} \\ & 1 & \cdots & u_{2n} \\ & & \ddots & \vdots \\ & & & 1 \end{pmatrix}. \tag{3.21}$$

则称分解式(3.21)为矩阵 $\boldsymbol{A}$ 的克洛特(Crout)分解. 注意到克洛特分解 $\boldsymbol{A} = \boldsymbol{LU}$ 等价于 $\boldsymbol{A}^{\mathrm{T}} = \boldsymbol{U}^{\mathrm{T}} \boldsymbol{L}^{\mathrm{T}}$，其中 $\boldsymbol{U}^{\mathrm{T}}$ 为单位下三角形矩阵，$\boldsymbol{L}^{\mathrm{T}}$ 为上三角形矩阵，即对矩阵 $\boldsymbol{A}$ 作克洛特分解等价于对矩阵 $\boldsymbol{A}^{\mathrm{T}}$ 作杜里特尔分解. 读者可自己推导式(3.21)中 $\boldsymbol{L}$ 和 $\boldsymbol{U}$ 的计算公式和紧凑格式的求解算法，类似地建立矩阵的克洛特分解的存在性与唯一性定理. 同样，为使算法稳定，矩阵的克洛特分解也应采用选主元技术.

3.3.2　解三对角线性方程组的追赶法

在一些实际问题中，如解常微分方程边值问题，解热传导方程以及三次样条插值问题中，都要求解系数为对角占优的三对角线方程组 $\boldsymbol{Ax} = \boldsymbol{d}$，其中，

$$\boldsymbol{A} = \begin{pmatrix} b_1 & c_1 & & & & \\ a_2 & b_2 & c_2 & & & \\ & a_3 & b_3 & \ddots & & \\ & & \ddots & \ddots & \ddots & \\ & & & \ddots & b_{n-1} & c_{n-1} \\ & & & & a_n & b_n \end{pmatrix}, \quad \boldsymbol{d} = \begin{pmatrix} d_1 \\ d_2 \\ \vdots \\ d_n \end{pmatrix}. \tag{3.22}$$

$\boldsymbol{A}$ 的克洛特分解很特殊，且由它可导出相对应的三对角线性方程组 $\boldsymbol{Ax}=\boldsymbol{d}$ 的追赶法.

利用矩阵乘法和矩阵相等，计算可得 $\boldsymbol{A}$ 的克洛特分解：

$$\boldsymbol{A}=\boldsymbol{LU}$$

$$=\begin{pmatrix} l_1 & & & & \\ a_2 & l_2 & & & \\ & a_3 & l_3 & & \\ & & \ddots & \ddots & \\ & & & \ddots & l_{n-1} & \\ & & & & a_n & l_n \end{pmatrix}\begin{pmatrix} 1 & u_1 & & & & \\ & 1 & u_2 & & & \\ & & 1 & \ddots & & \\ & & & \ddots & \ddots & \\ & & & & 1 & u_{n-1} \\ & & & & & 1 \end{pmatrix},$$

其中

$$\begin{cases} l_1=b_1, \\ l_i=b_i-a_iu_{i-1}, & i=2,3,\cdots,n, \\ u_i=c_i/l_i, & i=1,2,\cdots,n-1. \end{cases}$$

解 $\boldsymbol{Ax}=\boldsymbol{d}$，等价于求解两个简单的线性方程组 $\boldsymbol{Ly}=\boldsymbol{d}$， $\boldsymbol{Ux}=\boldsymbol{y}$.

求解线性代数方程组 $\boldsymbol{Ly}=\boldsymbol{d}$ 得

$$\begin{cases} y_1=d_1/l_1, \\ y_i=(d_i-y_{i-1}a_i)/l_i, & i=2,3,\cdots,n. \end{cases}$$

求解线性代数方程组 $\boldsymbol{Ux}=\boldsymbol{y}$ 得

$$\begin{cases} x_n=y_n, \\ x_i=y_i-u_ix_{i+1}, & i=n-1,n-2,\cdots,1. \end{cases}$$

从而得到解三对角的线性方程组的追赶法：

(1)计算 $\quad u_1=c_1/b_1, u_i=c_i/(b_i-a_iu_{i-1}), \quad i=2,3,\cdots,n-1.$ (3.23)

(2)解 $\boldsymbol{Ly}=\boldsymbol{d}$，得

$$\begin{cases} y_1=d_1/b_1, \\ y_i=(d_i-y_{i-1}a_i)/(b_i-a_iu_{i-1}), & i=2,3,\cdots,n. \end{cases} \tag{3.24}$$

(3)解 $\boldsymbol{Ux}=\boldsymbol{y}$，得

$$\begin{cases} x_n=y_n, \\ x_i=y_i-u_ix_{i+1}, & i=n-1,n-2,\cdots,1. \end{cases} \tag{3.25}$$

式(3.23)和式(3.24)中，计算 u_i 和 y_i，即

$$u_1\to u_2\to\cdots\to u_n, \quad y_1\to y_2\to\cdots\to y_n,$$

其脚标由小到大的过程称为“追”的过程；而式(3.25) 中计算 x_i，即

$$x_n(=y_n)\to x_{n-1}\to\cdots\to x_1,$$

其脚标由大到小的过程称为“赶”的过程. 不难看出，追赶法的加法的运算量为 $O(3n)$，乘法的运算量为 $O(5n)$. 追赶法实质是将高斯消元法用到求解三对角方程组上去的结果，由于 $\boldsymbol{A}$ 特别简单，因此使得求解计算公式很简单，在计算机上实现时，仅需要用三个一维数组分别存储 $\boldsymbol{A}$ 的三条线的元素，用两组工作单元保存$\{u_i\}$，$\{y_i\}$或$\{x_i\}$.

3.3.3 乔列斯基分解与平方根法

当矩阵 $\boldsymbol{A}$ 对称正定时,其所有顺序主子式均大于零. 故由定理 2,矩阵 $\boldsymbol{A}$ 的杜里特尔分解存在唯一. 且由式(3.20)可推知

$$u_{11}>0,\quad u_{22}>0,\quad \cdots,\quad u_{nn}>0.$$

令

$$\boldsymbol{D}=\begin{pmatrix} u_{11} & & & \\ & u_{22} & & \\ & & \ddots & \\ & & & u_{nn}\end{pmatrix},$$

则

$$\boldsymbol{A}=\boldsymbol{LU}=\boldsymbol{LD}\widetilde{\boldsymbol{U}},$$

其中

$$\widetilde{\boldsymbol{U}}=\begin{pmatrix} 1 & \dfrac{u_{12}}{u_{11}} & \cdots & \dfrac{u_{1n}}{u_{11}} \\ & 1 & \cdots & \dfrac{u_{2n}}{u_{22}} \\ & & \ddots & \vdots \\ & & & 1\end{pmatrix}.$$

为单位上三角形矩阵. 由于矩阵 $\boldsymbol{A}$ 对称,故

$$\boldsymbol{A}=\boldsymbol{LD}\widetilde{\boldsymbol{U}}=\boldsymbol{A}^{\mathrm{T}}=\widetilde{\boldsymbol{U}}^{\mathrm{T}}\boldsymbol{DL}^{\mathrm{T}}.$$

因此

$$(\widetilde{\boldsymbol{U}}^{\mathrm{T}})^{-1}\boldsymbol{L}=\boldsymbol{DL}^{\mathrm{T}}\widetilde{\boldsymbol{U}}^{-1}\boldsymbol{D}^{-1}.$$

上式中,等式左端为一个单位下三角形矩阵,右端为一个上三角形矩阵. 故

$$(\widetilde{\boldsymbol{U}}^{\mathrm{T}})^{-1}\boldsymbol{L}=\boldsymbol{DL}^{\mathrm{T}}\widetilde{\boldsymbol{U}}^{-1}\boldsymbol{D}^{-1}=\boldsymbol{I},$$

即 $\boldsymbol{L}=\widetilde{\boldsymbol{U}}^{\mathrm{T}}$. 令

$$\boldsymbol{D}^{1/2}=\begin{pmatrix} \sqrt{u_{11}} & & & \\ & \sqrt{u_{22}} & & \\ & & \ddots & \\ & & & \sqrt{u_{nn}}\end{pmatrix},$$

则

$$\boldsymbol{A}=\boldsymbol{LDL}^{\mathrm{T}}=\boldsymbol{LD}^{1/2}\boldsymbol{D}^{1/2}\boldsymbol{L}^{\mathrm{T}}=\widetilde{\boldsymbol{L}}\widetilde{\boldsymbol{L}}^{\mathrm{T}},\tag{3.26}$$

其中 $\widetilde{\boldsymbol{L}}=\boldsymbol{LD}^{1/2}$ 为下三角形矩阵. 由杜里特尔分解的唯一性,知分解(3.26)唯一. 因此,下面的定理成立.

定理 11　设矩阵 $\boldsymbol{A}$ 对称正定,则存在唯一的三角分解

$$\boldsymbol{A}=\widetilde{\boldsymbol{L}}\widetilde{\boldsymbol{L}}^{\mathrm{T}},\tag{3.27}$$

其中 $\widetilde{\boldsymbol{L}}$ 为对角元素为正的下三角阵，即

$$\widetilde{\boldsymbol{L}}=\begin{pmatrix}\widetilde{l}_{11} & 0 & 0 & \cdots & 0\\ \widetilde{l}_{21} & \widetilde{l}_{22} & 0 & \cdots & 0\\ \widetilde{l}_{31} & \widetilde{l}_{32} & \widetilde{l}_{33} & \cdots & 0\\ \vdots & \vdots & \vdots & & \vdots\\ \widetilde{l}_{n1} & \widetilde{l}_{n2} & \widetilde{l}_{n3} & \cdots & \widetilde{l}_{nn}\end{pmatrix}.$$

称分解(3.27)为对称正定矩阵 $\boldsymbol{A}$ 的乔列斯基(Cholesky)分解.

利用矩阵乘法和矩阵相等，可以推导乔列斯基分解的计算公式. 对于 $i=1,2,\cdots,n$，当 $j=i,i+1,\cdots,n$ 时，

$$a_{ji}=\sum_{k=1}^{n}\widetilde{l}_{ik}\widetilde{l}_{jk}=\sum_{k=1}^{i}\widetilde{l}_{ik}\widetilde{l}_{jk}=\widetilde{l}_{ii}\widetilde{l}_{ji}+\sum_{k=1}^{i-1}\widetilde{l}_{ik}\widetilde{l}_{jk}.$$

故得计算公式

$$\begin{cases}\widetilde{l}_{ii}=\sqrt{a_{ii}-\sum\limits_{k=1}^{i-1}\widetilde{l}_{ik}^{2}}, & i=1,2,\cdots,n,\\ \widetilde{l}_{ji}=\dfrac{1}{\widetilde{l}_{ii}}\left(a_{ji}-\sum\limits_{k=1}^{i-1}\widetilde{l}_{jk}\widetilde{l}_{ik}\right), & j=i+1,i+2,\cdots,n\end{cases}. \tag{3.28}$$

由式(3.28)知，对称正定矩阵 $\boldsymbol{A}$ 的乔列斯基分解的加法和乘法的计算量均为 $O\left(\frac{n^3}{6}\right)$，约为杜里特尔分解或克洛特分解的一半，但需作 n 次开平方运算. 计算时，也可采用紧凑格式. 只是为方便处理，可令 $\widetilde{l}_{ij}=\widetilde{l}_{ji}$. 而且，在求解线性方程组时，仍可将右端向量 $\boldsymbol{b}$ 放于紧凑格式的最后一列统一处理. 上述方法也称为平方根法.

例 7 用平方根法解例 6 中的线性方程组.

解 直接利用紧凑格式算得

$$\begin{pmatrix}3 & 6 & 3 & -9 & \frac{1}{3}\\ 6 & 3 & -6 & 3 & 0\\ 3 & -6 & 9 & 6 & \frac{5}{3}\\ -9 & 3 & 6 & 3 & \frac{1}{3}\end{pmatrix}$$

因此

$$\widetilde{\boldsymbol{L}}^{\mathrm{T}}=\begin{pmatrix}3 & 6 & 3 & -9\\ 0 & 3 & -6 & 3\\ 0 & 0 & 9 & 6\\ 0 & 0 & 0 & 3\end{pmatrix},\quad \boldsymbol{y}=\begin{pmatrix}\frac{1}{3}\\ 0\\ \frac{5}{3}\\ \frac{1}{3}\end{pmatrix}.$$

求解 $\widetilde{\boldsymbol{L}}^{\mathrm{T}}\boldsymbol{x}=\boldsymbol{y}$,得解为

$$x_1=\frac{1}{9},\quad x_2=\frac{1}{9},\quad x_3=\frac{1}{9},\quad x_4=\frac{1}{9}.$$

下面介绍既避免开方运算,又与平方根法计算量大致相同的改进平方根法.

由式(3.26),矩阵 $\boldsymbol{A}$ 又可写成

$$\boldsymbol{A}=\boldsymbol{L}\boldsymbol{D}\boldsymbol{L}^{\mathrm{T}}=\begin{pmatrix}1&&&\\l_{21}&1&&\\\vdots&\vdots&\ddots&\\l_{n1}&l_{n2}&\cdots&1\end{pmatrix}\begin{pmatrix}d_{11}&&&\\&d_{22}&&\\&&\ddots&\\&&&d_{nn}\end{pmatrix}\begin{pmatrix}1&l_{21}&\cdots&l_{n1}\\&1&\cdots&l_{n2}\\&&\ddots&\vdots\\&&&1\end{pmatrix}$$

$$=\begin{pmatrix}1&&&\\l_{21}&1&&\\\vdots&\vdots&\ddots&\\l_{n1}&l_{n2}&\cdots&1\end{pmatrix}\begin{pmatrix}d_{11}&s_{21}&\cdots&s_{n1}\\&d_{22}&\cdots&s_{n2}\\&&\ddots&\vdots\\&&&d_{nn}\end{pmatrix},$$

其中

$$s_{ij}=l_{ij}d_{jj},\quad j<i.$$

作矩阵乘法,利用矩阵相等可得 $d_{11}=a_{11}$,且对于 $i=2,3,\cdots,n$,有

$$\begin{cases}s_{ij}=a_{ij}-\sum\limits_{k=1}^{i-1}l_{ik}s_{jk},\\l_{ij}=s_{ij}/d_{jj},\quad j=1,2,\cdots,i-1,\\d_{ii}=a_{ii}-\sum\limits_{k=1}^{i-1}l_{ik}s_{ik}.\end{cases}\tag{3.29}$$

式(3.29)可用来计算分解 $\boldsymbol{A}=\boldsymbol{L}\boldsymbol{D}\boldsymbol{L}^{\mathrm{T}}$,其中 $\boldsymbol{L}$ 为单位下三角形矩阵,$\boldsymbol{D}$ 为对角矩阵. 式(3.29)的加减法和乘除法的计算量仍为 $O\left(\frac{n^3}{6}\right)$,且不需作开方运算,但要增加一组单元存储中间变量 $s_{ij}\,(i>j)$.

由于

$$\boldsymbol{A}\boldsymbol{x}=\boldsymbol{b}\Leftrightarrow\boldsymbol{L}\boldsymbol{D}\boldsymbol{L}^{\mathrm{T}}=\boldsymbol{b},$$

故解线性方程组 $\boldsymbol{A}\boldsymbol{x}=\boldsymbol{b}$ 等价于求解一对三角形方程组

$$\begin{cases}\boldsymbol{L}\boldsymbol{y}=\boldsymbol{b},\\\boldsymbol{L}^{\mathrm{T}}\boldsymbol{x}=\boldsymbol{D}^{-1}\boldsymbol{y}.\end{cases}\tag{3.30}$$

由式(3.30)得计算公式

$$\begin{cases}y_i=b_i-\sum\limits_{k=1}^{i-1}l_{ik}y_k,\qquad i=1,2,\cdots,n,\\x_i=y_i/d_{ii}-\sum\limits_{k=i+1}^{n}l_{ki}x_k,\quad i=n,n-1,\cdots,1.\end{cases}\tag{3.31}$$

上述方法称为改进平方根法. 它可写成如下紧凑格式:

$$
\begin{pmatrix}
(a_{11})d_{11} & (a_{12})s_{21} & (a_{13})s_{31} & (a_{14})s_{41} & \cdots & (b_1)y_1 \\
(a_{21})l_{21} & (a_{22})d_{22} & (a_{23})s_{32} & (a_{24})s_{42} & \cdots & (b_2)y_2 \\
(a_{31})l_{31} & (a_{32})l_{32} & (a_{33})s_{33} & (a_{34})s_{43} & \cdots & (b_3)y_3 \\
(a_{41})l_{41} & (a_{42})l_{42} & (a_{43})l_{43} & (a_{44})s_{44} & \cdots & (b_4)y_4 \\
\vdots & \vdots & \vdots & \vdots & & \vdots
\end{pmatrix}
$$

在上述紧凑格式中,左下方元素按照式(3.29)中第二个公式计算,只需作一次除法.

例 8 用改进平方根法解例 6 中的线性代数方程组.

解 直接利用紧凑格式算得

$$
\begin{pmatrix}
9 & 18 & 9 & -27 & 1 \\
2 & 9 & -18 & 9 & 0 \\
1 & -2 & 81 & 54 & 15 \\
-3 & 1 & \dfrac{2}{3} & 9 & 1
\end{pmatrix}
$$

因此

$$
\boldsymbol{L}^{\mathrm{T}}=\begin{pmatrix}
1 & 2 & 1 & -3 \\
 & 1 & -2 & 1 \\
 & & 1 & \dfrac{2}{3} \\
 & & & 1
\end{pmatrix},\quad
\boldsymbol{D}=\begin{pmatrix}
9 & & & \\
 & 9 & & \\
 & & 81 & \\
 & & & 9
\end{pmatrix},\quad
\boldsymbol{y}=\begin{pmatrix}1\\0\\15\\1\end{pmatrix}.
$$

求解 $\boldsymbol{L}^{\mathrm{T}}\boldsymbol{x}=\boldsymbol{D}^{-1}\boldsymbol{y}$,得解为

$$
x_1=\frac{1}{9},\quad x_2=\frac{1}{9},\quad x_3=\frac{1}{9},\quad x_4=\frac{1}{9}.
$$

3.4 线性方程组的误差分析

当用直接法求解线性方程组时,在没有舍入误差的前提下,可得到问题的精确解.然而,在实际计算中,舍入是不可避免的,只能得到近似解.我们希望在构造直接算法时,能够有效控制舍入误差的增长.然而,在下面的例子中将看到,对于不同的线性方程组,在算法、初始数据误差和计算机字长均相同的条件下,其计算结果却存在很大差异.

例 9 设线性方程组

$$
\begin{pmatrix}1 & -1\\ 1 & 1.0005\end{pmatrix}\begin{pmatrix}x_1\\x_2\end{pmatrix}=\begin{pmatrix}0\\2\end{pmatrix}
$$

其精确解为 $x_1=x_2=\dfrac{2}{2.0005}=0.99975$.若用十进制四位浮点数进行计算(采用截断舍入),问题变为

$$
\begin{pmatrix}1 & -1\\ 1 & 1\end{pmatrix}\begin{pmatrix}\widetilde{x_1}\\ \widetilde{x_2}\end{pmatrix}=\begin{pmatrix}0\\2\end{pmatrix},
$$

其解为 $\widetilde{x_1}=\widetilde{x_2}=1$.可见系数误差的小扰动对解的影响不大.再分析线性方程组

$$
\begin{pmatrix}10 & -10\\ -1 & 1.0025\end{pmatrix}\begin{pmatrix}x_1\\x_2\end{pmatrix}=\begin{pmatrix}0\\0.002\end{pmatrix}.
$$

它的精确解为 $x_1=x_2=0.8$. 若仍用十进制四位浮点数进行计算(截断舍入),问题变为

$$\begin{bmatrix} 10 & -10 \\ -1 & 1.002 \end{bmatrix}\begin{bmatrix} \widetilde{x}_1 \\ \widetilde{x}_2 \end{bmatrix} = \begin{bmatrix} 0 \\ 0.002 \end{bmatrix}.$$

其解为 $\widetilde{x}_1=\widetilde{x}_2=1$. 可见系数误差的小扰动对解的影响很大.

上面例子说明,对于不同的线性方程组,相同的数据误差(如系数误差)对解的影响程度会有不同. 追究其原因,不能不考虑方程组本身所具有的性态.

设有线性方程组

$$\boldsymbol{Ax} = \boldsymbol{b},$$

它的精确解为 x. 当线性方程组的系数矩阵 $\boldsymbol{A}$ 产生扰动 $\Delta\boldsymbol{A}$,右端向量 $\boldsymbol{b}$ 产生扰动 $\Delta\boldsymbol{b}$ 时,方程组的解也会产生扰动 $\Delta\boldsymbol{x}$,即

$$(\boldsymbol{A}+\Delta\boldsymbol{A})(\boldsymbol{x}+\Delta\boldsymbol{x}) = \boldsymbol{b}+\Delta\boldsymbol{b}. \tag{3.32}$$

下面分析扰动解 $\widetilde{\boldsymbol{x}}=\boldsymbol{x}+\Delta\boldsymbol{x}$ 近似 $\boldsymbol{x}$ 的精度. 由式(3.32),有

$$\boldsymbol{Ax}+\Delta\boldsymbol{Ax}+\boldsymbol{A}\Delta\boldsymbol{x}+\Delta\boldsymbol{A}\Delta\boldsymbol{x} = \boldsymbol{b}+\Delta\boldsymbol{b}.$$

将 $\boldsymbol{Ax}=\boldsymbol{b}$ 代入得

$$\boldsymbol{A}\Delta\boldsymbol{x} = \Delta\boldsymbol{b}-\Delta\boldsymbol{Ax}-\Delta\boldsymbol{A}\Delta\boldsymbol{x}.$$

由于矩阵 $\boldsymbol{A}$ 非奇异,故

$$\Delta\boldsymbol{x} = \boldsymbol{A}^{-1}\Delta\boldsymbol{b}-\boldsymbol{A}^{-1}\Delta\boldsymbol{Ax}-\boldsymbol{A}^{-1}\Delta\boldsymbol{A}\Delta\boldsymbol{x}.$$

上式两端同时取范数(相容范数)并利用范数定义和相容性质得

$$\|\Delta\boldsymbol{x}\| \leqslant \|\boldsymbol{A}^{-1}\|\cdot\|\Delta\boldsymbol{b}\|+\|\boldsymbol{A}^{-1}\|\cdot\|\Delta\boldsymbol{A}\|\cdot\|\boldsymbol{x}\|+\|\boldsymbol{A}^{-1}\|\cdot\|\Delta\boldsymbol{A}\|\cdot\|\Delta\boldsymbol{x}\|,$$

移项得

$$(1-\|\boldsymbol{A}^{-1}\|\cdot\|\Delta\boldsymbol{A}\|)\|\Delta\boldsymbol{x}\| \leqslant \|\boldsymbol{A}^{-1}\|(\|\Delta\boldsymbol{b}\|+\|\Delta\boldsymbol{A}\|\cdot\|\boldsymbol{x}\|).$$

假定 $\Delta\boldsymbol{A}$ 足够小,使得 $\|\boldsymbol{A}^{-1}\|\cdot\|\Delta\boldsymbol{A}\|<1$,则

$$\|\Delta\boldsymbol{x}\| \leqslant \frac{\|\boldsymbol{A}^{-1}\|(\|\Delta\boldsymbol{b}\|+\|\Delta\boldsymbol{A}\|\cdot\|\boldsymbol{x}\|)}{1-\|\boldsymbol{A}^{-1}\|\cdot\|\Delta\boldsymbol{A}\|}.$$

于是,扰动解 $\widetilde{\boldsymbol{x}}=\boldsymbol{x}+\Delta\boldsymbol{x}$ 的相对误差满足

$$\frac{\|\Delta\boldsymbol{x}\|}{\|\boldsymbol{x}\|} \leqslant \frac{\|\boldsymbol{A}^{-1}\|\left(\frac{\|\Delta\boldsymbol{b}\|}{\|\boldsymbol{x}\|}+\|\Delta\boldsymbol{A}\|\right)}{1-\|\boldsymbol{A}^{-1}\|\cdot\|\Delta\boldsymbol{A}\|}. \tag{3.33}$$

注意到 $\|\boldsymbol{b}\|=\|\boldsymbol{Ax}\|\leqslant\|\boldsymbol{A}\|\cdot\|\boldsymbol{x}\|$,有 $\frac{1}{\|\boldsymbol{x}\|}\leqslant\frac{\|\boldsymbol{A}\|}{\|\boldsymbol{b}\|}$ 将其代入式(3.33)的右端,得

$$\frac{\|\Delta\boldsymbol{x}\|}{\|\boldsymbol{x}\|} \leqslant \frac{\|\boldsymbol{A}^{-1}\|\left(\|\boldsymbol{A}\|\cdot\frac{\|\Delta\boldsymbol{b}\|}{\|\boldsymbol{b}\|}+\|\Delta\boldsymbol{A}\|\right)}{1-\|\boldsymbol{A}^{-1}\|\cdot\|\Delta\boldsymbol{A}\|} = \frac{\operatorname{cond}(\boldsymbol{A})\left(\frac{\|\Delta\boldsymbol{b}\|}{\|\boldsymbol{b}\|}+\frac{\|\Delta\boldsymbol{A}\|}{\|\boldsymbol{A}\|}\right)}{1-\operatorname{cond}(\boldsymbol{A})\frac{\|\Delta\boldsymbol{A}\|}{\|\boldsymbol{A}\|}},$$

其中 $\operatorname{cond}(\boldsymbol{A})=\|\boldsymbol{A}^{-1}\|\cdot\|\boldsymbol{A}\|$ 称为矩阵 $\boldsymbol{A}$ 的条件数. 由此得到如下定理:

定理 12　设 $\boldsymbol{A}\in\mathbf{R}^{n\times n}$ 非奇异,$\boldsymbol{Ax}=\boldsymbol{b}\neq\boldsymbol{0}$. 若系数矩阵 $\boldsymbol{A}$ 产生扰动 $\Delta\boldsymbol{A}$,右端向量 $\boldsymbol{b}$ 产生扰动 $\Delta\boldsymbol{b}$,则方程组的解也会产生扰动 $\Delta\boldsymbol{x}$. 当 $\|\boldsymbol{A}^{-1}\|\cdot\|\Delta\boldsymbol{A}\|<1$ 时,这些扰动满足如下关系:

$$\frac{\|\Delta x\|}{\|x\|} \leqslant \frac{\operatorname{cond}(A)\left(\frac{\|\Delta b\|}{\|b\|}+\frac{\|\Delta A\|}{\|A\|}\right)}{1-\operatorname{cond}(A)\frac{\|\Delta A\|}{\|A\|}}. \tag{3.34}$$

由不等式(3.34)可以看出,条件数 $\operatorname{cond}(\boldsymbol{A})=\|\boldsymbol{A}^{-1}\|\cdot\|\boldsymbol{A}\|$ 刻画了线性方程组 $\boldsymbol{Ax}=\boldsymbol{b}$ 的解对数据误差的灵敏程度. 它只与线性方程组的系数矩阵有关,反映了方程组本身固有的属性. 因而可用它来描述方程组的性态.

定义 4 设 $\boldsymbol{Ax}=\boldsymbol{b}$,其中系数矩阵 $\boldsymbol{A}$ 非奇异. 如果 $\operatorname{cond}(\boldsymbol{A})\gg 1$,则称线性方程组 $\boldsymbol{Ax}=\boldsymbol{b}$ 病态(即 A 是病态矩阵或者说矩阵 A 是坏条件的);否则,称线性方程组 $\boldsymbol{Ax}=\boldsymbol{b}$ 良态(或矩阵 $\boldsymbol{A}$ 是好条件的).

矩阵 $\boldsymbol{A}$ 的条件数与所取范数有关. 通常有

$$\operatorname{cond}_\infty(\boldsymbol{A})=\|\boldsymbol{A}^{-1}\|_\infty\|\boldsymbol{A}\|_\infty,$$

$$\operatorname{cond}_1(\boldsymbol{A})=\|\boldsymbol{A}^{-1}\|_1\|\boldsymbol{A}\|_1,$$

$$\operatorname{cond}_2(\boldsymbol{A})=\|\boldsymbol{A}^{-1}\|_2\|\boldsymbol{A}\|_2=\sqrt{\frac{\lambda_{\max}(\boldsymbol{A}^{\mathrm{T}}\boldsymbol{A})}{\lambda_{\min}(\boldsymbol{A}^{\mathrm{T}}\boldsymbol{A})}}.$$

特别地,当 $\boldsymbol{A}$ 对称时,$\operatorname{cond}_2(\boldsymbol{A})=\frac{|\lambda_1|}{|\lambda_n|}$,$\lambda_1,\lambda_n$ 是 $\boldsymbol{A}$ 的绝对值最大和绝对值最小的特征值.

例 10 试求例 9 中两个线性方程组的条件数.

解 线性方程组

$$\begin{pmatrix}1 & -1\\ 1 & 1.0005\end{pmatrix}\begin{pmatrix}x_1\\ x_2\end{pmatrix}=\begin{pmatrix}0\\ 2\end{pmatrix},$$

$$\boldsymbol{A}=\begin{pmatrix}1 & -1\\ 1 & 1.0005\end{pmatrix},\quad \boldsymbol{A}^{-1}=\frac{1}{2.0005}\begin{pmatrix}1.0005 & 1\\ -1 & 1\end{pmatrix}.$$

故

$$\|\boldsymbol{A}\|_\infty=2.0005,\quad \|\boldsymbol{A}^{-1}\|_\infty=1,\quad \operatorname{cond}_\infty(\boldsymbol{A})=2.0005.$$

线性方程组

$$\begin{pmatrix}10 & -10\\ -1 & 1.0025\end{pmatrix}\begin{pmatrix}x_1\\ x_2\end{pmatrix}=\begin{pmatrix}0\\ 0.002\end{pmatrix},$$

$$\boldsymbol{A}=\begin{pmatrix}10 & -10\\ -1 & 1.0025\end{pmatrix},\quad \boldsymbol{A}^{-1}=\begin{pmatrix}40.1 & 400\\ 40 & 400\end{pmatrix}.$$

故

$$\|\boldsymbol{A}\|_\infty=20,\quad \|\boldsymbol{A}^{-1}\|_\infty=440.1,\quad \operatorname{cond}_\infty(\boldsymbol{A})=8802.$$

因此,第二个方程组的性态远比第一个方程组坏,从而对系数的敏感程度要高得多.

值得强调的是,线性方程组的性态是问题本身的固有性质. 对于病态线性方程组,即使用稳定的算法,也可能算不出可靠的解.

例 11 用列选主元消元法,求解线性代数方程组(用三位浮点数计算)

$$\begin{pmatrix}1 & 10^4\\ 1 & 1\end{pmatrix}\begin{pmatrix}x_1\\ x_2\end{pmatrix}=\begin{pmatrix}10^4\\ 2\end{pmatrix}.$$

解　线性代数方程组的精确解为

$$x_1 = \frac{10^4}{10^4 - 1} = 1.000\ 100\ 0\cdots,\quad x_2 = \frac{10^4 - 2}{10^4 - 1} = 0.999\ 899\ 99\cdots.$$

用列选主元消元法计算,得

$$\begin{cases} 1.00x_1 + 10^4 \times 1.00x_2 = 10^4 \times 1.00, \\ 1.00x_1 + 1.00x_2 = 2 \times 1.00. \end{cases}$$

$$\begin{cases} 1.00x_1 + 10^4 \times 1.00x_2 = 10^4 \times 1.00, \\ -10^4 \times 1.00x_2 = -10^4 \times 1.00. \end{cases}$$

回代解得 $x_2=1, x_1=0$. 计算解完全不可靠. 实际上,此时

$$\boldsymbol{A} = \begin{pmatrix} 1 & 10^4 \\ 1 & 1 \end{pmatrix},\quad \boldsymbol{A}^{-1} = \frac{1}{10^4 - 1}\begin{pmatrix} -1 & 10^4 \\ 1 & -1 \end{pmatrix},$$

故有

$$\mathrm{cond}_\infty(\boldsymbol{A}) = \frac{(1 + 10^4)^2}{10^4 - 1} \approx 10^4 \gg 1.$$

因此,方程组病态.

例 12　设有线性方程组

$$\begin{cases} x_1 + \frac{1}{2}x_2 + \frac{1}{3}x_3 = \frac{11}{6}, \\ \frac{1}{2}x_1 + \frac{1}{3}x_2 + \frac{1}{4}x_3 = \frac{13}{12}, \\ \frac{1}{3}x_1 + \frac{1}{4}x_2 + \frac{1}{5}x_3 = \frac{47}{60}. \end{cases}$$

试分析其性态. 取十进制两位浮点数计算,方程组变为

$$\begin{cases} x_1 + 0.50x_2 + 0.33x_3 = 1.8, \\ 0.50x_1 + 0.33x_2 + 0.25x_3 = 1.1, \\ 0.33x_1 + 0.25x_2 + 0.20x_3 = 0.78. \end{cases}$$

试分别计算两个方程组的精确解.

解　系数矩阵 $\boldsymbol{A} = \begin{pmatrix} 1 & \frac{1}{2} & \frac{1}{3} \\ \frac{1}{2} & \frac{1}{3} & \frac{1}{4} \\ \frac{1}{3} & \frac{1}{4} & \frac{1}{5} \end{pmatrix}$,经计算得

$$\boldsymbol{A}^{-1} = \begin{pmatrix} 9 & -36 & 30 \\ -36 & 192 & -180 \\ 30 & -180 & 180 \end{pmatrix}.$$

所以

$$\|\boldsymbol{A}\|_\infty = \frac{11}{6},\quad \|\boldsymbol{A}^{-1}\|_\infty = 408,\quad \mathrm{cond}_\infty(\boldsymbol{A}) = 748.$$

条件数不是很好. 容易计算出两个方程组的精确解分别为(见第 1 章例 5)

$$x_1 = x_2 = x_3 = 1;$$

$$x_1 = -6.2222\cdots, \quad x_2 = 38.253\cdots, \quad x_3 = -33.650\cdots.$$

两组解之间相差很大,说明解对系数矩阵敏感程度高.

事实上,上例中矩阵 $\boldsymbol{A}$ 为三阶希尔伯特(Hilbert)矩阵. n 阶希尔伯特矩阵是著名的病态矩阵. 它随着矩阵阶数的增大,条件数迅速增大.

由上述讨论知,方程组的性态判断很重要. 但条件数的计算因 $\boldsymbol{A}^{-1}$ 计算比较费劲. 在实际计算中,可参考下面情况发现方程组可能病态:

(1)用选主元消元法计算时出现小主元;

(2)系数矩阵某些行(或列)近似线性相关;

(3)系数矩阵元素间相差数量级很大且无一定规则.

以上三种情况的出现,表明问题可能病态. 对于病态问题,处理起来需十分小心. 通常可采用下述方法克服.

(1)采用高精度计算(如使用双精度计算),以便减少舍入误差,改善病态问题的影响.

(2)对线性方程组进行预处理,将其转化为病态程度较低的问题,然后计算求解. 比如,选择对角矩阵 $\boldsymbol{D}$ 和 $\boldsymbol{C}$,使得 $\boldsymbol{Ax}=\boldsymbol{b}$ 的求解转化为线性方程组

$$\boldsymbol{D}^{-1}\boldsymbol{A}\boldsymbol{C}^{-1}(\boldsymbol{Cx}) = \boldsymbol{D}^{-1}\boldsymbol{b},$$

其中 $\mathrm{cond}\,(\boldsymbol{D}^{-1}\boldsymbol{A}\boldsymbol{C}^{-1}) \ll \mathrm{cond}\,(\boldsymbol{A})$.

例 13 用列选主元消元法求解例 11 中的线性代数方程组(取十进制六位浮点数计算)

$$\begin{pmatrix} 1 & 10^4 \\ 1 & 1 \end{pmatrix}\begin{pmatrix} x_1 \\ x_2 \end{pmatrix} = \begin{pmatrix} 10^4 \\ 2 \end{pmatrix}.$$

解 用列选主元消元法计算得

$$\begin{cases} 1.00000x_1 + 10^4 \times 1.00000x_2 = 10^4 \times 1.00000, \\ 1.00000x_1 + 1.00000x_2 = 2 \times 1.00000. \end{cases}$$

$$\begin{cases} 1.00000x_1 + 10^4 \times 1.00000x_2 = 10^4 \times 1.00000, \\ -10^3 \times 9.99900x_2 = -10^3 \times 9.99800. \end{cases}$$

回代解得 $x_1 = 1.00000$, $x_2 = 0.999900$. 计算很精确.

例 14 将例 11 中问题转化为病态程度较低的问题然后用列选主元消元法求解(取十进制三位浮点数计算).

解 令 $\boldsymbol{D}^{-1} = \begin{pmatrix} 10^{-4} & 0 \\ 0 & 1 \end{pmatrix}$,考察与例 11 中方程组 $\boldsymbol{Ax}=\boldsymbol{b}$ 等价的方程组

$$\boldsymbol{D}^{-1}\boldsymbol{Ax} = \boldsymbol{D}^{-1}\boldsymbol{b} = \hat{\boldsymbol{b}}.$$

它的系数矩阵为

$$\hat{\boldsymbol{A}} = \boldsymbol{D}^{-1}\boldsymbol{A} = \begin{pmatrix} 10^{-4} & 1 \\ 1 & 1 \end{pmatrix}.$$

易知

$$\hat{\boldsymbol{A}}^{-1} = \frac{1}{1-10^{-4}}\begin{pmatrix} -1 & 1 \\ 1 & -10^{-4} \end{pmatrix},$$

故

$$\mathrm{cond}_{\infty}(\hat{\boldsymbol{A}}) = \frac{4}{1-10^{-4}} \approx 4 \ll \mathrm{cond}_{\infty}(\boldsymbol{A}).$$

用列选主元消元法计算得

$$\begin{cases} 10^{-4} \times 1.00x_1 + 1.00x_2 = 1.00, \\ 1.00x_1 + 1.00x_2 = 2 \times 1.00. \end{cases}$$

$$\begin{cases} 1.00x_1 + 1.00x_2 = 2 \times 1.00, \\ 10^{-4} \times 1.00x_1 + 1.00x_2 = 1.00. \end{cases}$$

$$\begin{cases} 1.00x_1 + 1.00x_2 = 2 \times 1.00, \\ 1.00x_2 = 1.00. \end{cases}$$

回代解得 $x_1=1.00, x_2=1.00$. 和例 11 的计算结果相比,这是一个很好的近似解.

定理 5 是通过$\dfrac{\|\Delta \boldsymbol{A}\|}{\|\boldsymbol{A}\|}$和$\dfrac{\|\Delta \boldsymbol{b}\|}{\|\boldsymbol{b}\|}$得到近似解 $\widetilde{\boldsymbol{x}}$ 的相对误差$\dfrac{\|\Delta \boldsymbol{x}\|}{\|\boldsymbol{x}\|}$的一个上界估计. 但这种估计往往是理论上的,因而不实用. 下面给出一个实用的误差计算方法.

设

$$\boldsymbol{r} = \boldsymbol{b} - \boldsymbol{A}\widetilde{\boldsymbol{x}},$$

称 $\boldsymbol{r}$ 为 $\widetilde{\boldsymbol{x}}$ 的剩余向量(简称剩余或残差). 当 $\boldsymbol{r}=\boldsymbol{0}$ 时, $\widetilde{\boldsymbol{x}}=\boldsymbol{x}$ 为方程组 $\boldsymbol{Ax}=\boldsymbol{b}$ 的精确解. 但是,当 $\boldsymbol{r}$ 很小时,是否可以认为 $\widetilde{\boldsymbol{x}}$ 是 $\boldsymbol{Ax}=\boldsymbol{b}$ 好的近似解呢?

定理 13　设 $\widetilde{\boldsymbol{x}}$ 是线性方程组 $\boldsymbol{Ax}=\boldsymbol{b}\neq\boldsymbol{0}$ 的一个近似解. 则

$$\frac{\|\widetilde{\boldsymbol{x}}-\boldsymbol{x}\|}{\|\boldsymbol{x}\|} \leqslant \mathrm{cond}\,(\boldsymbol{A}) \cdot \frac{\|\boldsymbol{r}\|}{\|\boldsymbol{b}\|}. \tag{3.35}$$

证　由于

$$\boldsymbol{Ax} = \boldsymbol{b}, \quad \boldsymbol{A}(\boldsymbol{x}-\widetilde{\boldsymbol{x}}) = \boldsymbol{b} - \boldsymbol{A}\widetilde{\boldsymbol{x}} = \boldsymbol{r},$$

有

$$\|\boldsymbol{b}\| = \|\boldsymbol{Ax}\| \leqslant \|\boldsymbol{A}\| \cdot \|\boldsymbol{x}\|,$$
$$\|\boldsymbol{x}-\widetilde{\boldsymbol{x}}\| = \|\boldsymbol{A}^{-1}\boldsymbol{r}\| \leqslant \|\boldsymbol{A}^{-1}\| \cdot \|\boldsymbol{r}\|.$$

所以

$$\frac{\|\widetilde{\boldsymbol{x}}-\boldsymbol{x}\|}{\|\boldsymbol{x}\|} \leqslant \|\boldsymbol{A}^{-1}\| \cdot \|\boldsymbol{r}\| \cdot \frac{\|\boldsymbol{A}\|}{\|\boldsymbol{b}\|} = \mathrm{cond}\,(\boldsymbol{A}) \cdot \frac{\|\boldsymbol{r}\|}{\|\boldsymbol{b}\|}.$$

由定理 13 可知,对于良态问题, $\|\boldsymbol{r}\|$ 越小, $\widetilde{\boldsymbol{x}}$ 的精确程度越高. 但对于病态问题不适用.

素养提升

体会科学研究的理性与严谨

解线性方程组 $\boldsymbol{Ax}=\boldsymbol{b}$ 时,如果 $\boldsymbol{A}$ 有一个微小的扰动,解变化应该不大,但是,对于病态问题,求解将会导致计算结果产生巨大的偏差,"差之毫厘,谬以千里",这是矩阵本身的问题,与所采取的算法无关. 所以,要想降低病态,必须从根本上改变矩阵,降低矩阵的条件数. 在工程领域中经常碰到病态问题,这时,要仔细分析,看清本质所在,然后对症下药解决问题.

3.5　线性方程组的迭代法及其收敛性分析

对于中小规模的问题,直接法有一定的优越性;而迭代法则是一个更广阔的领域,大规模或超大规模的问题主要还是依靠迭代法. 通过介绍古典的方法介绍迭代的基本思想.

对于线性方程组 $\boldsymbol{Ax}=\boldsymbol{b}$,一般地,将系数矩阵 $\boldsymbol{A}$ 分裂为

$$\boldsymbol{A}=\boldsymbol{M}-\boldsymbol{N}, \tag{3.36}$$

其中 $\boldsymbol{M},\boldsymbol{N}\in\mathbf{R}^{n\times n}$,$\boldsymbol{M}$ 为非奇异的矩阵,则

$$\boldsymbol{Ax}=\boldsymbol{b}\Leftrightarrow\boldsymbol{x}=\boldsymbol{M}^{-1}\boldsymbol{Nx}+\boldsymbol{M}^{-1}\boldsymbol{b}.$$

令

$$\boldsymbol{B}=\boldsymbol{M}^{-1}\boldsymbol{N},\boldsymbol{g}=\boldsymbol{M}^{-1}\boldsymbol{b}.$$

于是将 $\boldsymbol{Ax}=\boldsymbol{b}$ 改写成等价形式

$$\boldsymbol{x}=\boldsymbol{Bx}+\boldsymbol{g}.$$

构造迭代格式

$$\boldsymbol{x}^{(k+1)}=\boldsymbol{Bx}^{(k)}+\boldsymbol{g}, \tag{3.37}$$

其中矩阵 $\boldsymbol{B}$ 称为迭代格式(3.37)的迭代矩阵. 如果给出某一初始向量 $\boldsymbol{x}^{(0)}$,就可通过迭代格式(3.37)产生相应的迭代序列$\{\boldsymbol{x}^{(k)}\}$. 如果$\lim\limits_{k\to\infty}\boldsymbol{x}^{(k)}=\boldsymbol{x}^*$,则 $\boldsymbol{x}^*=\boldsymbol{Bx}^*+\boldsymbol{g}$,$\boldsymbol{x}^*$ 亦是线性方程组 $\boldsymbol{Ax}=\boldsymbol{b}$ 的解.

定义 5 若对任何初始向量 $\boldsymbol{x}^{(0)}$,由迭代格式(3.37)产生的迭代序列$\{\boldsymbol{x}^{(k)}\}$均收敛于 $\boldsymbol{Ax}=\boldsymbol{b}$ 的解,则称迭代格式(3.37)是收敛的;否则,称迭代格式是发散的.

我们关心的问题是如何构造迭代格式使得迭代序列收敛. 如果收敛,收敛速度如何? 下面给出迭代(3.37)收敛的充分必要条件.

定理 14 迭代格式(3.37)收敛的充要条件为 $\boldsymbol{B}$ 的谱半径 $\rho(\boldsymbol{B})<1$.

证 由

$$\boldsymbol{x}^{(k+1)}=\boldsymbol{Bx}^{(k)}+\boldsymbol{g},\quad \boldsymbol{x}^*=\boldsymbol{Bx}^*+\boldsymbol{g},$$

可得

$$\boldsymbol{x}^{(k+1)}-\boldsymbol{x}^*=\boldsymbol{B}(\boldsymbol{x}^{(k)}-\boldsymbol{x}^*)=\cdots=\boldsymbol{B}^{k+1}(\boldsymbol{x}^{(0)}-\boldsymbol{x}^*).$$

由定理 7, $\rho(\boldsymbol{B})<1\Leftrightarrow\boldsymbol{B}^{k+1}\to\boldsymbol{0}$,从而 $\boldsymbol{x}^{(k+1)}-\boldsymbol{x}^*\to\boldsymbol{0}$,即 $\boldsymbol{x}^{(k+1)}\to\boldsymbol{x}^*$.

这说明迭代格式(3.37)产生的向量序列$\{\boldsymbol{x}^{(k)}\}$是否收敛与初始向量 $\boldsymbol{x}^{(0)}$ 无关,而是由迭代矩阵 $\boldsymbol{B}$ 决定.

例 15 线性方程组 $\boldsymbol{Ax}=\boldsymbol{b}$,$\boldsymbol{A}=\begin{pmatrix}1 & 0.5\\0.7 & 1\end{pmatrix}$,$\boldsymbol{b}=\begin{pmatrix}1.5\\1.7\end{pmatrix}$将 $\boldsymbol{A}$ 分裂为

$$\boldsymbol{A}=\begin{pmatrix}1 & 0.5\\0.7 & 1\end{pmatrix}=\begin{pmatrix}1 & 0\\0 & 1\end{pmatrix}-\begin{pmatrix}0 & -0.5\\-0.7 & 0\end{pmatrix}.$$

建立迭代格式

$$\boldsymbol{x}^{(k+1)}=\boldsymbol{Bx}^{(k)}+\boldsymbol{g},\quad \boldsymbol{B}=\begin{pmatrix}0 & -0.5\\-0.7 & 0\end{pmatrix},$$

计算 $\rho(\boldsymbol{B})=\sqrt{0.35}<1$,于是迭代法解此方程组收敛.

定理 14 在理论上是重要的,但是高阶矩阵的谱半径计算非常麻烦,由于 $\rho(\boldsymbol{B})\leqslant\|\boldsymbol{B}\|$,因此可以借助矩阵的算子范数研究迭代序列收敛的充分条件.

定理 15 如果对某种相容范数成立 $\|\boldsymbol{B}\|<1$,则迭代格式 (3.37) 收敛于 $\boldsymbol{Ax}=\boldsymbol{b}$ 的解 $\boldsymbol{x}^*$,且有误差估计式

$$\| x^{(k)} - x^* \| \leqslant \frac{\| B \|}{1 - \| B \|} \| x^{(k)} - x^{(k-1)} \|; \tag{3.38}$$

$$\| x^{(k)} - x^* \| \leqslant \frac{\| B \|^k}{1 - \| B \|} \| x^{(1)} - x^{(0)} \|. \tag{3.39}$$

证　因为

$$x^{(k+1)} - x^* = Bx^{(k)} + g - (Bx^* + g) = B(x^{(k)} - x^*),$$
$$x^{(k+1)} - x^{(k)} = Bx^{(k)} + g - (Bx^{(k-1)} + g) = B(x^{(k)} - x^{(k-1)}),$$

所以

$$\begin{aligned} \| x^{(k+1)} - x^* \| &\leqslant \| B \| \cdot \| x^{(k)} - x^* \|, \\ \| x^{(k+1)} - x^{(k)} \| &\leqslant \| B \| \cdot \| x^{(k)} - x^{(k-1)} \|. \end{aligned} \tag{3.40}$$

因此

$$\begin{aligned} \| x^{(k+1)} - x^{(k)} \| &= \| x^{(k+1)} - x^* + x^* - x^{(k)} \| \\ &\geqslant \| x^{(k)} - x^* \| - \| x^{(k+1)} - x^* \| \\ &\geqslant (1 - \| B \|) \| x^{(k)} - x^* \|. \end{aligned}$$

从而

$$\| x^{(k)} - x^* \| \leqslant \frac{1}{1 - \| B \|} \| x^{(k+1)} - x^{(k)} \| \leqslant \frac{\| B \|}{1 - \| B \|} \| x^{(k)} - x^{(k-1)} \|,$$

即式(3.38)成立.

在式(3.38)中反复利用式(3.40)即得式(3.39).

给定精度要求 $\| x^* - x^{(k)} \| < \varepsilon$，可利用式(3.39) 确定所需的迭代次数 k，即

$$k > \left[\ln \frac{\varepsilon(1 - \| B \|)}{\| x^{(1)} - x^{(0)} \|} \Big/ \ln \| B \| \right]. \tag{3.41}$$

但从式(3.38)可知，在 $\| B \|$ 不太接近 1 的情况下，可用两次相邻迭代解之差的范数大小来判断迭代解的精确程度. 因此，可用 $\| x^{(k+1)} - x^{(k)} \| \leqslant \varepsilon$ 作为迭代的终止准则.

在例 15 中，线性方程组的精确解 $x^* = (1,1)^{\mathrm{T}}$，$\| B \|_\infty = 0.7 < 1$，取初始向量 $x^{(0)} = (0,0)^{\mathrm{T}}$，$\| x^* - x^{(k)} \| < \varepsilon$，$\varepsilon = 0.000\,1$，$k > \left[\ln \frac{\varepsilon(1 - \| B \|)}{\| x^{(1)} - x^{(0)} \|} \Big/ \ln \| B \| \right] = 30.686$，计算结果见表 3.1.

表　3.1

k	x	$\| x^{(k+1)} - x^{(k)} \|_\infty$	$\| x^* - x^{(k)} \|_\infty$
0	$(0,0)^{\mathrm{T}}$		1
1	$(1.5,1.7)^{\mathrm{T}}$	1.7	0.7
2	$(0.65,0.65)^{\mathrm{T}}$	1.05	0.35
3	$(1.175,1.245)^{\mathrm{T}}$	0.595	0.245
4	$(0.877\,5,0.877\,5)^{\mathrm{T}}$	0.367 5	0.122 5
5	$(1.061\,25,1.085\,75)^{\mathrm{T}}$	0.208 25	0.085 75
6	$(0.957\,125,0.957\,125)^{\mathrm{T}}$	0.128 625	0.042 875
7	$(1.021\,437\,5,1.030\,012\,5)^{\mathrm{T}}$	0.072 887 5	0.030 012 5
8	$(0.984\,993\,75,0.984\,993\,75)^{\mathrm{T}}$	0.045 018 75	0.015 006 25
9	$(1.007\,503\,125,1.010\,504\,375)^{\mathrm{T}}$	0.025 510 625	0.010 504 375
10	$(0.994\,747\,812\,5,0.994\,747\,812\,5)^{\mathrm{T}}$	0.015 756 562 5	0.005 252 187 5

续表

k	x	$\lVert \boldsymbol{x}^{(k+1)}-\boldsymbol{x}^{(k)} \rVert_\infty$	$\lVert \boldsymbol{x}^{*}-\boldsymbol{x}^{(k)} \rVert_\infty$
11	$(1.002\ 626\ 093\ 75, 1.003\ 676\ 531\ 25)^{\mathrm{T}}$	0.008 928 718 75	0.003 676 531 25
12	$(0.998\ 161\ 734\ 375, 0.998\ 161\ 734\ 375)^{\mathrm{T}}$	0.005 514 796 875	0.001 838 265 625
13	$(1.000\ 919\ 132\ 812\ 5, 1.001\ 286\ 785\ 937\ 5)^{\mathrm{T}}$	0.003 125 051 562 5	0.001 286 785 937 5
14	$(0.999\ 356\ 607\ 031\ 25, 0.999\ 356\ 607\ 031\ 25)^{\mathrm{T}}$	0.001 930 178 906 25	0.000 643 392 968 75
15	$(1.000\ 321\ 696\ 484\ 375, 1.000\ 450\ 375\ 078\ 125)^{\mathrm{T}}$	0.001 093 768 046 875	0.000 450 375 078 125
16	$(0.999\ 774\ 812\ 460\ 938, 0.999\ 774\ 812\ 460\ 937)^{\mathrm{T}}$	0.000 675 562 617 187	0.000 225 187 539 063
17	$(1.000\ 112\ 593\ 769\ 531, 1.000\ 157\ 631\ 277\ 344)^{\mathrm{T}}$	0.000 382 818 816 406	0.000 157 631 277 344
18	$(0.999\ 921\ 184\ 361\ 328, 0.999\ 921\ 184\ 361\ 328)^{\mathrm{T}}$	0.000 236 446 916 015	0.000 078 815 638 672
19	$(1.000\ 039\ 407\ 819\ 336, 1.000\ 055\ 170\ 947\ 070)^{\mathrm{T}}$	0.000 133 986 585 742	0.000 055 170 947 070
20	$(0.999\ 972\ 414\ 526\ 465, 0.999\ 972\ 414\ 526\ 465)^{\mathrm{T}}$	0.000 827 564 206 056	0.000 027 585 473 535
25	$(1.000\ 001\ 689\ 610\ 254, 1.000\ 002\ 365\ 454\ 356)^{\mathrm{T}}$	0.000 005 744 674 863	0.000 002 365 454 356
30	$(0.999\ 999\ 855\ 115\ 921, 0.999\ 999\ 855\ 115\ 921)^{\mathrm{T}}$	0.000 000 434 652 238	0.000 000 144 884 079
31	$(1.000\ 000\ 072\ 442\ 040, 1.000\ 000\ 101\ 418\ 856)^{\mathrm{T}}$	0.000 000 246 302 935	0.000 000 101 418 856

从收敛性定理的分析和数值算例可以知道迭代矩阵的谱半径(或者其范数)越小,迭代收敛越快. 我们称$-\ln \lVert \boldsymbol{B}^k \rVert^{\frac{1}{k}}$为迭代法的平均收敛速度,它依赖于迭代次数和所取的范数. 而$\lim\limits_{k\to\infty} \lVert \boldsymbol{B}^k \rVert^{\frac{1}{k}}=\rho(\boldsymbol{B})$;称$-\ln \rho(B)$为迭代法的渐近收敛速度.

3.6 雅可比迭代法和高斯-赛德尔迭代法

n元线性方程组(3.1)中,设$a_{ii}\neq 0, i=1,2,\cdots,n$,将线性方程组(3.1)改写成等价的线性方程组

$$
\begin{cases}
x_1=\dfrac{1}{a_{11}}(b_1-a_{12}x_2-a_{13}x_3-\cdots-a_{1n}x_n),\\
x_2=\dfrac{1}{a_{22}}(b_2-a_{21}x_1-a_{23}x_3-\cdots-a_{2n}x_n),\\
\qquad\cdots\cdots\\
x_n=\dfrac{1}{a_{nn}}(b_n-a_{n1}x_1-a_{n2}x_2-\cdots-a_{n,n-1}x_{n-1}).
\end{cases}
$$

建立迭代格式

$$
\begin{cases}
x_1^{(k+1)}=\dfrac{1}{a_{11}}(b_1-a_{12}x_2^{(k)}-a_{13}x_3^{(k)}-\cdots-a_{1n}x_n^{(k)}),\\
x_2^{(k+1)}=\dfrac{1}{a_{22}}(b_2-a_{21}x_1^{(k)}-a_{23}x_3^{(k)}-\cdots-a_{2n}x_n^{(k)}),\\
\qquad\cdots\cdots\\
x_n^{(k+1)}=\dfrac{1}{a_{nn}}(b_n-a_{n1}x_1^{(k)}-a_{n2}x_2^{(k)}-\cdots-a_{n,n-1}x_{n-1}^{(k)}).
\end{cases}
\tag{3.42}
$$

当给出一个初始向量$\boldsymbol{x}^{(0)}=(x_1^{(0)},x_2^{(0)},\cdots,x_n^{(0)})^{\mathrm{T}}$时,可根据迭代格式(3.42)得到一个向量迭代序列$\{\boldsymbol{x}^{(k)}=(x_1^{(k)},x_2^{(k)},\cdots,x_n^{(k)})^{\mathrm{T}}\}$. 因此,当迭代序列$\{\boldsymbol{x}^{(k)}\}$收敛于$\boldsymbol{x}^*=(x_1^*,x_2^*,\cdots,$

$x_n^*)^{\mathrm{T}}$ 时,$\boldsymbol{x}=\boldsymbol{x}^*$ 为线性方程组(3.1)的解.

迭代格式 (3.42) 称为雅可比迭代. 下面写出此迭代格式的矩阵形式. 记

$$\boldsymbol{L}=\begin{pmatrix} 0 & 0 & \cdots & 0 \\ -a_{21} & 0 & \cdots & 0 \\ \vdots & \vdots & & \vdots \\ -a_{n1} & -a_{n2} & \cdots & 0 \end{pmatrix}, \quad \boldsymbol{U}=\begin{pmatrix} 0 & -a_{12} & \cdots & -a_{1n} \\ 0 & 0 & \cdots & -a_{2n} \\ \vdots & \vdots & & \vdots \\ 0 & 0 & \cdots & 0 \end{pmatrix},$$

$$\boldsymbol{D}=\begin{pmatrix} a_{11} & 0 & \cdots & 0 \\ 0 & a_{22} & \cdots & 0 \\ \vdots & \vdots & & \vdots \\ 0 & 0 & \cdots & a_{nn} \end{pmatrix}.$$

则

$$\boldsymbol{D}^{-1}=\begin{pmatrix} \frac{1}{a_{11}} & 0 & \cdots & 0 \\ 0 & \frac{1}{a_{22}} & \cdots & 0 \\ \vdots & \vdots & & \vdots \\ 0 & 0 & \cdots & \frac{1}{a_{nn}} \end{pmatrix}, \quad \boldsymbol{A}=\boldsymbol{D}-\boldsymbol{L}-\boldsymbol{U}.$$

因此,雅可比迭代格式可表示为

$$\boldsymbol{x}^{(k+1)}=\boldsymbol{D}^{-1}[\boldsymbol{b}+(\boldsymbol{L}+\boldsymbol{U})\boldsymbol{x}^{(k)}]=\boldsymbol{D}^{-1}(\boldsymbol{L}+\boldsymbol{U})\boldsymbol{x}^{(k)}+\boldsymbol{D}^{-1}\boldsymbol{b}. \tag{3.43}$$

$\boldsymbol{B}=\boldsymbol{B}_{\mathrm{J}}=\boldsymbol{D}^{-1}(\boldsymbol{L}+\boldsymbol{U})$,$\boldsymbol{g}=\boldsymbol{D}^{-1}\boldsymbol{b}$. 事实上,式(3.36)中,取 $\boldsymbol{M}=\boldsymbol{D}$,即得到雅可比迭代.

例 16 用雅可比迭代求解线性代数方程组

$$\begin{cases} 20x_1+2x_2+3x_3=24, \\ x_1+8x_2+x_3=12, \\ 2x_1-3x_2+15x_3=30 \end{cases}$$

是否收敛. 若收敛,取 $\boldsymbol{x}^{(0)}=(0,0,0)^{\mathrm{T}}$ 需迭代多少步,才能使 $\|\boldsymbol{x}^{(k)}-\boldsymbol{x}^*\|_\infty<10^{-6}$?

解 雅可比迭代格式为

$$\begin{cases} x_1^{(k+1)}=\frac{1}{20}(24-2x_2^{(k)}-3x_3^{(k)}), \\ x_2^{(k+1)}=\frac{1}{8}(12-x_1^{(k)}-x_3^{(k)}), \\ x_3^{(k+1)}=\frac{1}{15}(30-2x_1^{(k)}+3x_2^{(k)}). \end{cases}$$

迭代矩阵

$$\boldsymbol{B}_{\mathrm{J}}=\begin{pmatrix} 0 & -\frac{1}{10} & -\frac{3}{20} \\ -\frac{1}{8} & 0 & -\frac{1}{8} \\ -\frac{2}{15} & \frac{1}{5} & 0 \end{pmatrix}.$$

由于 $\|\boldsymbol{B}_J\|_\infty=\frac{1}{3}<1$,故迭代格式收敛. 取 $\boldsymbol{x}^{(0)}=(0,0,0)^T$ 得迭代一次的迭代解

$$x_1^{(1)}=\frac{6}{5}=1.2,\quad x_2^{(1)}=\frac{3}{2}=1.5,\quad x_3^{(1)}=2.$$

因此,$\|\boldsymbol{x}^{(1)}-\boldsymbol{x}^{(0)}\|_\infty=2$. 按照式(3.41)

$$k>\ln\frac{10^{-6}\left(1-\frac{1}{3}\right)}{2}\Big/\ln\frac{1}{3}=13.5754.$$

所以,至少需迭代 14 次,便可达到精度要求. 计算结果见表 3.2.

表 3.2

k	$x_1^{(k)}$	$x_2^{(k)}$	$x_3^{(k)}$	k	$x_1^{(k)}$	$x_2^{(k)}$	$x_3^{(k)}$
1	1.200 000 0	1.500 000 0	2.000 000 0	5	0.767 330 0	1.138 332 2	2.125 358 3
2	0.750 000 0	1.100 000 0	2.140 000 0	…	…	…	…
3	0.769 000 0	1.138 750 0	2.120 000 0	13	0.767 353 8	1.138 409 8	2.125 368 1
4	0.768 125 0	1.138 875 0	2.125 216 7	14	0.767 353 8	1.138 409 8	2.125 368 1

因为在第 $k+1$ 步迭代时,雅可比迭代法全部用第 k 步的信息,也称之为同时代换法. 它没有使用最新的信息,如果每次计算总用最新的信息,即在式(3.42)的第 i 个公式中,将已经计算出来的 $x_1^{(k+1)},\cdots,x_{i-1}^{(k+1)}$ 替换公式中的 $x_1^{(k)},\cdots,x_{i-1}^{(k)}$,则得到高斯-赛德尔(Gauss - Seidel)迭代

$$\begin{cases}\boldsymbol{x}^{(0)}=(x_1^{(0)},x_2^{(0)},\cdots,x_n^{(0)})^T, & k=0,1,2,\cdots,\\ x_i^{(k+1)}=\dfrac{1}{a_{ii}}(b_i-a_{i1}x_1^{(k+1)}-\cdots-a_{i,i-1}x_{i-1}^{(k+1)}-a_{i,i+1}x_{i+1}^{(k)}\cdots-a_{in}x_n^{(k)}), & i=1,2,\cdots,n.\end{cases}\tag{3.44}$$

其矩阵形式可表示为

$$\boldsymbol{x}^{(k+1)}=\boldsymbol{D}^{-1}(\boldsymbol{b}+\boldsymbol{L}\boldsymbol{x}^{(k+1)}+\boldsymbol{U}\boldsymbol{x}^{(k)}),$$

或等价地表示为

$$\boldsymbol{x}^{(k+1)}=(\boldsymbol{D}-\boldsymbol{L})^{-1}(\boldsymbol{U}\boldsymbol{x}^{(k)}+\boldsymbol{b}).\tag{3.45}$$

$\boldsymbol{B}=\boldsymbol{B}_G=(\boldsymbol{D}-\boldsymbol{L})^{-1}\boldsymbol{U}$,$\boldsymbol{g}=(\boldsymbol{D}-\boldsymbol{L})^{-1}\boldsymbol{b}$. 事实上,式(3.36)中,取 $\boldsymbol{M}=\boldsymbol{D}-\boldsymbol{L}$,即得到高斯-赛德尔迭代.

例 17 用高斯-赛德尔迭代求解线性代数方程组

$$\begin{cases}20x_1+2x_2+3x_3=24,\\ x_1+8x_2+x_3=12,\\ 2x_1-3x_2+15x_3=30.\end{cases}$$

是否收敛. 若收敛,取 $\boldsymbol{x}^{(0)}=(0,0,0)^T$ 需迭代多少步,才能使 $\|\boldsymbol{x}^{(k)}-\boldsymbol{x}\|_\infty<10^{-6}$?

解 高斯-赛德尔迭代格式为

$$\begin{cases}x_1^{(k+1)}=\dfrac{1}{20}(24-2x_2^{(k)}-3x_3^{(k)}),\\ x_2^{(k+1)}=\dfrac{1}{8}(12-x_1^{(k+1)}-x_3^{(k)}),\\ x_3^{(k+1)}=\dfrac{1}{15}(30-2x_1^{(k+1)}+3x_2^{(k+1)}).\end{cases}$$

由于

$$\boldsymbol{D}-\boldsymbol{L}=\begin{pmatrix}20 & 0 & 0\\ 1 & 8 & 0\\ 2 & -3 & 15\end{pmatrix},\quad \boldsymbol{U}=\begin{pmatrix}0 & -2 & -3\\ 0 & 0 & -1\\ 0 & 0 & 0\end{pmatrix},$$

迭代矩阵

$$\boldsymbol{B}_{\mathrm{G}}=(\boldsymbol{D}-\boldsymbol{L})^{-1}\boldsymbol{U}=\frac{1}{2\,400}\begin{pmatrix}120 & 0 & 0\\ -15 & 300 & 0\\ -19 & 60 & 160\end{pmatrix}\begin{pmatrix}0 & -2 & -3\\ 0 & 0 & -1\\ 0 & 0 & 0\end{pmatrix}$$

$$=\frac{1}{2\,400}\begin{pmatrix}0 & -240 & -360\\ 0 & 30 & -255\\ 0 & 38 & -3\end{pmatrix},$$

故 $\|\boldsymbol{B}_{\mathrm{G}}\|_{\infty}=\frac{1}{4}<1$,迭代格式收敛. 取 $\boldsymbol{x}^{(0)}=(0,0,0)^{\mathrm{T}}$ 得迭代一次的迭代解为

$$x_1^{(1)}=\frac{6}{5}=1.2,\quad x_2^{(1)}=\frac{27}{20}=1.35,\quad x_3^{(1)}=2.11.$$

因此,$\|\boldsymbol{x}^{(1)}-\boldsymbol{x}^{(0)}\|_{\infty}=2.11$. 按照式(3.41)

$$k>\ln\frac{10^{-6}\left(1-\frac{1}{4}\right)}{2.11}\bigg/\ln\frac{1}{4}=10.712.$$

所以,至少需迭代 11 次,便可达到精度要求. 计算结果见表 3.3.

表　3.3

k	$x_1^{(k)}$	$x_2^{(k)}$	$x_3^{(k)}$	k	$x_1^{(k)}$	$x_2^{(k)}$	$x_3^{(k)}$
1	1.200 000 0	1.350 000 0	2.110 000 0	5	0.767 355 6	1.138 410 1	2.125 368 0
2	0.748 500 0	1.142 687 5	2.128 737 5	…	…	…	…
3	0.766 420 6	0.138 105 2	2.125 431 6	10	0.767 353 8	1.138 409 8	2.125 368 1
4	0.767 374 7	1.138 399 2	2.125 363 2	11	0.767 353 8	1.138 409 8	2.125 368 1

由例 16 和例 17 可以看出,高斯-赛德尔迭代要比雅可比迭代收敛快. 但此结论并不总成立. 甚至有雅可比迭代收敛而高斯-赛德尔迭代发散的情况.

例 18　分别用雅可比迭代和高斯-赛德尔迭代求解线性代数方程组

$$\begin{pmatrix}1 & 2 & -2\\ 1 & 1 & 1\\ 2 & 2 & 1\end{pmatrix}\begin{pmatrix}x_1\\ x_2\\ x_3\end{pmatrix}=\begin{pmatrix}1\\ 1\\ 1\end{pmatrix}$$

的收敛性.

解　雅可比迭代的迭代矩阵为

$$\boldsymbol{B}_{\mathrm{J}}=\begin{pmatrix}0 & -2 & 2\\ -1 & 0 & -1\\ -2 & -2 & 0\end{pmatrix}.$$

其特征方程为

$$\det(\lambda \boldsymbol{I}-\boldsymbol{B}_{\mathrm{J}})=\det\begin{pmatrix}\lambda & 2 & -2\\ 1 & \lambda & 1\\ 2 & 2 & \lambda\end{pmatrix}=\lambda^{3}=0.$$

故特征值 $\lambda_1=\lambda_2=\lambda_3=0$，$\rho(\boldsymbol{B}_{\mathrm{J}})=0<1$，雅可比迭代收敛. 而高斯-赛德尔迭代的迭代矩阵为

$$\begin{aligned}\boldsymbol{B}_{\mathrm{G}}&=\begin{pmatrix}1 & 0 & 0\\ 1 & 1 & 0\\ 2 & 2 & 1\end{pmatrix}^{-1}\begin{pmatrix}0 & -2 & 2\\ 0 & 0 & -1\\ 0 & 0 & 0\end{pmatrix}\\ &=\begin{pmatrix}1 & 0 & 0\\ -1 & 1 & 0\\ 0 & -2 & 1\end{pmatrix}\begin{pmatrix}0 & -2 & 2\\ 0 & 0 & -1\\ 0 & 0 & 0\end{pmatrix}\\ &=\begin{pmatrix}0 & -2 & 2\\ 0 & 2 & -3\\ 0 & 0 & 2\end{pmatrix}\end{aligned}$$

其特征方程

$$\det(\lambda \boldsymbol{I}-\boldsymbol{B}_{\mathrm{G}})=\det\begin{pmatrix}\lambda & 2 & -2\\ 0 & \lambda-2 & 3\\ 0 & 0 & \lambda-2\end{pmatrix}=\lambda(\lambda-2)^{2}=0.$$

的解为 $\lambda_1=0$，$\lambda_2=\lambda_3=2$. 故 $\rho(\boldsymbol{B}_{\mathrm{G}})=2>1$，高斯-赛德尔迭代发散.

雅可比迭代法和高斯-赛德尔迭代法之所以成为两种最基础、最简单的迭代法，一个原因是从算法的构造角度看，将 $\boldsymbol{A}$ 分裂为 $\boldsymbol{M}-\boldsymbol{N}$ 时，雅可比迭代法中 $\boldsymbol{M}$ 取的是对角阵 $\boldsymbol{D}$，高斯-赛德尔迭代法中 $\boldsymbol{M}$ 取的是三角阵$(\boldsymbol{D}-\boldsymbol{L})$，这两种情形下，迭代矩阵 $\boldsymbol{M}^{-1}\boldsymbol{N}$ 中的 $\boldsymbol{M}$ 的逆是最简单易求的两种矩阵；另一个原因是雅可比迭代法计算每个分量均使用上一步的结果，具有很好的并行性，适合并行计算，而高斯-赛德尔迭代法计算每个分量时使用最新的信息，它是串行的算法.

素养提升

两位科学计算专家

下面介绍我国两位数学家，他们深厚的数学基础、不畏艰难的坚持和丰富的研究经历是成功的关键.

(1)我国数值并行算法研究的开拓者之一李晓梅.

她主持了银河—Ⅰ、银河—Ⅱ巨型计算机应用软件的研制与开发，首次在我国建立了“并行线性代数库”“并行特征值特征向量库”“并行快速变换库”，研制了我国第一个“中期数值天气预报多任务并行软件系统”，在我国首次建立起向量地震数据处理软件系统等. 她为银河—Ⅰ和银河—Ⅱ超级计算机研制、数值天气预报、核模拟、石油勘探等领域的向量化应用软件研制，及我国并行计算教育和人才培养做出了突出贡献. 她深深扎根于国防科技事业，无怨无悔. CCF 奖励委员会于 2018 年将“CCF 夏培肃奖”授予李晓梅教授，以表彰她在并行算法研究方面做出的杰出贡献.

初识并行计算，了解计算前沿的问题. 并行计算机是使用多台计算机协同工作的一种高性能计算机系统. 20 世纪 90 年代以来，并行计算机一直是世界各国计算机界研究的热点，代表着一个国家计算机研制水平的高低，也是解决天气预报、地震分析、航空气动计算

等大型计算问题的唯一有效途径. 大规模并行计算机是当代计算机技术的制高点,它体现着一个国家的综合实力.

并行算法是挖掘高性能并行计算机效率的关键技术之一,是并行计算技术最重要的理论基础. 通俗地说,它是使用多台计算机联合解决一个问题的算法. 它的使用非常广泛,如核武器数值模拟、石油地震数据处理、中长期数值天气预报、计算生物、大规模事务处理等,它对推动高性能并行计算机的应用起着至关重要的作用.

从银河系列到天河系列再到神威·太湖之光,再到量子计算机"九章二号",我国的并行计算机、并行算法,领先世界.

(2)了解我国科学计算界的数学家石钟慈院士.

石钟慈,1933 年 12 月 5 日出生于浙江宁波,数学家,中国科学院学部委员(院士),中国科学院计算数学与科学工程计算研究所研究员,科学与工程计算国家重点实验室学术委员会主任,浙江万里学院名誉校长. 石钟慈院士的主要成果如下:

引理 1 若矩阵 $\boldsymbol{A}$ 为按行(或列)严格对角占优矩阵,则 $\boldsymbol{A}$ 非奇异.

引理 2(石钟慈) 设 $\boldsymbol{A}$ 为对称正定矩阵,$\boldsymbol{B}$ 为对称矩阵,则矩阵 $\boldsymbol{B}$ 对称正定的充要条件是 $\boldsymbol{BA}$ 的所有特征值全部大于零.

引理 3(石钟慈) 设矩阵 $\boldsymbol{A}=\boldsymbol{P}-\boldsymbol{Q}\in\mathbf{R}^{n\times n}$,其中 $\boldsymbol{P},\boldsymbol{Q}\in\mathbf{R}^{n\times n}$ 且 $\boldsymbol{P}$ 非奇异. 如果 $\boldsymbol{A}$ 和 $\boldsymbol{P}+\boldsymbol{Q}^{\mathrm{T}}$ 都对称正定,则 $\rho(\boldsymbol{P}^{-1}\boldsymbol{Q})<1$.

定理 1 若矩阵 $\boldsymbol{A}$ 为按行(或列)严格对角占优矩阵,则 $\boldsymbol{A}$ 非奇异,且雅可比迭代和高斯-赛德尔迭代均收敛.

定理 2 若矩阵 $\boldsymbol{A}$ 为不可约按行(或列)对角占优矩阵,则 $\boldsymbol{A}$ 非奇异,且雅可比迭代和高斯-赛德尔迭代均收敛.

如果矩阵 $\boldsymbol{A}$ 为对称正定矩阵,可根据引理 2 和引理 3 证明收敛性,这种证明方式可在石钟慈院士青年时代的科研成果中找到.

3.7 逐次超松弛迭代法

将高斯-赛德尔迭代 (3.44)改写为

$$x_i^{(k+1)}=x_i^{(k)}+\frac{1}{a_{ii}}\Big(b_i-\sum_{j=1}^{i-1}a_{ij}x_j^{(k+1)}-\sum_{j=i}^{n}a_{ij}x_j^{(k)}\Big),\quad i=1,\cdots,n. \tag{3.46}$$

记

$$r_i^{(k)}=b_i-\sum_{j=1}^{i-1}a_{ij}x_j^{(k+1)}-\sum_{j=i}^{n}a_{ij}x_j^{(k)},\quad i=1,2,\cdots,n.$$

显然,当迭代格式收敛时,$r_i^{(k)}$ 趋于零. 因此,称 $r_i^{(k)}$ 为第 $k+1$ 步第 i 个分量的剩余或残量. 因此,高斯-赛德尔迭代的第 $k+1$ 步相当于在第 k 步的基础上,给每个分量增加一个修正量 $\frac{1}{a_{ii}}r_i^{(k)}$. 为了获得更快的收敛效果,在修正量前乘一个参数因子,通过调节此因子来获得更快的收敛效果. 这样便得到了逐次超松弛迭代法(Successive Over - Relaxation Iteration,简称 SOR 迭代),其迭代格式如下:

$$x_i^{(k+1)}=x_i^{k}+\frac{\omega}{a_{ii}}\Big(b_i-\sum_{j=1}^{i-1}a_{ij}x_j^{(k+1)}-\sum_{j=i}^{n}a_{ij}x_j^{(k)}\Big),\quad i=1,2,\cdots,n. \tag{3.47}$$

其中 ω 称为松弛因子. 当 $\omega=1$ 时,式(3.47)即为高斯-赛德尔迭代;当 $\omega>1$ 时,称 ω 为超松弛因子;当 $\omega<1$ 时,称 ω 为次(亚)松弛因子. SOR 迭代法的矩阵形式可写为

$$\begin{aligned}\boldsymbol{x}^{(k+1)} &= (\boldsymbol{D}-\omega\boldsymbol{L})^{-1}((1-\omega)\boldsymbol{D}+\omega\boldsymbol{U})\boldsymbol{x}^{(k)}+(\boldsymbol{D}-\omega\boldsymbol{L})^{-1}\omega\boldsymbol{b}. \\ \boldsymbol{B}=\boldsymbol{B}_\omega &= (\boldsymbol{D}-\omega\boldsymbol{L})^{-1}((1-\omega)\boldsymbol{D}+\omega\boldsymbol{U}),\quad \boldsymbol{g}=(\boldsymbol{D}-\omega\boldsymbol{L})^{-1}\omega\boldsymbol{b}.\end{aligned} \tag{3.48}$$

这里将系数矩阵 $\boldsymbol{A}$ 作分裂 $\boldsymbol{A}=\boldsymbol{M}-\boldsymbol{N}$,取

$$\boldsymbol{M}=\frac{1}{\omega}(\boldsymbol{D}-\omega\boldsymbol{L}),\quad \boldsymbol{N}=\frac{1}{\omega}((1-\omega)\boldsymbol{D}+\omega\boldsymbol{U}),\quad \omega>0,\quad \boldsymbol{B}_\omega=\boldsymbol{M}^{-1}\boldsymbol{N}.$$

定理 16 设 $a_{ii}\neq 0, i=1,2,\cdots,n$. 若 SOR 迭代收敛,则 $0<\omega<2$.

证 设 SOR 方法收敛,则 $\rho(\boldsymbol{B}_\omega)<1$, 所以

$$|\det(\boldsymbol{B}_\omega)|=|\lambda_1\lambda_2\cdots\lambda_n|<1,$$

而

$$\det(\boldsymbol{B}_\omega)=\det((\boldsymbol{D}-\omega\boldsymbol{L})^{-1}((1-\omega)\boldsymbol{D}+\omega\boldsymbol{U}))=(1-\omega)^n,$$

故

$$|1-\omega|<1,\quad 即\ 0<\omega<2.$$

此定理告诉我们,SOR 迭代法中的松弛因子 ω 应在区间 $(0,2)$ 内取值.

如何选取松弛因子使收敛速度加快是讨论逐次松弛迭代法的一个重要内容. 目前只对少数模型问题,才有确定使收敛速度达到最优的松弛因子(称为最佳松弛因子)的理论公式. 例如,当系数矩阵 $\boldsymbol{A}$ 为三对角对称正定矩阵时,下面的结论成立.

定理 17 设矩阵 $\boldsymbol{A}$ 为三对角对称正定矩阵,则 $\rho(\boldsymbol{B}_G)=(\rho(\boldsymbol{B}_J))^2<1$,且最佳松弛因子为

$$\omega_{\mathrm{opt}}=\frac{2}{1+\sqrt{1-(\rho(\boldsymbol{B}_J))^2}}.$$

此时,

$$\begin{aligned}\rho(\boldsymbol{B}_{\omega_{\mathrm{opt}}}) &= \omega_{\mathrm{opt}}-1 \\ &= \frac{1-\sqrt{1-(\rho(\boldsymbol{B}_J))^2}}{1+\sqrt{1-(\rho(\boldsymbol{B}_J))^2}}=\left[\frac{\rho(\boldsymbol{B}_J)}{1+\sqrt{1-(\rho(\boldsymbol{B}_J))^2}}\right]^2 \\ &< (\rho(\boldsymbol{B}_J))^2=\rho(\boldsymbol{B}_G).\end{aligned}$$

由于 $\rho(\boldsymbol{B}_J)$ 难以计算,上面定理实际应用起来仍有困难. 通常的办法是通过选定几个松弛因子进行几步试算,以确定一个近似最佳松弛因子,再用此松弛因子继续迭代,达到收敛加速的目的.

用 SOR 迭代求解线性方程组 $\boldsymbol{Ax}=\boldsymbol{b}$ 的 MATLAB 程序如下:

```
% Input A：系数矩阵
% Input b：右端向量
% Input N：系数矩阵的阶数
% Input epsilon：计算精度
% Input omega：松弛因子
% Input K：最大迭代次数
% Input x：初始向量
% Output x：迭代近似解
k = 0;
```

```
err = 10;
while  err > epsilon & k<K
err = 0;
for i = 1:N
s = b(i);
for j = 1:N
s = s - A(i,j) * x(j);
end
s = x(i) + omega * s/A(i,i);
if abs(s - x(i)) > err
err = abs(s - x(i));
end
x(i) = s;
end
k = k + 1;
end
```

例 19　用 SOR 迭代求解线性方程组

$$\begin{cases} 4x_1 - 2x_2 - x_3 = 0, \\ -2x_1 + 4x_2 - 2x_3 = -2, \\ -x_1 - 2x_2 + 3x_3 = 3. \end{cases}$$

取初始向量 $\boldsymbol{x}^{(0)}=(0,0,0)^{\mathrm{T}}$,精度 10^{-6}.

解　SOR 迭代法的迭代公式为

$$\begin{cases} x_1^{(k+1)} = x_1^{(k)} + \dfrac{\omega}{4}(-4x_1^{(k)} + 2x_2^{(k)} + x_3^{(k)}), \\ x_2^{(k+1)} = x_2^{(k)} + \dfrac{\omega}{4}(-2 + 2x_1^{(k+1)} - 4x_2^{(k)} + 2x_3^{(k)}), \\ x_3^{(k+1)} = x_3^{(k)} + \dfrac{\omega}{3}(3 + x_1^{(k+1)} + 2x_2^{(k+1)} - 3x_3^{(k)}). \end{cases}$$

取不同的 ω,计算结果见表 3.4. 从本例中看出松弛因子选取得好,会使 SOR 迭代法收敛大大加速. 本例中松弛因子 $\omega=1.5$ 是最佳松弛因子.

表　3.4

松弛因子 ω	满足误差 $\Vert\boldsymbol{x}^{(k)}-\boldsymbol{x}^{(k-1)}\Vert_\infty<10^{-6}$ 的迭代次数	松弛因子 ω	满足误差 $\Vert\boldsymbol{x}^{(k)}-\boldsymbol{x}^{(k-1)}\Vert_\infty<10^{-6}$ 的迭代次数
0.1	1 123	1.1	63
0.2	575	1.2	51
0.3	379	1.3	41
0.4	277	1.4	30
0.5	213	1.5	27
0.6	169	1.6	35
0.7	138	1.7	50
0.8	113	1.8	78
0.9	93	1.9	163
1.0	77		

3.8 块迭代法

在工程领域中经常遇到偏微分方程的数值计算问题,用有限差分法或有限元法离散后得到的线性方程组是大型稀疏的线性方程组,将系数矩阵进行分块处理,在理论分析和数值计算时非常实用.

前面所讨论的迭代法,一次只计算一个分量,要完成一次迭代,需要逐个计算迭代向量中的每一个分量,直到算出全部分量的值.然后再进行下一次迭代,使得解向量到达计算精确度为止.通常称这种迭代法为点迭代法.

下面介绍更一般的迭代法,其基本思想是将方程组 $\boldsymbol{Ax}=\boldsymbol{b}$ 中的 $\boldsymbol{A}$ 分块,将 $\boldsymbol{x}$ 和 $\boldsymbol{b}$ 也相应地进行分块,然后将每一个子块视为一个元素,并按照点迭代法类似地进行迭代,称这种迭代法为块迭代法.下面给出具体描述.

设 $\boldsymbol{A}\in\mathbf{R}^{n\times n}$ 可写成分块形式

$$\begin{pmatrix} \boldsymbol{A}_{11} & \boldsymbol{A}_{12} & \cdots & \boldsymbol{A}_{1r} \\ \boldsymbol{A}_{21} & \boldsymbol{A}_{22} & \cdots & \boldsymbol{A}_{2r} \\ \vdots & \vdots & & \vdots \\ \boldsymbol{A}_{r1} & \boldsymbol{A}_{r2} & \cdots & \boldsymbol{A}_{rr} \end{pmatrix},$$

其中 $\boldsymbol{A}_{ii}$ 为 n_i 阶方阵,$n_1+n_2+\cdots+n_r=n$.向量 $\boldsymbol{x}$ 和 $\boldsymbol{b}$ 也相应地进行分块 $\boldsymbol{x}^{\mathrm{T}}=(\boldsymbol{x}_1^{\mathrm{T}},\boldsymbol{x}_2^{\mathrm{T}},\cdots,\boldsymbol{x}_r^{\mathrm{T}})$,$\boldsymbol{b}^{\mathrm{T}}=(\boldsymbol{b}_1^{\mathrm{T}},\boldsymbol{b}_2^{\mathrm{T}},\cdots,\boldsymbol{b}_r^{\mathrm{T}})$,其中 $\boldsymbol{x}_i$,$\boldsymbol{b}_i$ 都是 n_i 维向量.

令 $\boldsymbol{A}=\boldsymbol{D}_B-\boldsymbol{L}_B-\boldsymbol{U}_B$,其中

$$\boldsymbol{D}_B=\begin{pmatrix} \boldsymbol{A}_{11} & & & \\ & \boldsymbol{A}_{22} & & \\ & & \ddots & \\ & & & \boldsymbol{A}_{rr} \end{pmatrix},$$

$$\boldsymbol{L}_B=\begin{pmatrix} \boldsymbol{O} & & & \\ -\boldsymbol{A}_{21} & \boldsymbol{O} & & \\ \vdots & \vdots & \ddots & \\ -\boldsymbol{A}_{r1} & \boldsymbol{A}_{r2} & \cdots & \boldsymbol{O} \end{pmatrix},\quad \boldsymbol{U}_B=\begin{pmatrix} \boldsymbol{O} & -\boldsymbol{A}_{12} & \cdots & -\boldsymbol{A}_{1r} \\ & \boldsymbol{O} & \cdots & -\boldsymbol{A}_{2r} \\ & & \ddots & \vdots \\ & & & \boldsymbol{O} \end{pmatrix}.$$

类似于点迭代法,可分别得到求解方程组 $\boldsymbol{Ax}=\boldsymbol{b}$ 的块雅可比迭代法

$$\boldsymbol{A}_{ii}\boldsymbol{x}^{(k+1)}=\boldsymbol{b}_i-\sum_{j=1,j\neq 1}^{r}\boldsymbol{A}_{ij}\boldsymbol{x}_j^{(k)},\quad i=1,2,\cdots,r. \tag{3.49}$$

块高斯-赛德尔迭代法

$$\boldsymbol{A}_{ii}\boldsymbol{x}^{(k+1)}=\boldsymbol{b}_i-\sum_{j=1}^{i-1}\boldsymbol{A}_{ij}\boldsymbol{x}_j^{(k+1)}-\sum_{j=i+1}^{r}\boldsymbol{A}_{ij}\boldsymbol{x}_j^{(k)},\quad i=1,2,\cdots,r. \tag{3.50}$$

块超松弛迭代法

$$\boldsymbol{A}_{ii}\boldsymbol{x}^{(k+1)}=\boldsymbol{A}_{ii}\boldsymbol{x}^{(k)}+\omega\Big(\boldsymbol{b}_i-\sum_{j=1}^{i-1}\boldsymbol{A}_{ij}\boldsymbol{x}_j^{(k+1)}-\sum_{j=i,}^{r}\boldsymbol{A}_{ij}\boldsymbol{x}_j^{(k)}\Big),\quad i=1,2,\cdots,r. \tag{3.51}$$

在实际计算中,对每个 i,式(3.49)~式(3.51)都分别是 n_i 阶方程组,一般用直接方法求解,尤其是 $\boldsymbol{A}_{ii}$ 为三对角或带状矩阵时可以用直接法求解.对大型方程组的情形,n 是大数,而 n_i 相对是较小的,特别地,当 $n_1=n_2=\cdots=n_r=1$ 时,就是点迭代法.

素养提升

数学中的统一美和简洁美

高斯消元法、追赶法、平方根法与改进的平方根法，这些不同的算法从矩阵分解的角度看本质都是相同的，都是矩阵分解在解线性方程组中的应用. 矩阵分解就像数的分解、多项式的因式分解一样，在理论分析和计算中有重要应用，问题对象不同，但处理问题的方法和思想是统一的.

雅可比迭代、高斯-赛德尔迭代和 SOR 这三种迭代法，迭代的分量形式貌似很复杂，但是借助矩阵，从矩阵分裂的角度看其迭代就很简洁，这是简洁美. 迭代矩阵的形式虽然不同，但是将矩阵分裂为 $\boldsymbol{M}-\boldsymbol{N}$ 的形式，只是取不同的分裂矩阵 $\boldsymbol{M}$，这样看算法也是统一的. 但是从计算的角度看，高斯-赛德尔迭代是串行的算法，而古典的雅可比算法又有很好的并行性.

向量（矩阵）范数很多，但对于研究向量（矩阵）序列的敛散性是一致的，原因就是各种向量（矩阵）范数是等价的，这也是统一美. 在理论分析时选一种分析性质好的范数，易于理论分析，在数值计算时选一种工作量少的范数，易于计算，根据具体的问题采用切实可行的方法来处理. 这又是追求工作量的简洁美！

德国数学家卡尔 · 雅可比

卡尔 · 雅可比（Carl Gustav Jacob Jacobi，1804—1851），德国数学家. 雅可比于 1816—1820 年在波茨坦的中学学习，他掌握的数学知识远远超过学校讲授的内容，1821 年 4 月进入柏林大学，1825 年获柏林大学哲学博士学位，随后，他在柯尼斯堡大学任教. 雅可此由于善于将自己的新观点贯穿于教学中，并启发学生独立思考，因此成为学校最受欢迎的数学教师之一. 1827 年，其被任命为教授，并于 1836 年当选柏林（普鲁士）科学院院士，他还是瑞典皇家科学院的外籍院士. 1842 年，其由于健康问题而移居柏林. 1851 年因患天花而去世.

雅可比在数学上最突出的贡献是和挪威数学家阿贝尔（Abel）各自独立地奠定了椭圆函数论. 雅可比在行列式理论方面也做了奠基性的工作，引入了雅可比行列式，提出了它们在多重积分的变量代换和解偏微分方程中的作用. 雅可比在数值计算方面的贡献主要有：1845 年，他提出了求解线性方程组的雅可比迭代法；他还提出了雅可比算法，用于准确计算正定矩阵的特征值分解；另外，雅可比在研究双线性型计算的化简时，提出了与矩阵的 $\boldsymbol{LU}$ 分解等价的算法. 雅可比的其他工作还包括数论、变分法、复变函数论、微分方程等方面. 顺便提一下，高斯-赛德尔迭代法的雏形早在 1823 年就被高斯提出，而对它的系统表述和收敛性分析则由雅可比的学生赛德尔于 1847 年完成.

雅可比是一个品德高尚的人，他与阿贝尔各自独立发现了椭圆函数，却并没有互相攻击，反而客观真诚相待，相互欣赏. 椭圆函数可以看成三角函数的推广，但它具有特别的性质：三角函数只有一个实周期，指数函数只有一个虚周期，可是椭圆函数具有双周期性. 1827—1828 年，阿贝尔发表了这方面的成果，同时年轻的雅可比也在另一个杂志上表了同样的结果. 1829 年 6 月，法国科学院把著名的 Grand Prx 奖颁给阿贝尔和雅可比. 阿贝尔死后，勒让德准备将他生前研究的椭圆函数方面的成果发表并命名为“椭圆函数论”，却遭到雅可比的反对，他认为应该叫“阿贝尔函数论”，因为这类函数是阿贝尔第一次引入数学分析中的. 本来阿贝尔已死，雅可比本可以借此提高自己在椭圆函数方面的威望，结果他却力挺阿贝尔. 这种对科学务实，对他人尊重的品质，值得我们尊敬和学习.

3.9 共轭梯度法

设线性方程组 $\boldsymbol{Ax}=\boldsymbol{b}$ 的系数矩阵 $\boldsymbol{A}$ 是大规模对称正定的. 利用内积的性质可以证明下面的定理.

定理 18 设矩阵 $\boldsymbol{A}$ 对称正定，则 $\boldsymbol{x}^*$ 是 $\boldsymbol{Ax}=\boldsymbol{b}$ 的解的充要条件是它使二次函数

$$g(\boldsymbol{x})=(\boldsymbol{Ax},\boldsymbol{x})-2(\boldsymbol{x},\boldsymbol{b}) \tag{3.52}$$

取到极小. 其中 $(\boldsymbol{x},\boldsymbol{y})=\boldsymbol{y}^{\mathrm{T}}\boldsymbol{x}$，$g(\boldsymbol{x})$ 也可以写成

$$g(\boldsymbol{x})=\boldsymbol{x}^{\mathrm{T}}\boldsymbol{Ax}-2\boldsymbol{b}^{\mathrm{T}}\boldsymbol{x}=\sum_{i=1}^{n}\sum_{j=1}^{n}a_{ij}x_ix_j-2\sum_{i=1}^{n}b_ix_i.$$

证 若 $\boldsymbol{x}^*$ 是 $\boldsymbol{Ax}=\boldsymbol{b}$ 的解，由于

$$\begin{aligned}g(\boldsymbol{y})-g(\boldsymbol{x}^*)&=\boldsymbol{y}^{\mathrm{T}}\boldsymbol{Ay}-2\boldsymbol{y}^{\mathrm{T}}b-\boldsymbol{x}^{*\mathrm{T}}\boldsymbol{Ax}^*+2\boldsymbol{x}^{*\mathrm{T}}\boldsymbol{b}\\&=(\boldsymbol{y}-\boldsymbol{x}^*)^{\mathrm{T}}\boldsymbol{A}(\boldsymbol{y}-\boldsymbol{x}^*)+2\boldsymbol{y}^{\mathrm{T}}\boldsymbol{Ax}^*-2\boldsymbol{x}^{*\mathrm{T}}\boldsymbol{Ax}^*-2(\boldsymbol{y}-\boldsymbol{x}^*)^{\mathrm{T}}\boldsymbol{b}\\&=(\boldsymbol{y}-\boldsymbol{x}^*)^{\mathrm{T}}\boldsymbol{A}(\boldsymbol{y}-\boldsymbol{x}^*)+2(\boldsymbol{y}-\boldsymbol{x}^*)^{\mathrm{T}}(\boldsymbol{Ax}^*-\boldsymbol{b})\\&=(\boldsymbol{y}-\boldsymbol{x}^*)^{\mathrm{T}}\boldsymbol{A}(\boldsymbol{y}-\boldsymbol{x}^*)\geqslant 0,\end{aligned}$$

$g(\boldsymbol{x}^*)\leqslant g(\boldsymbol{y})$，即 $\boldsymbol{x}^*$ 使式(3.52)取到极小. 反之，若 $\boldsymbol{x}^*$ 使式(3.52)取到极小，则对任何正实数 t 及第 i 个分量为 1 其余分量全为 0 的单位向量 $\boldsymbol{e}_i(i=1,2,\cdots,n)$ 成立

$$\begin{aligned}g(\boldsymbol{x}^*)&\leqslant g(\boldsymbol{x}^*+t\boldsymbol{e}_i)\\&=g(\boldsymbol{x}^*)+t^2\boldsymbol{e}_i^{\mathrm{T}}\boldsymbol{Ae}_i+2t\boldsymbol{e}_i^{\mathrm{T}}(\boldsymbol{Ax}^*-\boldsymbol{b}).\end{aligned}$$

从而

$$t^2\boldsymbol{e}_i^{\mathrm{T}}\boldsymbol{Ae}_i+2t\boldsymbol{e}_i^{\mathrm{T}}(\boldsymbol{Ax}^*-\boldsymbol{b})\geqslant 0.$$

由 t 的任意性，得

$$\boldsymbol{e}_i^{\mathrm{T}}(\boldsymbol{Ax}^*-\boldsymbol{b})=0,\quad i=1,2,\cdots,n,$$

即 $\boldsymbol{Ax}^*=\boldsymbol{b}$.

因此，可以通过求解最优化问题的方法，计算函数(3.52)的极值，建立求解系数矩阵对称正定的线性方程组 $\boldsymbol{Ax}-\boldsymbol{b}$ 的数值解.

我们考虑一维搜索的方法，给定初值 $\boldsymbol{x}^{(0)}$，从 $\boldsymbol{x}^{(0)}$ 出发，找一个方向 $\boldsymbol{v}^{(0)}$，令 $\boldsymbol{x}^{(1)}=\boldsymbol{x}^{(0)}+t\boldsymbol{v}^{(0)}$，使 $g(\boldsymbol{x}^{(1)})=\min\limits_{t\in\mathbf{R}}g(\boldsymbol{x}^{(0)}+t\boldsymbol{v}^{(0)})$.

一般地，令 $\boldsymbol{x}^{(k+1)}=\boldsymbol{x}^{(k)}+t_k\boldsymbol{v}^{(k)}$，使 $g(\boldsymbol{x}^{(k+1)})=\min\limits_{t_k\in\mathbf{R}}g(\boldsymbol{x}^{(k)}+t\boldsymbol{v}^{(k)})$.

计算

$$g(\boldsymbol{x}^{(k)}+t\boldsymbol{v}^{(k)})=g(\boldsymbol{x}^{(k)})+t(\boldsymbol{Ax}^{(k)}-\boldsymbol{b},\boldsymbol{v}^{(k)})+\frac{t^2}{2}(\boldsymbol{Av}^{(k)},\boldsymbol{v}^{(k)}),$$

$$\frac{\mathrm{d}g(\boldsymbol{x}^{(k)}+t\boldsymbol{v}^{(k)})}{\mathrm{d}t}=(\boldsymbol{Ax}^{(k)}-\boldsymbol{b},\boldsymbol{v}^{(k)})+t(\boldsymbol{Av}^{(k)},\boldsymbol{v}^{(k)})=0,$$

得到

$$t_k=\frac{(\boldsymbol{v}^{(k)},\boldsymbol{b}-\boldsymbol{Ax}^{(k)})}{(\boldsymbol{Av}^{(k)},\boldsymbol{v}^{(k)})}, \tag{3.53}$$

这使得

$$g(\boldsymbol{x}^{(k)}+t_k\boldsymbol{v}^{(k)})\leqslant g(\boldsymbol{x}^{(k)}+t\boldsymbol{v}^{(k)}),\quad \forall t\in\mathbf{R}.$$

这就是求 $g(\boldsymbol{x})=(\boldsymbol{A}\boldsymbol{x},\boldsymbol{x})-2(\boldsymbol{x},\boldsymbol{b})=\sum_{i=1}^{n}\sum_{j=1}^{n}a_{ij}x_ix_j-2\sum_{i=1}^{n}b_ix_i$ 极小点的下降算法，这里的 $\boldsymbol{v}^{(k)}$ 是任选的一个方向. 如果选一个方向 $\boldsymbol{v}^{(k)}$，使得 $g(\boldsymbol{x})$ 在 $\boldsymbol{x}^{(k)}$ 沿 $\boldsymbol{v}^{(k)}$ 下降最快，目标是使得序列 $\{\boldsymbol{x}^{(k)}\}$ 尽快收敛到 $\boldsymbol{x}^*$. 由微分学知识知道 $g(\boldsymbol{x})$ 的负梯度方向是函数下降最快的方向. 经简单计算得到

$$\frac{\partial g}{\partial x_k}=2\sum_{i=1}^{n}a_{ki}x_i-2b_k,$$

即
$$\nabla g(\boldsymbol{x})=\left(\frac{\partial g}{\partial x_1},\frac{\partial g}{\partial x_2},\cdots,\frac{\partial g}{\partial x_n}\right)^{\mathrm{T}}=2(\boldsymbol{A}\boldsymbol{x}-\boldsymbol{b})=-2\boldsymbol{r},$$

即剩余量 $\boldsymbol{r}=\boldsymbol{b}-\boldsymbol{A}\boldsymbol{x}$ 恰为负梯度方向. 故新的搜索方向可以取

$$\boldsymbol{v}^{(k)}=-\nabla g(\boldsymbol{x}^{(k)})^{\mathrm{T}}=\boldsymbol{r}^{(k)}=\boldsymbol{b}-\boldsymbol{A}\boldsymbol{x}^{(k)}.$$

于是由式(3.53)可得

$$t_k=\frac{(\boldsymbol{r}^{(k)},\boldsymbol{r}^{(k)})}{(\boldsymbol{A}\boldsymbol{r}^{(k)},\boldsymbol{r}^{(k)})},$$
$$\boldsymbol{x}^{(k+1)}=\boldsymbol{x}^{(k)}+t_k\boldsymbol{v}^{(k)},$$

这就得到最速下降法. 而且可以证明相邻的搜索方向是正交的，即

$$(\boldsymbol{r}^{(k+1)},\boldsymbol{r}^{(k)})=(\boldsymbol{b}-\boldsymbol{A}(\boldsymbol{x}^{(k)}+t_k\boldsymbol{r}^{(k)}),\boldsymbol{r}^{(k)})=(\boldsymbol{r}^{(k)},\boldsymbol{r}^{(k)})-t_k(\boldsymbol{A}\boldsymbol{r}^{(k)},\boldsymbol{r}^{(k)})=0.$$

最速下降法有如下的误差估计：

$$\|\boldsymbol{x}^{(k)}-\boldsymbol{x}^*\|_{\boldsymbol{A}}\leqslant\left(\frac{\lambda_1-\lambda_n}{\lambda_1+\lambda_n}\right)^k\|\boldsymbol{x}^{(0)}-\boldsymbol{x}^*\|_{\boldsymbol{A}},$$

其中 λ_1 和 λ_n 分别是对称正定阵的最大和最小特征值，$\|\cdot\|_{\boldsymbol{A}}=\sqrt{(\boldsymbol{A}\cdot,\cdot)}$.

当 $\lambda_1\gg\lambda_n$ 时，$\frac{\lambda_1-\lambda_n}{\lambda_1+\lambda_n}\approx 1$，这时最速下降法收敛缓慢. 从几何图形上直观地来看，图 3.2 是最速下降法用于求解二元二次函数 $g(x)$ 的极小点时可能出现的情况. 图中的椭圆是函数 $g(x)$ 的等值线，x^* 是椭圆的中心. 由图 3.2 可以看出，椭圆的长短轴之比(相当于矩阵 $\boldsymbol{A}$ 的条件数)越大，"之"字效应越突出，收敛也就越慢.

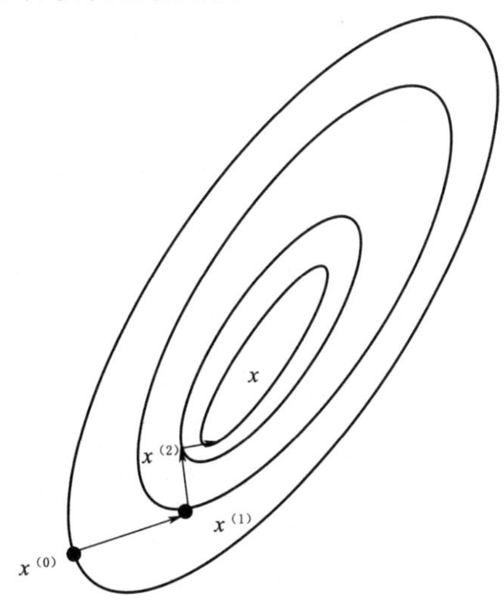

图　3.2

最速下降法思想简单直观，但是负梯度方向上函数下降"快"是局部性质，因此收敛速度慢. 将此方法稍加改进，可得到共轭梯度法(CG 方法). 共轭梯度法是求解系数矩阵对称正定的线性代数方程组的有力工具. 下面仅介绍共轭梯度法的基本思想.

假设$\{\boldsymbol{v}^{(0)},\boldsymbol{v}^{(1)},\cdots,\boldsymbol{v}^{(n-1)}\}$是使用的搜索方向，它们都是非零向量并满足$(\boldsymbol{A}\boldsymbol{v}^{(i)},\boldsymbol{v}^{(j)})=0$，$i\neq j$. 这样的一组向量称为"$\boldsymbol{A}$-共轭"或"$\boldsymbol{A}$-正交"，易证它们是线性无关的.

例 20 考虑对称正定阵

$$\boldsymbol{A}=\begin{pmatrix}4 & 3 & 0\\ 3 & 4 & -1\\ 0 & -1 & 4\end{pmatrix},$$

及向量组

$$\boldsymbol{v}^{(0)}=(1,0,0)^{\mathrm{T}},\quad \boldsymbol{v}^{(1)}=\left(-\frac{3}{4},1,0\right)^{\mathrm{T}},\quad \boldsymbol{v}^{(2)}=\left(-\frac{3}{7},\frac{4}{7},1\right)^{\mathrm{T}}.$$

易验证

$$(\boldsymbol{A}\boldsymbol{v}^{(0)},\boldsymbol{v}^{(1)})=(-3/4,1,0)\begin{pmatrix}4 & 3 & 0\\ 3 & 4 & -1\\ 0 & -1 & 4\end{pmatrix}\begin{pmatrix}1\\0\\0\end{pmatrix}=0;$$

$$(\boldsymbol{A}\boldsymbol{v}^{(0)},\boldsymbol{v}^{(2)})=(-3/7,4/7,1)\begin{pmatrix}4 & 3 & 0\\ 3 & 4 & -1\\ 0 & -1 & 4\end{pmatrix}\begin{pmatrix}1\\0\\0\end{pmatrix}=0;$$

$$(\boldsymbol{A}\boldsymbol{v}^{(1)},\boldsymbol{v}^{(2)})=(-3/7,4/7,1)\begin{pmatrix}4 & 3 & 0\\ 3 & 4 & -1\\ 0 & -1 & 4\end{pmatrix}\begin{pmatrix}-3/4\\1\\0\end{pmatrix}=0.$$

所以，向量组$\{\boldsymbol{v}^{(0)},\boldsymbol{v}^{(1)},\boldsymbol{v}^{(2)}\}$是$\boldsymbol{A}$-共轭的.

考虑线性方程组

$$\begin{pmatrix}4 & 3 & 0\\ 3 & 4 & -1\\ 0 & -1 & 4\end{pmatrix}x=\begin{pmatrix}24\\30\\-24\end{pmatrix},$$

它的解是$\boldsymbol{x}^*=(3,4,-5)^{\mathrm{T}}$. 取$\boldsymbol{x}^{(0)}=\boldsymbol{0}$，则$\boldsymbol{r}^{(0)}=\boldsymbol{b}-\boldsymbol{A}\boldsymbol{x}^{(0)}=(24,30,-24)^{\mathrm{T}}$，利用式(3.53)计算

$$t_0=\frac{(\boldsymbol{v}^{(0)},\boldsymbol{b}-\boldsymbol{A}\boldsymbol{x}^{(0)})}{(\boldsymbol{v}^{(0)},\boldsymbol{A}\boldsymbol{v}^{(0)})}=\frac{24}{4}=6,$$

得

$$\boldsymbol{x}^{(1)}=\boldsymbol{x}^{(0)}+t_0\boldsymbol{v}^{(0)}=(6,0,0)^{\mathrm{T}}.$$

进一步，

$$\boldsymbol{r}^{(1)}=\boldsymbol{b}-\boldsymbol{A}\boldsymbol{x}^{(1)}=(0,12,-24)^{\mathrm{T}},$$

$$t_1=\frac{(\boldsymbol{v}^{(1)},\boldsymbol{b}-\boldsymbol{A}\boldsymbol{x}^{(1)})}{(\boldsymbol{v}^{(1)},\boldsymbol{A}\boldsymbol{v}^{(1)})}=\frac{12}{7/4}=\frac{48}{7},$$

$$\boldsymbol{x}^{(2)}=\boldsymbol{x}^{(1)}+t_1\boldsymbol{v}^{(1)}=\left(\frac{6}{7},\frac{48}{7},0\right)^{\mathrm{T}}.$$

继续迭代，得

$$\boldsymbol{r}^{(2)}=\boldsymbol{b}-\boldsymbol{A}\boldsymbol{x}^{(2)}=\left(0,0,-\frac{120}{7}\right)^{\mathrm{T}},$$

$$t_2=\frac{(\boldsymbol{v}^{(2)},\boldsymbol{b}-\boldsymbol{A}\boldsymbol{x}^{(2)})}{(\boldsymbol{v}^{(2)},\boldsymbol{A}\boldsymbol{v}^{(2)})}=\frac{120/7}{24/7}=-5,$$

$$\boldsymbol{x}^{(3)}=\boldsymbol{x}^{(2)}+t_2\boldsymbol{v}^{(2)}=(3,4,-5)^{\mathrm{T}}.$$

注意：$\boldsymbol{x}^{(3)}$ 是方程组的精确解. 例 20 的现象是可以证明的.

定理 19　设 $\boldsymbol{x}^*$ 为线性方程组 $\boldsymbol{Ax}=\boldsymbol{b}$ 的解. 如果 $\{\boldsymbol{v}^{(0)},\boldsymbol{v}^{(1)},\cdots,\boldsymbol{v}^{(n-1)}\}$ 为 $\boldsymbol{A}$ -共轭向量组，则对任意的 $\boldsymbol{x}^{(0)}$，有

$$\boldsymbol{x}^{(k+1)}=\boldsymbol{x}^{(k)}+t_k\boldsymbol{v}^{(k)},\quad k=0,1,2,\cdots,n-1,$$

其中

$$t_k=\frac{(\boldsymbol{v}^{(k)},\boldsymbol{b}-\boldsymbol{Ax}^{(k)})}{(\boldsymbol{v}^{(k)},\boldsymbol{Av}^{(k)})}.$$

如果计算是精确的，则有 $\boldsymbol{Ax}^{(n)}=\boldsymbol{b}$.

我们知道，$\boldsymbol{A}$ -共轭或 $\boldsymbol{A}$ -正交的向量组是线性无关的. 对于任一组线性无关的向量组，可以用施密特正交化方法构造出 $\boldsymbol{A}$ -共轭的向量组.

下面给出共轭梯度法的计算公式.

任给初始向量 $\boldsymbol{x}^{(0)}$，计算剩余向量 $\boldsymbol{r}^{(0)}=\boldsymbol{b}-\boldsymbol{Ax}^{(0)}$，取 $\boldsymbol{v}^{(0)}=\boldsymbol{r}^{(0)}$，$k=0,1,2,3,\cdots$.

$$t_k=\frac{(\boldsymbol{r}^{(k)},\boldsymbol{v}^{(k)})}{(\boldsymbol{Av}^{(k)},\boldsymbol{v}^{(k)})},\quad \boldsymbol{x}^{(k+1)}=\boldsymbol{x}^{(k)}+t_k\boldsymbol{v}^{(k)},$$

$$\boldsymbol{r}^{(k+1)}=\boldsymbol{b}-\boldsymbol{Ax}^{(k+1)},$$

$$\beta_k=-\frac{(\boldsymbol{r}^{(k+1)},\boldsymbol{Av}^{(k)})}{(\boldsymbol{Av}^{(k)},\boldsymbol{v}^{(k)})},\quad \boldsymbol{v}^{(k+1)}=\boldsymbol{r}^{(k+1)}+\beta_k\boldsymbol{v}^{(k)}.$$

例 21　用共轭梯度法求解线性方程组

$$\begin{pmatrix}3&1\\1&2\end{pmatrix}\boldsymbol{x}=\begin{pmatrix}5\\5\end{pmatrix}$$

解　不难验证系数矩阵是对称正定的.

取 $\boldsymbol{x}^{(0)}=(0,0)^{\mathrm{T}}$ 计算

$$\boldsymbol{r}^{(0)}=\boldsymbol{b}-\boldsymbol{Ax}^{(0)}=(5,5)^{\mathrm{T}}=\boldsymbol{v}^{(0)},$$

$$t_0=\frac{(\boldsymbol{r}^{(0)},\boldsymbol{v}^{(0)})}{(\boldsymbol{Av}^{(0)},\boldsymbol{v}^{(0)})}=\frac{2}{7},\quad \boldsymbol{x}^{(1)}=\boldsymbol{x}^{(0)}+t_0\boldsymbol{v}^{(0)}=\left(\frac{10}{7},\frac{10}{7}\right)^{\mathrm{T}},$$

$$\boldsymbol{r}^{(1)}=\boldsymbol{b}-\boldsymbol{Ax}^{(1)}=\left(-\frac{5}{7},\frac{5}{7}\right)^{\mathrm{T}},\quad \beta_0=-\frac{(\boldsymbol{r}^{1},\boldsymbol{Av}^{(0)})}{(\boldsymbol{Av}^{(0)},\boldsymbol{v}^{(0)})}=\frac{1}{49},$$

$$\boldsymbol{v}^{(1)}=\boldsymbol{r}^{(1)}+\beta_0\boldsymbol{v}^{(1)}=\left(-\frac{30}{49},\frac{40}{49}\right)^{\mathrm{T}},$$

类似地计算得 $t_1=\dfrac{(\boldsymbol{r}^{(1)},\boldsymbol{v}^{(1)})}{(\boldsymbol{Av}^{(1)},\boldsymbol{v}^{(1)})}=\dfrac{7}{10}$，　$\boldsymbol{x}^{(2)}=(1,2)^{\mathrm{T}}$.

共轭梯度法最多 n 步可达到精确解，它是直接法. 但是，作为数值计算方法，由于舍入误差，当 n 很大时，实际计算步数远小于 n，即可达到精度要求，而不需要计算 n 步. 从这个意义上讲它是迭代法. 这个认识过程经历了 20 年.

对于共轭梯度法，我们直接给出下面的定理.

定理 20　设矩阵 $\boldsymbol{A}$ 对称正定，$\lambda_1\geqslant\lambda_2\geqslant\cdots\geqslant\lambda_n>0$ 为其特征值，则由共轭梯度法产生的点列 $\{\boldsymbol{x}^{(k)}\}$ 有如下误差估计：

$$\|\boldsymbol{x}^{(k)}-\boldsymbol{x}\|_{\boldsymbol{A}}\leqslant 2\left(\frac{\sqrt{\mathrm{cond}_2(\boldsymbol{A})}-1}{\sqrt{\mathrm{cond}_2(\boldsymbol{A})}+1}\right)^k\|\boldsymbol{x}^{(0)}-\boldsymbol{x}\|_{\boldsymbol{A}},\tag{3.54}$$

其中 $\boldsymbol{x}$ 为 $\boldsymbol{Ax}=\boldsymbol{b}$ 的解，$\|\boldsymbol{x}\|_{\boldsymbol{A}}=(\boldsymbol{Ax},\boldsymbol{x})^{\frac{1}{2}}$.

定理 20 说明,用共轭梯度法求解良态问题时收敛快.

素养提升

线性方程组的求解是数值计算方法中永恒的课题

线性方程组求解是一个古老而经典的问题,甚至可以说是数值计算中永恒的研究课题.

高斯消元法是一种古老的线性方程组求解方法. 高斯于 1810 年提出了简化二次型计算的公式,这是高斯消元法的雏形,经过一个多世纪的发展,人们给出了矩阵 LU 分解、Cholesky 分解等算法.

由于高斯消元法等直接解法是存在方法截断,所以研究高斯消元法求解线性方程组时的舍入误差成为一个重要的课题. 冯・诺依曼、图灵、豪斯霍尔德和威尔金森等都对此做出了贡献. 图灵提出了矩阵条件数的概念,威尔金森系统地分析了线性方程组直接解法中舍入误差的影响.

主元高斯消元法可以在一定程度上缓解舍入误差的传播,但在关于方法的稳定性问题上存在争论. 理论分析表明,部分主元方法可能是不稳定的,但大量实践表明它是有效的,甚至可以将其用于并行计算. 所以,部分主元方法已经被广泛用于科学和工程计算中,并经过实践检验其稳定性和有效性.

随着计算机的发展,科学计算的地位日益突出. 很多科学与工程问题的模型都是偏微分方程,对于偏微分方程的数值计算,最终通常会归结为线性方程组求解,数值模拟的规模不断增加,所求解的线性方程组的维数持续增长. 20 世纪 60 年代之前, 线性方程组数值解法主流是高斯消元法为代表的直接法,特别是针对稀疏问题的直接法研究直到 20 世纪 80 年代依旧十分活跃. 问题规模的持续增加,直接法无法满足要求,SOR 方法使得迭代法在历史上首次成为求解线性方程组实用的数值方法. 20 世纪 50 年代初,对称正定矩阵的共轭梯度法提出,由于理论上有限步终止,共轭梯度法最多 n 步可达到精确解, 故被视为是直接法,计算上没有表现出任何优势. 直到 1972 年共轭梯度法首次作为迭代法研究,特别是预处理的概念提出和有效的实施,使得共轭梯度法真正焕发了活力. 针对一般的非对称问题的 Krylov 子空间方法,在 20 世纪 80—90 年代有了实质性的进展,它们是求解大规模线性方程组的有效数值方法.

习　题

1. 分别用高斯消元法和列选主元高斯消元法解方程组(精确到小数点后四位):

$$\begin{cases} 0.2641x_1+0.1735x_2+0.8642x_3=-0.7521, \\ 0.9411x_1-0.0175x_2+0.1463x_3=-0.6310, \\ -0.8641x_1-0.4243x_2+0.0711x_3=-0.2501. \end{cases}$$

2. 分别用高斯消元法和列选主元高斯消元法解方程组(取十进制四位浮点数计算):

$$\begin{cases} 1.133x_1+5.281x_2=6.414, \\ 24.14x_1-1.210x_2=22.93. \end{cases}$$

3. 设矩阵 $\boldsymbol{A}=(a_{ij}^{(1)})_{i,j=1}^{n}$ 是对称正定阵,经高斯消元法一步后, 变为 $\begin{pmatrix} a_{11} & * \\ \boldsymbol{O} & \boldsymbol{A}^{(2)} \end{pmatrix}$,其中 $\boldsymbol{A}^{(2)}=(a_{ij}^{(2)})_{i,j=2}^{n}$,其元素为 $a_{ij}^{(2)}=a_{ij}^{(1)}-a_{i1}^{(1)}a_{1j}^{(1)}/a_{11}$, $i,j=2,3,\cdots,n$. 证明:$\boldsymbol{A}^{(2)}$ 是对称正定阵.

4. 证明：两个单位上(下)三角形矩阵的乘积仍为单位上(下)三角形矩阵.

5. 证明：单位上(下)三角形矩阵的逆矩阵仍为单位上(下)三角形矩阵；非奇异上(下)三角形矩阵的逆矩阵仍为非奇异的上(下)三角形矩阵.

6. 设 $\boldsymbol{A}=\begin{pmatrix}4 & 3\\ 2 & 1\end{pmatrix}$，作矩阵 $\boldsymbol{A}$ 的 $\boldsymbol{LU}$ 分解.

7. 用矩阵的三角分解求解下列线性代数方程组：

(1) $\begin{pmatrix}-2 & -2 & 3 & 5\\ 1 & 2 & 1 & -2\\ 2 & 5 & 3 & -2\\ 1 & 3 & 2 & 3\end{pmatrix}\begin{pmatrix}x_1\\ x_2\\ x_3\\ x_4\end{pmatrix}=\begin{pmatrix}-1\\ 4\\ 7\\ 0\end{pmatrix}$；

(2) $\begin{pmatrix}1 & 2 & 3 & 4\\ 1 & 4 & 9 & 16\\ 2 & 8 & 27 & 64\\ 1 & 16 & 81 & 256\end{pmatrix}\begin{pmatrix}x_1\\ x_2\\ x_3\\ x_4\end{pmatrix}=\begin{pmatrix}2\\ 10\\ 44\\ 190\end{pmatrix}$；

(3) $\begin{pmatrix}81 & -36 & 27 & -18\\ -36 & 116 & -62 & 68\\ 27 & -62 & 98 & -44\\ -18 & 68 & -44 & 90\end{pmatrix}\begin{pmatrix}x_1\\ x_2\\ x_3\\ x_4\end{pmatrix}=\begin{pmatrix}252\\ 148\\ 74\\ 134\end{pmatrix}$.

8. 用追赶法解线性代数方程组

$$\begin{pmatrix}2 & 1 & & \\ 1 & 3 & 1 & \\ & 1 & 1 & 1\\ & & 2 & 1\end{pmatrix}\boldsymbol{x}=\begin{pmatrix}3\\ 5\\ 3\\ 3\end{pmatrix}.$$

9. 作三对角阵 $\boldsymbol{A}$ 的 $\boldsymbol{LU}$ 分解，并给出求解以 $\boldsymbol{A}$ 为系数矩阵的线性方程组的算法.

10. 设 $\boldsymbol{A}=\begin{pmatrix}2 & -1 & & \\ -1 & 2 & -1 & \\ & -1 & 2 & -1\\ & & -1 & 2\end{pmatrix}$，试求 $\boldsymbol{A}$ 的乔列斯基分解.

11. 当矩阵 $\boldsymbol{A}$ 可逆时，设其逆矩阵由列向量 $\boldsymbol{x}^{(1)},\boldsymbol{x}^{(2)},\cdots,\boldsymbol{x}^{(n)}$ 组成，则有

$$\boldsymbol{A}\boldsymbol{x}^{(i)}=\boldsymbol{e}_i,\quad i=1,2,\cdots,n,$$

其中 $\boldsymbol{e}_i$ 为第 i 个分量为 1、其余分量全为零的单位列向量. 因此，矩阵求逆相当于求解一系列系数矩阵相同但右端向量不同的线性代数方程组. 因此求解时，可先对系数矩阵 $\boldsymbol{A}$ 进行三角分解(当 $\boldsymbol{A}$ 对称正定时，可采用乔列斯基分解)，然后求解 n 对三角形线性方程组. 试用此思想，求三阶希尔伯特矩阵

$$\boldsymbol{A}=\begin{pmatrix}1 & \frac{1}{2} & \frac{1}{3}\\ \frac{1}{2} & \frac{1}{3} & \frac{1}{4}\\ \frac{1}{3} & \frac{1}{4} & \frac{1}{5}\end{pmatrix}$$

的逆矩阵.

12. 设 $\boldsymbol{x}=(3,-1,2,-4)^{\mathrm{T}}$,求 $\|x\|_1$, $\|x\|_\infty$, $\|x\|_2$.

13. 证明向量范数的等价关系：

$$\frac{1}{n}\|\boldsymbol{x}\|_1\leqslant\|\boldsymbol{x}\|_\infty\leqslant\|\boldsymbol{x}\|_2\leqslant\|\boldsymbol{x}\|_1.$$

14. 证明:由

$$\|\boldsymbol{A}\|_p=\max_{\|\boldsymbol{x}\|\neq 0}\frac{\|\boldsymbol{Ax}\|_p}{\|x\|_p}$$

定义的 $\|\cdot\|_p$ 是 $\mathbf{R}^{n\times n}$ 中的范数,且满足 $\|\boldsymbol{Ax}\|_p\leqslant\|\boldsymbol{A}\|_p\|x\|_p$.

15. 证明：$\|\boldsymbol{A}\|_1=\max\limits_{1\leqslant j\leqslant n}\sum\limits_{i=1}^{n}|a_{ij}|$.

16. 分别求下列矩阵的 $\|\boldsymbol{A}\|_1$, $\|\boldsymbol{A}\|_\infty$, $\|\boldsymbol{A}\|_2$.

$$(1)\boldsymbol{A}=\begin{pmatrix}4&-3\\-1&6\end{pmatrix};\quad(2)\boldsymbol{A}=\begin{pmatrix}2&1\\-1&4\end{pmatrix};\quad(3)\boldsymbol{A}=\begin{pmatrix}1&1&1&1\\-1&1&-1&1\\-1&-1&1&1\\1&-1&-1&1\end{pmatrix}.$$

17. 设 $\boldsymbol{P}\in\mathbf{R}^{n\times n}$ 且非奇异,又设 $\|\boldsymbol{x}\|$ 为 $\mathbf{R}^n$ 上一向量范数,定义 $\|x\|_P=\|Px\|$. 证明：$\|x\|_P$ 是 $\mathbf{R}^n$ 上向量的一种范数.

18. 设 $\boldsymbol{A}\in\mathbf{R}^{n\times n}$ 对称正定,定义 $\|\boldsymbol{x}\|_A=(\boldsymbol{Ax},\boldsymbol{x})^{\frac{1}{2}}$,证明 $\|\boldsymbol{x}\|_A$ 是 $\mathbf{R}^n$ 上的一种向量范数.

19. 研究线性代数方程组

$$\begin{pmatrix}1.000&1.001\\1.000&1.000\end{pmatrix}\begin{pmatrix}x_1\\x_2\end{pmatrix}=\begin{pmatrix}2.001\\2.000\end{pmatrix}$$

的性态,并求其精确解. 设近似解 $\tilde{x}=\begin{bmatrix}2\\0\end{bmatrix}$,计算余量 $\boldsymbol{r}=\boldsymbol{b}-\boldsymbol{A}\tilde{x}$ 以及近似解的相对误差 $\dfrac{\tilde{\boldsymbol{x}}-\boldsymbol{x}}{\|\boldsymbol{x}\|}$.

20. 设 $\boldsymbol{A}=\begin{pmatrix}1&&&-1\\&1&&\\&&\ddots&\\&&&1\end{pmatrix}$,求 $\mathrm{cond}_\infty(\boldsymbol{A})$.

21. 设 $\boldsymbol{A}$ 非奇异,$k\neq 0$,$\boldsymbol{Q}$ 是正交阵. 证明:

(1) $\mathrm{cond}(k\boldsymbol{A})=\mathrm{cond}(\boldsymbol{A})$;

(2) $\mathrm{cond}_2(\boldsymbol{QA})=\mathrm{cond}_2(\boldsymbol{AQ})=\mathrm{cond}_2(\boldsymbol{A})$.

22. 求用雅可比迭代解下列线性方程组的两次迭代解(取初始向量 $\boldsymbol{x}^{(0)}=\boldsymbol{0}$).

$$(1)\begin{cases}3x_1-x_2+x_3=1,\\3x_1+6x_2+2x_3=0,\\3x_1+3x_2+7x_3=4;\end{cases}\qquad(2)\begin{cases}10x_1+5x_2=6,\\5x_1+10x_2-4x_3=25,\\-4x_2+8x_3-x_4=-11,\\-x_3+5x_4=-11.\end{cases}$$

23. 若要求精度 $\|\boldsymbol{x}^{(k)}-\boldsymbol{x}\|_\infty<10^{-3}$,仍用雅可比迭代求解第 22 题,至少需迭代多少次?

24. 求用高斯-赛德尔迭代求解第 22 题的两次迭代解(取初始向量 $\boldsymbol{x}^{(0)}=\boldsymbol{0}$).

25. 求用 SOR 迭代($\omega=1.1$)求解第 22 题的两次迭代解(取初始向量 $\boldsymbol{x}^{(0)}=\boldsymbol{0}$).

26. 设有线性代数方程组

$$\begin{cases} 2x_1 - x_2 + x_3 = -1, \\ 2x_1 + 2x_2 + 2x_3 = 4, \\ -x_1 - x_2 + 2x_3 = -5. \end{cases}$$

分别判断雅可比迭代和高斯-赛德尔迭代的收敛性.

27. 设矩阵 $\boldsymbol{A}=\begin{pmatrix} a_{11} & a_{12} \\ a_{21} & a_{22} \end{pmatrix}$ 为二阶矩阵，且 $a_{11}a_{12} \neq 0$. 证明雅可比迭代和高斯-赛德尔迭代同时收敛或发散.

28. 用迭代法 $\boldsymbol{x}^{(k+1)}=\boldsymbol{x}^{(k)}-\alpha(\boldsymbol{A}\boldsymbol{x}^{(k)}-\boldsymbol{b})$ 求解 $\boldsymbol{A}\boldsymbol{x}=\boldsymbol{b}$，其中

$$\boldsymbol{A}=\begin{pmatrix} 2 & 1 \\ 1 & 2 \end{pmatrix}.$$

求使得迭代收敛最快的 α.

29. 证明：矩阵 $\boldsymbol{A}=\begin{pmatrix} 1 & a & a \\ a & 1 & a \\ a & a & 1 \end{pmatrix}$ 对于 $-\frac{1}{2}<a<1$ 是正定的，而雅克比迭代只对 $-\frac{1}{2}<a<\frac{1}{2}$ 是收敛的.

30. 设线性方程组 $\boldsymbol{A}\boldsymbol{x}=\boldsymbol{b}$ 的系数矩阵为 $\boldsymbol{A}=\begin{pmatrix} a & 1 & 3 \\ 1 & a & 2 \\ -3 & 2 & a \end{pmatrix}$，试求能使雅可比迭代法收敛的 a 的取值范围.

31. 用块高斯-赛德尔迭代法求解 $\boldsymbol{A}\boldsymbol{x}=\boldsymbol{b}$，其中 $\boldsymbol{A}=\begin{pmatrix} 1 & 0 & -1/4 & -1/4 \\ 0 & 1 & -1/4 & -1/4 \\ -1/4 & -1/4 & 1 & 0 \\ -1/4 & -1/4 & 0 & 1 \end{pmatrix}$，$\boldsymbol{b}=\begin{pmatrix} 1 \\ 1 \\ 1 \\ 1 \end{pmatrix}$. 取初始向量 $\boldsymbol{x}^{(0)}=\boldsymbol{b}$，直到 $\|\boldsymbol{x}^{(k+1)}-\boldsymbol{x}^{(k)}\|_\infty<10^{-3}$.

32. 设 $\boldsymbol{A}$ 与 $\boldsymbol{B}$ 为 n 阶矩阵，$\boldsymbol{A}$ 非奇异，考虑解方程组 $\boldsymbol{A}\boldsymbol{z}_1+\boldsymbol{B}\boldsymbol{z}_2=\boldsymbol{b}_1$，$\boldsymbol{B}\boldsymbol{z}_1+\boldsymbol{A}\boldsymbol{z}_2=\boldsymbol{b}_2$，其中 $\boldsymbol{z}_1, \boldsymbol{z}_2, \boldsymbol{d}_1, \boldsymbol{d}_2 \in \mathbf{R}^n$.

(1) 找出下述迭代方法收敛的充要条件：$\boldsymbol{A}\boldsymbol{z}_1^{(m+1)}=\boldsymbol{b}_1-\boldsymbol{B}\boldsymbol{z}_2^{(m)}$，$\boldsymbol{A}\boldsymbol{z}_2^{(m+1)}=\boldsymbol{b}_2-\boldsymbol{B}\boldsymbol{z}_1^{(m)}$ $(m \geqslant 0)$；

(2) 找出下述迭代方法收敛的充要条件：$\boldsymbol{A}\boldsymbol{z}_1^{(m+1)}=\boldsymbol{b}_1-\boldsymbol{B}\boldsymbol{z}_2^{(m)}$，$\boldsymbol{A}\boldsymbol{z}_2^{(m+1)}=\boldsymbol{b}_2-\boldsymbol{B}\boldsymbol{z}_1^{(m+1)}$ $(m \geqslant 0)$；

并比较两个方法的收敛速度.

上 机 实 验

1. 求解线性方程组 $\begin{pmatrix} 4 & 2.4 & 2 & 3 \\ 2.4 & 5.44 & 4 & 5.8 \\ 2 & 4 & 5.21 & 7.45 \\ 3 & 5.8 & 7.45 & 19.66 \end{pmatrix}\begin{pmatrix} x_1 \\ x_2 \\ x_3 \\ x_4 \end{pmatrix}=\begin{pmatrix} 12.280 \\ 16.928 \\ 22.957 \\ 50.945 \end{pmatrix}$.

2. 计算希尔伯特矩阵

$$\boldsymbol{H}_n = \begin{pmatrix} 1 & \frac{1}{2} & \frac{1}{3} & \cdots & \frac{1}{n} \\ \frac{1}{2} & \frac{1}{3} & \frac{1}{4} & \cdots & \frac{1}{n+1} \\ \vdots & \vdots & \vdots & & \vdots \\ \frac{1}{n} & \frac{1}{n+1} & \frac{1}{n+2} & \cdots & \frac{1}{2n-1} \end{pmatrix} \quad (n = 3,4,\cdots,15)$$

的条件数、自行事先给定解再定出右端向量 $\boldsymbol{b}$，考虑 $\boldsymbol{H}_n\boldsymbol{x}=\boldsymbol{b}$，用直接三角分解法计算，看计算结果如何. 用雅可比迭代和高斯-赛德尔迭代，看结果如何.

3. 设有线性方程组

$$\boldsymbol{Ax} = \boldsymbol{b}, \quad \boldsymbol{A} \in \mathbf{R}^{20\times20},$$

$$\boldsymbol{A} = \begin{pmatrix} 3 & -0.5 & -0.25 & & & & \\ -0.5 & 3 & -0.5 & -0.25 & & & \\ -0.25 & -0.5 & 3 & -0.5 & -0.25 & & \\ & \ddots & \ddots & \ddots & \ddots & \ddots & \\ & & -0.25 & -0.5 & 3 & -0.5 & -0.25 \\ & & & -0.25 & -0.5 & 3 & -0.5 \\ & & & & -0.25 & -0.5 & 3 \end{pmatrix}$$

(1)选取不同的初始向量 $\boldsymbol{x}^{(0)}$ 和不同的右端向量 $\boldsymbol{b}$，给定迭代误差要求，用雅可比迭代法和高斯-赛德尔迭代法计算，观测得出迭代向量序列是否均收敛？若收敛，记录迭代次数，分析计算结果，得出你的结论.

(2)推广三对角阵的追赶法解五对角阵的线性方程组并计算，分析其工作量.

4. 将周期三对角阵 $\boldsymbol{A}$ 分解为 $\boldsymbol{LU}$，写出算法，分析工作量，并编写程序，用所编写的程序解下列方程组，上机计算数值解.

$$\boldsymbol{A} = \begin{pmatrix} -19 & 7 & & & 11 \\ 11 & -19 & 7 & & \\ & \ddots & \ddots & \ddots & \\ & & 11 & -19 & 7 \\ 7 & & & 11 & -19 \end{pmatrix}_{8\times8}, \quad \boldsymbol{b} = \begin{pmatrix} 0 \\ 1.1 \\ \vdots \\ 1.1 \\ 1 \end{pmatrix}_{8\times1}.$$

5. 用 SOR 法解方程组

$$\begin{pmatrix} 5 & -1 & -1 & -1 & -1 \\ -1 & 5 & -1 & -1 & -1 \\ -1 & -1 & 5 & -1 & -1 \\ -1 & -1 & -1 & 5 & -1 \\ -1 & -1 & -1 & -1 & 5 \end{pmatrix}\boldsymbol{x} = \begin{pmatrix} 1 \\ 1 \\ 1 \\ 1 \\ 1 \end{pmatrix},$$

取不同的松弛因子，要求 $\| \boldsymbol{x}^{(k+1)} - \boldsymbol{x}^{(k)} \|_\infty < 10^{-6}$，记录迭代次数，得出最佳松弛因子.

6. 解下列三个方程组，分析计算的结果.

(1) $\boldsymbol{A}=\begin{pmatrix}10&7&8&7\\7&5&6&5\\8&6&10&9\\7&5&9&10\end{pmatrix}$, $\quad \boldsymbol{b}=\begin{pmatrix}32\\23\\33\\31\end{pmatrix}$;

(2) $\boldsymbol{A}=\begin{pmatrix}10&7&8&7\\7&5&6&5\\8&6&10&9\\7&5&9&10\end{pmatrix}$, $\quad \widetilde{\boldsymbol{b}}=\begin{pmatrix}32.01\\22.99\\33.01\\30.99\end{pmatrix}$;

(3) $\widetilde{\boldsymbol{A}}=\begin{pmatrix}10&7&8.1&7.2\\7.08&5.04&6&5\\8&5.98&9.89&9\\6.99&5&9&9.98\end{pmatrix}$, $\quad \boldsymbol{b}=\begin{pmatrix}32\\23\\33\\31\end{pmatrix}$.

7. 设方程组

$$\begin{pmatrix}2&3\\3&5\end{pmatrix}\boldsymbol{x}=\begin{pmatrix}7\\11\end{pmatrix},$$

(1)用最速下降法解方程组,取 $\boldsymbol{x}^{(0)}=(0,0)^{\mathrm{T}}$,计算到 $\boldsymbol{x}^{(4)}$;

(2)用共轭梯度法解方程组,取 $\boldsymbol{x}^{(0)}=(0,0)^{\mathrm{T}}$.

8. 考虑泊松方程边值问题

$$\begin{cases}\dfrac{\partial^2 u}{\partial x^2}+\dfrac{\partial^2 u}{\partial y^2}=(x^2+y^2)\mathrm{e}^{xy}, & (x,y)\in D=(0,1)\times(0,1),\\ u(0,y)=1, \quad u(1,y)=\mathrm{e}^y, & 0\leqslant y\leqslant 1,\\ u(x,0)=1, \quad u(x,1)=\mathrm{e}^x, & 0\leqslant x\leqslant 1.\end{cases}$$

其精确解是 $u=\mathrm{e}^{xy}$.

(1)用 $N=10$ 的正方形网格离散化,得到 $n=100$ 的线性方程组. 列出五点差分格式的线性方程组;

(2)用雅可比迭代法和 SOR 迭代法($\omega=1,1.25,1.50,1.75$),迭代初值 $\boldsymbol{x}^{(0)}=\boldsymbol{0}$. 计算到 $\|\boldsymbol{u}^{(k+1)}-\boldsymbol{u}^{(k)}\|_\infty<10^{-5}$ 停止,输出计算结果.

(3)用共轭梯度法求解,与(2)的结果比较.

9. 桁架是由刚性杆通过节点连接而成的力学结构,它通常出现在桥梁和其他需要力学支撑的结构中. 在桁架的某些节点上施加负荷力,各个刚性杆上将分配到一定的应力. 要进行桁架的应力分析,可考虑在静力平衡的条件下,每个节点处的水平合力和竖直合力均为零. 假设有一平面桁架结构如图 3.3 所示,该结构共有 13 条杆(图中标号的线段),由八个铰接点(图中标号的圈)连接在一起,杆的端部可以自由转动. 上述结构的 1 号铰接点完全固定,8 号铰接点竖直方向固定,并在 2 号、5 号

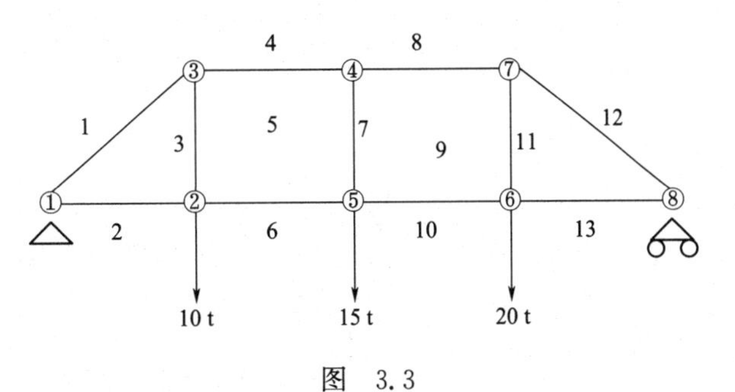

图 3.3

和 6 号铰接点上，分别有如图所示的 10 t、15 t 和 20 t 的负载. 在静平衡的条件下，任何一个铰接点上水平和竖直方向受力都是平衡的，依此计算每个梁的受力情况. 列出方程组，用所学方法进行计算，并分析数值计算结果.

附　注

附注 1

定理 1（向量范数连续性定理）　设 $\|\cdot\|$ 是向量空间 $\mathbf{R}^n$ 中的一种范数，则 $\|\boldsymbol{x}\|$ 是关于 $\boldsymbol{x}$ 的分量 $x_1, x_2, \cdots, x_n$ 的连续函数.

证　对任何 $\boldsymbol{x}=(x_1,x_2,\cdots,x_n)^{\mathrm{T}}$，$\boldsymbol{y}=(y_1,y_2,\cdots,y_n)^{\mathrm{T}}$. 注意到

$$\boldsymbol{x}=\sum_{i=1}^{n} x_i\boldsymbol{e}_i,\quad \boldsymbol{y}=\sum_{i=1}^{n} y_i\boldsymbol{e}_i,$$

其中 $\boldsymbol{e}_i$ 为 $\mathbf{R}^n$ 中第 i 个分量为 1、其余分量全为零的单位向量. 由向量范数的定义有

$$\begin{aligned}\big|\,\|\boldsymbol{x}\|-\|\boldsymbol{y}\|\,\big| &\leqslant \|\boldsymbol{x}-\boldsymbol{y}\| \\ &= \left\|\sum_{i=1}^{n}(x_i-y_i)\boldsymbol{e}_i\right\| \\ &\leqslant \sum_{i=1}^{n}|x_i-y_i|\cdot\|\boldsymbol{e}_i\| \\ &\leqslant \max_{1\leqslant i\leqslant n}\|\boldsymbol{e}_i\|\sum_{i=1}^{n}|x_i-y_i|.\end{aligned}$$

因此，如果 $y_i\to x_i$，$i=1,2,\cdots,n$，则 $\|\boldsymbol{y}\|\to\|\boldsymbol{x}\|$.

附注 2

定理 2（有限维向量空间的范数等价性定理）　设 $\|\cdot\|$ 和 $\|\cdot\|'$ 为向量空间 $\mathbf{R}^n$ 中的两种范数，则存在正常数 c 和 C，使得下面不等式成立：

$$c\|\boldsymbol{x}\|'\leqslant\|\boldsymbol{x}\|\leqslant C\|\boldsymbol{x}\|',\quad \forall\,\boldsymbol{x}\in\mathbf{R}^n.$$

证　只需证明 $\mathbf{R}^n$ 中的任何范数 $\|\cdot\|$ 与 2-范数 $\|\cdot\|_2$ 等价. 考虑单位球面

$$S_2=\{\boldsymbol{x}\in\mathbf{R}^n:\ \|\boldsymbol{x}\|_2=1\}.$$

S_2 是 $\mathbf{R}^n$ 中的有界闭集. 由定理 1，连续函数 $\|\boldsymbol{x}\|$ 在有界闭集 S_2 上达到最大值 C 和最小值 c 显然 $C\geqslant c>0$. 于是对任何 $\boldsymbol{x}\in\mathbf{R}^n$，$\boldsymbol{x}\neq 0$，由于 $\dfrac{\boldsymbol{x}}{\|\boldsymbol{x}\|_2}\in S_2$，故

$$c\leqslant\left\|\frac{\boldsymbol{x}}{\|\boldsymbol{x}\|_2}\right\|\leqslant C,$$

即

$$c\|\boldsymbol{x}\|_2\leqslant\|\boldsymbol{x}\|\leqslant C\|\boldsymbol{x}\|_2.$$

当 $\boldsymbol{x}=\boldsymbol{0}$ 时，上式显然成立.

附注 3

定理 3　设 $\boldsymbol{A}\in\mathbf{R}^{n\times n}$，

(1) $\|\boldsymbol{A}\|_\infty=\max\limits_{1\leqslant i\leqslant n}\sum\limits_{j=1}^{n}|a_{ij}|$（称为 $\boldsymbol{A}$ 的行范数或行和范数）；

(2) $\|\boldsymbol{A}\|_1=\max\limits_{1\leqslant j\leqslant n}\sum\limits_{i=1}^{n}|a_{ij}|$（称为 $\boldsymbol{A}$ 的列范数或列和范数）；

(3) $\|A\|_2=\sqrt{\lambda_{\max}(A^TA)}$，其中 $\lambda_{\max}(A^TA)$ 为矩阵 A^TA 的最大特征值(称为 A 的 2-范数或谱范数).

证　先证明(1). 对任何 $\|x\|_\infty=1$，由于 $|x_i|\leqslant 1, i=1,2,\cdots,n$，故

$$\|Ax\|_\infty=\max_{1\leqslant i\leqslant n}\sum_{j=1}^n|a_{ij}x_j|=\max_{1\leqslant i\leqslant n}\sum_{j=1}^n|a_{ij}|\cdot|x_j|$$
$$\leqslant\max_{1\leqslant i\leqslant n}\sum_{j=1}^n|a_{ij}|.$$

因此

$$\|A\|_\infty\leqslant\max_{1\leqslant i\leqslant n}\sum_{j=1}^n|a_{ij}|. \tag{3.55}$$

设指标 i_0 满足

$$\sum_{j=1}^n|a_{i_0j}|=\max_{1\leqslant i\leqslant n}\sum_{j=1}^n|a_{ij}|.$$

定义 $x^*=(x_1^*,x_2^*,\cdots,x_n^*)^T$ 如下：

$$x_j^*=\begin{cases}1, & a_{i_0j}\geqslant 0;\\ -1, & a_{i_0j}<0.\end{cases}$$

显然，$\|x^*\|_\infty=1$，而且 Ax^* 的第 i_0 个分量为

$$(Ax^*)_{i_0}=\sum_{j=1}^n a_{i_0j}x_j^*=\sum_{j=1}^n|a_{i_0j}|=\max_{1\leqslant i\leqslant n}\sum_{j=1}^n|a_{ij}|.$$

从而

$$\|Ax^*\|_\infty\geqslant(Ax^*)_{i_0}=\max_{1\leqslant i\leqslant n}\sum_{j=1}^n|a_{ij}|,$$

即成立

$$\|A\|_\infty=\max_{\|x\|_\infty=1}\|Ax\|_\infty\geqslant\|Ax^*\|_\infty\geqslant\max_{1\leqslant i\leqslant n}\sum_{j=1}^n|a_{ij}|. \tag{3.56}$$

由式(3.55)和式(3.56)知(1)成立.

(2)可类似证明.

下面只证明(3). 由于 A^TA 对称半正定，故存在正交矩阵 Q(即 $Q^TQ=I$)，使得

$$A^TA=Q^TDQ,$$

其中 $D=\operatorname{diag}(\lambda_1,\lambda_2,\cdots,\lambda_n)$，而 $\lambda_1,\lambda_2,\cdots,\lambda_n\geqslant 0$ 为矩阵 A^TA 的特征值. 令

$$\lambda_{i_0}=\max_{1\leqslant i\leqslant n}\lambda_i=\rho(A^TA).$$

由于

$$\|Ax\|_2^2=(Ax)^TAx=x^TA^TAx=(Qx)^TD(Qx).$$

以及

$$\|Qx\|_2=\sqrt{(Qx)^T(Qx)}=\sqrt{x^TQ^TQx}=\sqrt{x^Tx}=\|x\|_2,$$

可得

$$\|A\|_2^2=\max_{\|x\|_2=1}\|Ax\|_2^2=\max_{\|Qx\|_2=1}(Qx)^TD(Qx)$$

$$= \max_{\|\boldsymbol{y}\|_2=1} \boldsymbol{y}^{\mathrm{T}} \boldsymbol{D} \boldsymbol{y} = \max_{\|\boldsymbol{y}\|_2=1} \sum_{i=1}^{n} |\lambda_i| y_i^2$$

$$\leqslant \max_{1\leqslant i\leqslant n} |\lambda_i| \max_{\|\boldsymbol{y}\|_2=1} \sum_{i=1}^{n} y_i^2 = \max_{1\leqslant i\leqslant n} |\lambda_i| = \rho(\mathbf{A}^{\mathrm{T}}\mathbf{A}),$$

即

$$\|\mathbf{A}\|_2 \leqslant \sqrt{\rho(\mathbf{A}^{\mathrm{T}}\mathbf{A})}.$$

特别取 $\boldsymbol{x}^*$ 为矩阵 $\mathbf{A}^{\mathrm{T}}\mathbf{A}$ 的属于特征值 λ_{i_0} 的单位特征向量，即 $\mathbf{A}^{\mathrm{T}}\mathbf{A}\boldsymbol{x}^* = \lambda_{i_0}\boldsymbol{x}^*$，$\|\boldsymbol{x}^*\|_2=1$，则有

$$\|\mathbf{A}\boldsymbol{x}^*\|_2^2 = (\boldsymbol{x}^*)^{\mathrm{T}}\mathbf{A}^{\mathrm{T}}\mathbf{A}\boldsymbol{x}^* = \lambda_{i_0}(\boldsymbol{x}^*)^{\mathrm{T}}\boldsymbol{x}^*$$

$$= \lambda_{i_0}\|\boldsymbol{x}^*\|_2^2 = \lambda_{i_0} = \rho(\mathbf{A}^{\mathrm{T}}\mathbf{A}),$$

即

$$\|\mathbf{A}\|_2 = \max_{\|\boldsymbol{x}\|_2=1} \|\mathbf{A}\boldsymbol{x}\|_2 \geqslant \|\mathbf{A}\boldsymbol{x}^*\|_2 = \sqrt{\rho(\mathbf{A}^{\mathrm{T}}\mathbf{A})}.$$

附注 4

定理 5 对任何 $\varepsilon>0$，存在与某向量范数相容的矩阵范数 $\|\cdot\|_\varepsilon$，使得

$$\|\mathbf{A}\|_\varepsilon \leqslant \rho(\mathbf{A})+\varepsilon.$$

证 设 $\mathbf{A}=\boldsymbol{QJQ}^{-1}$，其中 $\boldsymbol{Q}$ 为正交矩阵，$\boldsymbol{J}$ 为矩阵 $\mathbf{A}$ 的约当(Jordan)标准形，即

$$\boldsymbol{J} = \begin{pmatrix} \boldsymbol{J}_1 & & & \\ & \boldsymbol{J}_2 & & \\ & & \ddots & \\ & & & \boldsymbol{J}_m \end{pmatrix},$$

其中

$$\boldsymbol{J}_i = \begin{pmatrix} \lambda_i & 1 & & & \\ & \lambda_i & 1 & & \\ & & \ddots & \ddots & \\ & & & \lambda_i & 1 \\ & & & & \lambda_i \end{pmatrix} \in \mathbf{R}^{n_i}, \quad i=1,2,\cdots,m,$$

且 $\sum_{i=1}^{m} n_i = n$. 对任何 $\varepsilon>0$，令

$$\boldsymbol{U}_i = \begin{pmatrix} 1 & & & \\ & \varepsilon & & \\ & & \ddots & \\ & & & \varepsilon^{n_i-1} \end{pmatrix}, \quad i=1,2,\cdots,m, \quad \boldsymbol{U} = \begin{pmatrix} \boldsymbol{U}_1 & & & \\ & \boldsymbol{U}_2 & & \\ & & \ddots & \\ & & & \boldsymbol{U}_m \end{pmatrix}.$$

则

$$\boldsymbol{U}_i^{-1}\boldsymbol{J}_i\boldsymbol{U}_i = \begin{pmatrix} \lambda_i & \varepsilon & & & \\ & \lambda_i & \varepsilon & & \\ & & \ddots & \ddots & \\ & & & \lambda_i & \varepsilon \\ & & & & \lambda_i \end{pmatrix} = \widetilde{\boldsymbol{J}}_i, \quad i=1,2,\cdots,m,$$

且

$$U^{-1}JU = \begin{pmatrix} \widetilde{J}_1 & & & \\ & \widetilde{J}_2 & & \\ & & \ddots & \\ & & & \widetilde{J}_m \end{pmatrix} = \widetilde{J}.$$

定义 $T=QU$,则

$$T^{-1}AT = U^{-1}Q^{-1}QJQ^{-1}QU = U^{-1}JU = \widetilde{J}.$$

从而

$$\| T^{-1}AT \|_{\infty} = \| \widetilde{J} \|_{\infty} \max_{1\leqslant i\leqslant m}(|\lambda_i|+\varepsilon) = \rho(A)+\varepsilon.$$

可以证明,$\| A \|_{\varepsilon} \triangleq \| T^{-1}AT \|_{\infty}$定义了 $\mathbf{R}^{n\times n}$中的一种范数且与向量范数 $\| x \| \triangleq \| T^{-1}x \|_{\infty}$相容. 定理因而得证.

第4章 矩阵特征值的计算

4.1 引　　言

向量空间的线性变换与矩阵是相互对应的，而线性变换只有通过矩阵的特征值才会得以深刻的理解. 矩阵特征值问题在实际中很常见，科学和工程技术中很多问题在数学上归结为求矩阵特征值问题.

例 1 考虑如图 4.1 所示的弹性系统的振动模型. 它由垂直悬挂的 n 段弹簧和 n 个物体构成，在重力和弹力的作用下，在垂直方向做振动. 我们的问题是求系统中每个物体的位移.

设第 i 个物体的质量为 m_i，第 i 段弹簧的弹性系数是 k_i，并假定在 t 时刻第 i 个物体的位移为 $u_i(t)$. 按照力学的有关理论可导出系统的运动方程为

$$\boldsymbol{u}'' = \boldsymbol{A}\boldsymbol{u}, \tag{4.1}$$

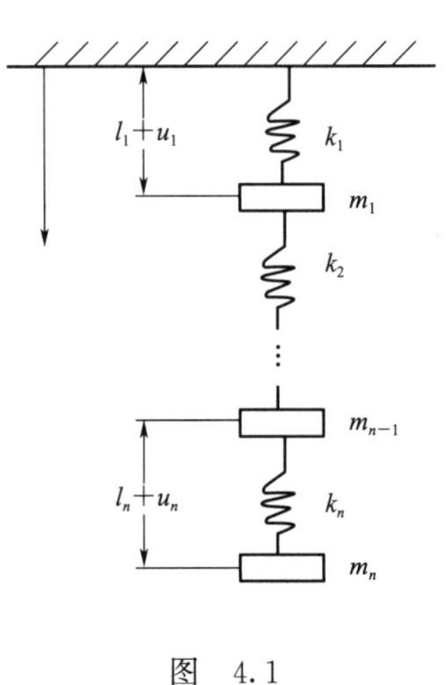

图 4.1

其中 $\boldsymbol{u}=(u_1,u_2,\cdots,u_n)^{\mathrm{T}}, \boldsymbol{u}''=\left(\frac{\mathrm{d}^2u_1}{\mathrm{d}t^2},\frac{\mathrm{d}^2u_2}{\mathrm{d}t^2},\cdots,\frac{\mathrm{d}^2u_n}{\mathrm{d}t^2}\right)^{\mathrm{T}}$,

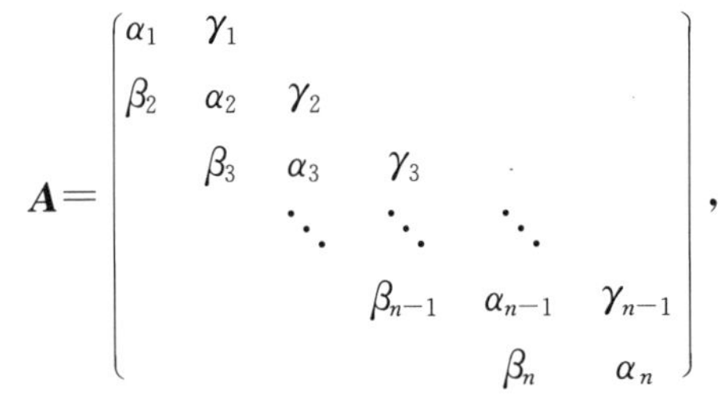

$$\boldsymbol{A}=\begin{pmatrix} \alpha_1 & \gamma_1 & & & & \\ \beta_2 & \alpha_2 & \gamma_2 & & & \\ & \beta_3 & \alpha_3 & \gamma_3 & & \\ & & \ddots & \ddots & \ddots & \\ & & & \beta_{n-1} & \alpha_{n-1} & \gamma_{n-1} \\ & & & & \beta_n & \alpha_n \end{pmatrix},$$

$$\alpha_i=-\left(\frac{k_{i+1}}{m_i}+\frac{k_i}{m_i}\right)(k_{n+1}=0),\quad \beta_i=\frac{k_i}{m_i},\quad \gamma_i=\frac{k_{i+1}}{m_i}.$$

如果试求上述方程(4.1)的形如 $\boldsymbol{u}=\boldsymbol{u}_0\sin\lambda t$ 的解，其中

$$\boldsymbol{u}_0=(u_1^{(0)},u_2^{(0)},\cdots,u_n^{(0)})^{\mathrm{T}}\in\mathbf{R}^n$$

为不依赖于 t 的常向量，则代入方程(4.1)有

$$-(\lambda^2\sin\lambda t)\boldsymbol{u}_0=(\sin\lambda t)\boldsymbol{A}\boldsymbol{u}_0,$$

即 $-\lambda^2,\boldsymbol{u}_0$ 应满足

$$\boldsymbol{A}\boldsymbol{u}_0=-\lambda^2\boldsymbol{u}_0. \tag{4.2}$$

于是，求系统中每个物体位移的问题就转化为求 $\boldsymbol{A}$ 的特征值 $-\lambda^2$ 和特征向量 $\boldsymbol{u}_0$ 的问题，这里的 λ 在物理上称为系统的固有频率.

振动问题的研究是特征值问题的一个丰富来源. 另外，在信息和图像压缩领域中，例如人的面部图像识别、互联网中的搜索引擎的核心技术通过网页级别(PageRank)对几百亿个网页

进行重要性分析等,特征值问题都有重要的应用.

在线性代数中,矩阵特征值理论上通过解 $\det(\lambda \boldsymbol{I}-\boldsymbol{A})=0$ 得到.注意到这是一个关于 λ 的 n 次多项式,阿贝尔定理指出,次数大于等于 5 次的多项式不存在显式的求根公式.另外,即使矩阵是实矩阵,它的特征值也有可能是复根.在信息和图像压缩领域中的矩阵是超大规模的,用特征方程求根的方法计算特征值是不切实际的,有必要研究特征值问题的数值解法.本章主要介绍两类方法:一类是基于迭代的幂法及反幂法;另一类是基于正交变换的 QR 算法.

4.2　幂法与反幂法

4.2.1　幂法

幂法是一种计算矩阵主特征值(按模最大的特征值)及对应特征向量的迭代方法,适用于大型稀疏矩阵.

设矩阵 $\boldsymbol{A}=(a_{ij})_{n\times n}$有 n 个线性无关的特征向量,其特征值为 $\lambda_1,\lambda_2,\cdots,\lambda_n$,相应的特征向量为 $\boldsymbol{x}_1,\boldsymbol{x}_2,\cdots,\boldsymbol{x}_n$. 设 $\boldsymbol{A}$ 的主特征值是实根,且$|\lambda_1|>|\lambda_2|\geqslant\cdots\geqslant|\lambda_n|$.

任取一非零的初始向量 $\boldsymbol{v}^{(0)}$,构造一向量序列

$$\begin{cases}\boldsymbol{v}^{(1)}=\boldsymbol{A}\boldsymbol{v}^{(0)},\\ \boldsymbol{v}^{(2)}=\boldsymbol{A}\boldsymbol{v}^{(1)}=\boldsymbol{A}^2\boldsymbol{v}^{(0)},\\ \quad\cdots\cdots\\ \boldsymbol{v}^{(i+1)}=\boldsymbol{A}\boldsymbol{v}^{(i)}=\boldsymbol{A}^{i+1}\boldsymbol{v}^{(0)},\\ \quad\cdots\cdots\end{cases}$$

称为迭代向量.由假设知(不妨设 $k_1\neq0$,事实上,如果 $k_1=0$,我们可以重新选择 $\boldsymbol{v}^{(0)}$)

$$\begin{aligned}\boldsymbol{v}^{(i)}&=\boldsymbol{A}^i\boldsymbol{v}_0=k_1\boldsymbol{A}^i\boldsymbol{x}_1+k_2\boldsymbol{A}^i\boldsymbol{x}_2+\cdots+k_n\boldsymbol{A}^i\boldsymbol{x}_n\\ &=k_1\lambda_1^i\boldsymbol{x}_1+k_2\lambda_2^i\boldsymbol{x}_2+\cdots+k_n\lambda_n^i\boldsymbol{x}_n\\ &=\lambda_1^i\left[k_1\boldsymbol{x}_1+k_2\left(\frac{\lambda_2}{\lambda_1}\right)^i\boldsymbol{x}_2+\cdots+k_n\left(\frac{\lambda_n}{\lambda_1}\right)^i\boldsymbol{x}_n\right],\end{aligned}$$

$$\lim_{i\to\infty}\frac{\boldsymbol{v}^{(i)}}{\lambda_1^i}=\lim_{i\to\infty}\left[k_1\boldsymbol{x}_1+k_2\left(\frac{\lambda_2}{\lambda_1}\right)^i\boldsymbol{x}_2+\cdots+k_n\left(\frac{\lambda_n}{\lambda_1}\right)^i\boldsymbol{x}_n\right]=k_1\boldsymbol{x}_1,\tag{4.3}$$

这说明当 i 充分大时,迭代向量 $\boldsymbol{v}^{(i)}$ 为 λ_1 的特征向量的近似.

再注意到

$$\boldsymbol{v}^{(i+1)}=\lambda_1^{i+1}\left[k_1\boldsymbol{x}_1+k_2\left(\frac{\lambda_2}{\lambda_1}\right)^{i+1}\boldsymbol{x}_2+\cdots+k_n\left(\frac{\lambda_n}{\lambda_1}\right)^{i+1}\boldsymbol{x}_n\right],$$

记向量 $\boldsymbol{v}^{(i+1)}$ 的第 k 个分量为$(\boldsymbol{v}^{(i+1)})_k$,考察相邻两次迭代向量的相应的分量之比

$$\frac{(\boldsymbol{v}^{(i+1)})_k}{(\boldsymbol{v}^{(i)})_k}=\lambda_1\frac{k_1(\boldsymbol{x}_1)_k+k_2\left(\frac{\lambda_2}{\lambda_1}\right)^{i+1}(\boldsymbol{x}_2)_k+\cdots+k_n\left(\frac{\lambda_n}{\lambda_1}\right)^{i+1}(\boldsymbol{x}_n)_k}{k_1(\boldsymbol{x}_1)_k+k_2\left(\frac{\lambda_2}{\lambda_1}\right)^i(\boldsymbol{x}_2)_k+\cdots+k_n\left(\frac{\lambda_n}{\lambda_1}\right)^i(\boldsymbol{x}_n)_k}.\tag{4.4}$$

由式(4.4)可以知道，两相邻迭代向量的分量之比收敛到主特征值 λ_1. 这就是由初始向量 $\boldsymbol{v}^{(0)}$，经过矩阵 $\boldsymbol{A}$ 的乘幂构造向量序列 $\{\boldsymbol{v}^{(i)}\}$，进而计算矩阵 $\boldsymbol{A}$ 的主特征值及相应特征向量的方法，称为幂法.

由上述分析过程可知，迭代收敛的快慢，由比值 $r=\left|\frac{\lambda_2}{\lambda_1}\right|$ 确定，r 越小收敛速度越快，但当 $r=\left|\frac{\lambda_2}{\lambda_1}\right|\approx 1$ 时，收敛可能很慢. 应用幂法计算时，如果 $|\lambda_1|>1$ 或 $|\lambda_1|<1$ 迭代向量可能会出现上溢或下溢. 为了克服这个缺陷，每次迭代后将迭代向量规范化处理为单位的向量.

设向量 $\boldsymbol{v}\neq\boldsymbol{0}$，令 $\boldsymbol{u}=\frac{\boldsymbol{v}}{\max(\boldsymbol{v})}$，$\max(\boldsymbol{v})$ 是向量 $\boldsymbol{v}$ 的模最大的分量. 于是有 $\|\boldsymbol{u}\|_\infty=1$，称 $\boldsymbol{u}$ 是 $\boldsymbol{v}$ 规范化后的向量. 例如，$\boldsymbol{v}=(1,2,-3)^{\mathrm{T}}$，$\max(\boldsymbol{v})=-3$，$\boldsymbol{u}=\left(-\frac{1}{3},-\frac{2}{3},1\right)^{\mathrm{T}}$.

幂法可以这样进行：任取一非零的单位初始向量 $\boldsymbol{v}^{(0)}=\boldsymbol{u}^{(0)}$，构造

$$\begin{cases}\boldsymbol{v}^{(1)}=\boldsymbol{A}\boldsymbol{u}^{(0)},\boldsymbol{u}^{(1)}=\dfrac{\boldsymbol{v}^{(1)}}{\max(\boldsymbol{v}^{(1)})},\\ \boldsymbol{v}^{(2)}=\boldsymbol{A}\boldsymbol{u}^{(1)},\boldsymbol{u}^{(2)}=\dfrac{\boldsymbol{v}^{(2)}}{\max(\boldsymbol{v}^{(2)})},\\ \quad\cdots\cdots\\ \boldsymbol{v}^{(i+1)}=\boldsymbol{A}\boldsymbol{u}^{(i)},\boldsymbol{u}^{(i+1)}=\dfrac{\boldsymbol{v}^{(i+1)}}{\max(\boldsymbol{v}^{(i+1)})},\\ \quad\cdots\cdots\end{cases}$$

易证得

$$\lim_{i\to\infty}\boldsymbol{u}^{(i)}=\frac{\boldsymbol{x}_1}{\max(\boldsymbol{x}_1)},$$
$$\lim_{i\to\infty}\max(\boldsymbol{v}^{(i)})=\lambda_1.$$

例 2 已知矩阵 $\boldsymbol{A}=\begin{pmatrix}1.5 & 0.5\\ 0.5 & 1.5\end{pmatrix}$，$\boldsymbol{v}^{(0)}=(0,1)^{\mathrm{T}}$，直接的幂法计算结果见表 4.1.

表 4.1

i	$\boldsymbol{v}^{(i)}$	分量比	
0	$(0,1)^{\mathrm{T}}$		
1	$(0.5,1.5)^{\mathrm{T}}$	0.5	1.5
2	$(1.5,2.5)^{\mathrm{T}}$	3	1.666 666 667
3	$(3.5,4.5)^{\mathrm{T}}$	2.333 333 333	1.8
5	$(15.5,16.5)^{\mathrm{T}}$	2.066 666 667	1.941 176 471
10	$(511.5,512.5)^{\mathrm{T}}$	2.001 956 947	1.998 050 682
15	$(16\ 383.5,16\ 384.5)^{\mathrm{T}}$	2.000 061 039	1.999 938 969
20	$(524\ 287.5,524\ 288.5)^{\mathrm{T}}$	2.000 001 907	1.999 998 093

不难看出，直接的幂法导致迭代向量上溢. 采用规范化处理后的幂法计算结果见表 4.2.

表　4.2

i	$v^{(i)}$	$\max(v^{(i)})$	$u^{(i)}$
0	$(0,1)^T$	1	$(0,1)^T$
1	$(0.5,1.5)^T$	1.5	$(0.333\,333\,333\,3,1)^T$
2	$(1.0,1.666\,666\,667)^T$	1.666 666 667	$(0.6,1)^T$
3	$(1.4,1.8)^T$	1.8	$(0.777\,777\,777\,8,1)^T$
4	$(1.666\,666\,667,1.888\,888\,889)^T$	1.888 888 889	$(0.882\,352\,941\,2,1)^T$
5	$(1.823\,529\,412,1.941\,176\,471)^T$	1.941 176 471	$(0.939\,393\,939\,4,1)^T$
6	$(1.909\,090\,909,1.969\,696\,970)^T$	1.969 696 970	$(0.969\,230\,769\,2,1)^T$
7	$(1.953\,846\,154,1.984\,615\,385)^T$	1.984 615 385	$(0.984\,496\,124\,0,1)^T$
8	$(1.976\,744\,186,1.992\,248\,062)^T$	1.992 248 062	$(0.992\,217\,898\,8,1)^T$
9	$(1.988\,326\,848,1.996\,108\,949)^T$	1.996 108 949	$(0.996\,101\,364\,5,1)^T$
10	$(1.994\,152\,047,1.998\,050\,682)^T$	1.998 050 682	$(0.998\,048\,780\,5,1)^T$
15	$(1.999\,816\,906,1.999\,938\,969)^T$	1.999 938 969	$(0.999\,938\,966\,7,1)^T$
20	$(1.999\,994\,278,1.999\,998\,093)^T$	1.999 998 093	$(0.999\,998\,092\,7,1)^T$

上述计算有直观的几何意义，如图 4.2 所示.

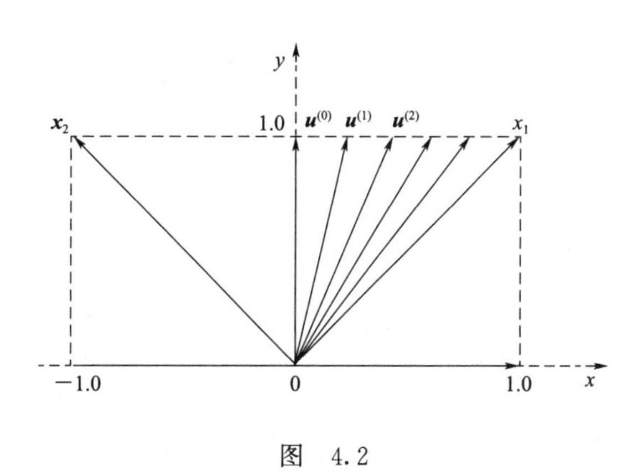

图　4.2

4.2.2　反幂法

假设 A 的特征值 $|\lambda_1| \geqslant |\lambda_2| \geqslant \cdots > |\lambda_n|$，则 A^{-1} 的特征值 $\left|\frac{1}{\lambda_n}\right| > \left|\frac{1}{\lambda_{n-1}}\right| \geqslant \cdots \geqslant \left|\frac{1}{\lambda_1}\right|$. 对 A^{-1} 应用幂法迭代(称为反幂法)可求得矩阵 A^{-1} 的主特征值，从而求得 A 的按模最小的特征值. 反幂法的迭代公式如下：

任取一非零的单位的初始向量 $v^{(0)}=u^{(0)}$，构造向量序列

$$\begin{cases} v^{(i+1)} = A^{-1}u^{(i)}, \\ u^{(i+1)} = \dfrac{v^{(i+1)}}{\max(v^{(i+1)})}, \end{cases} \quad i=0,1,2,\cdots. \tag{4.5}$$

向量 $v^{(i+1)}=A^{-1}u^{(i)}$ 可通过解线性方程组 $Av^{(i+1)}=u^{(i)}$ 求得.

由反幂法构造的向量序列满足

$$\lim_{i\to\infty}\boldsymbol{u}^{(i)}=\frac{\boldsymbol{x}_n}{\max(\boldsymbol{x}_n)},\quad \lim_{i\to\infty}\max(\boldsymbol{v}^{(i)})=1/\lambda_n. \tag{4.6}$$

例 3 利用反幂法计算例 1 中矩阵的按模最小的特征值，计算结果见表 4.3.

表 4.3

i	$\boldsymbol{v}^{(i)}$	$\max(\boldsymbol{v}^{(i)})$	$\boldsymbol{u}^{(i)}$
0	$(0,1)^{\mathrm{T}}$	1	$(0,1)^{\mathrm{T}}$
1	$(-0.25,0.75)^{\mathrm{T}}$	0.75	$(-0.333\,333\,333\,3,1)^{\mathrm{T}}$
2	$(-0.5,0.833\,333\,333\,3)^{\mathrm{T}}$	0.833 333 333 3	$(-0.6,1)^{\mathrm{T}}$
3	$(-0.7,0.9)^{\mathrm{T}}$	0.9	$(-0.777\,777\,777\,8,1)^{\mathrm{T}}$
4	$(-0.833\,333\,333\,3,0.944\,444\,444\,4)^{\mathrm{T}}$	0.944 444 444 4	$(-0.882\,352\,941\,2,1)^{\mathrm{T}}$
5	$(-0.911\,764\,705\,9,0.970\,588\,235\,3)^{\mathrm{T}}$	0.970 588 235 3	$(-0.939\,393\,939\,4,1)^{\mathrm{T}}$
6	$(-0.954\,545\,454\,5,0.984\,848\,484\,8)^{\mathrm{T}}$	0.984 848 484 8	$(-0.969\,230\,769\,2,1)^{\mathrm{T}}$
7	$(-0.976\,923\,076\,9,0.992\,307\,692\,3)^{\mathrm{T}}$	0.992 307 692 3	$(-0.984\,496\,124\,0,1)^{\mathrm{T}}$
8	$(-0.988\,372\,093\,0,0.996\,124\,031\,0)^{\mathrm{T}}$	0.996 124 031 0	$(-0.992\,217\,898\,8,1)^{\mathrm{T}}$
9	$(-0.994\,163\,424\,1,0.998\,054\,474\,7)^{\mathrm{T}}$	0.998 054 474 7	$(-0.996\,101\,364\,5,1)^{\mathrm{T}}$
10	$(-0.997\,076\,023\,4,0.999\,025\,341\,1)^{\mathrm{T}}$	0.999 025 341 1	$(-0.998\,048\,780\,5,1)^{\mathrm{T}}$
15	$(-0.999\,908\,452\,9,0.999\,969\,484\,3)^{\mathrm{T}}$	0.999 969 484 3	$(-0.999\,938\,966\,7,1)^{\mathrm{T}}$
20	$(-0.999\,997\,139\,0,0.999\,999\,046\,3)^{\mathrm{T}}$	0.999 999 046 3	$(-0.999\,998\,092\,7,1)^{\mathrm{T}}$

4.3 正交变换与 QR 分解

正交变换是计算矩阵特征值的有力工具，本节介绍豪斯霍尔德(Householder)变换和吉文斯(Givens)变换，并利用它们作矩阵的 QR 分解.

4.3.1 豪斯霍尔德变换和吉文斯变换

定义 1 设向量 $\boldsymbol{u}\in\mathbf{R}^n$，$\|\boldsymbol{u}\|_2=1$，称矩阵

$$\boldsymbol{H}=\boldsymbol{I}-2\boldsymbol{u}\boldsymbol{u}^{\mathrm{T}}$$

为豪斯霍尔德矩阵，也称豪斯霍尔德变换.

豪斯霍尔德变换有直观的几何意义，如图 4.3 所示.

以 $\boldsymbol{u}$ 为法向量且过原点的超平面 $S:\boldsymbol{u}^{\mathrm{T}}\boldsymbol{x}=0$.

任意向量 $\boldsymbol{v}\in\mathbf{R}^n$，$\boldsymbol{v}=\boldsymbol{x}+\boldsymbol{y}$，$\boldsymbol{x}\in S$，$\boldsymbol{y}\in S^{\perp}$，

$$\boldsymbol{Hv}=\boldsymbol{H}(\boldsymbol{x}+\boldsymbol{y})=\boldsymbol{Hx}+\boldsymbol{Hy}=\boldsymbol{x}-\boldsymbol{y}.$$

$\boldsymbol{Hv}$ 是 $\boldsymbol{v}$ 关于超平面 S 的镜面反射. 因此，豪斯霍尔德矩阵也称为初等反射矩阵或初等反射变换.

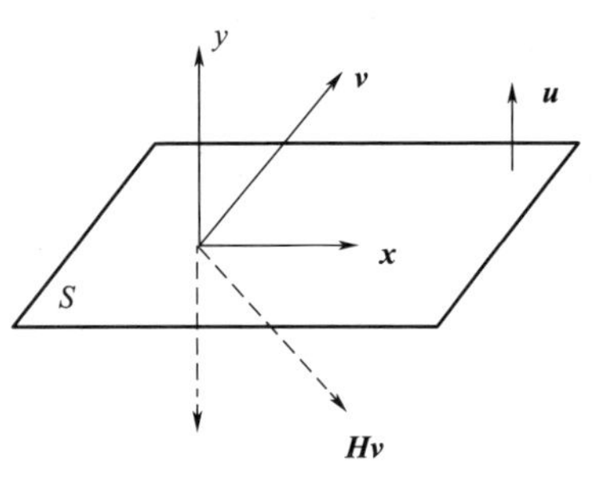

图 4.3

易知，豪斯霍尔德矩阵有如下性质：

(1)$\boldsymbol{H}^{\mathrm{T}}=\boldsymbol{H}$;

(2) $\boldsymbol{H}^{-1}=\boldsymbol{H}^{\mathrm{T}}$

(3) $\begin{pmatrix}\boldsymbol{I}_{r\times r} & \\ & \boldsymbol{H}_{n\times n}\end{pmatrix}$ 是 $n+r$ 阶的豪斯霍尔德矩阵.

豪斯霍尔德矩阵在计算上的意义是它能用来约化矩阵. 利用它的几何意义，可以选择 $\boldsymbol{H}$ 将一个非零的向量变换为 $\boldsymbol{Hx}$，达到改变向量方向的目的，如与某个已知的向量共线. 为此，给出下面的定理.

定理 1　设 $\boldsymbol{x},\boldsymbol{y}$ 为两个不相等的非零 n 维向量，$\|\boldsymbol{x}\|_2=\|\boldsymbol{y}\|_2$，则存在一个初等反射矩阵 $\boldsymbol{H}$，使 $\boldsymbol{Hx}$ 与 $\boldsymbol{y}$ 共线.

证　令

$$\boldsymbol{u}=\frac{\boldsymbol{x}-\boldsymbol{y}}{\|\boldsymbol{x}-\boldsymbol{y}\|_2} \tag{4.7}$$

则

$$\boldsymbol{H}=\boldsymbol{I}-2\boldsymbol{u}\boldsymbol{u}^{\mathrm{T}}=\boldsymbol{I}-2\,\frac{(\boldsymbol{x}-\boldsymbol{y})(\boldsymbol{x}-\boldsymbol{y})^{\mathrm{T}}}{\|\boldsymbol{x}-\boldsymbol{y}\|_2^2},$$

$$\boldsymbol{Hx}=(\boldsymbol{I}-2\boldsymbol{u}\boldsymbol{u}^{\mathrm{T}})\boldsymbol{x}=\boldsymbol{x}-2\,\frac{(\boldsymbol{x}-\boldsymbol{y})(\boldsymbol{x}-\boldsymbol{y})^{\mathrm{T}}\boldsymbol{x}}{\|\boldsymbol{x}-\boldsymbol{y}\|_2^2}=\boldsymbol{x}-2\,\frac{(\boldsymbol{x}-\boldsymbol{y})^{\mathrm{T}}\boldsymbol{x}(\boldsymbol{x}-\boldsymbol{y})}{\|\boldsymbol{x}-\boldsymbol{y}\|_2^2},$$

注意到

$$\|\boldsymbol{x}-\boldsymbol{y}\|_2^2=(\boldsymbol{x}-\boldsymbol{y})^{\mathrm{T}}(\boldsymbol{x}-\boldsymbol{y})=2(\boldsymbol{x}^{\mathrm{T}}\boldsymbol{x}-\boldsymbol{y}^{\mathrm{T}}\boldsymbol{x}),$$

化简整理得

$$\boldsymbol{Hx}=\boldsymbol{y}(\boldsymbol{Hx}\text{ 与 }\boldsymbol{y}\text{ 同方向}).$$

若令

$$\boldsymbol{u}=\frac{\boldsymbol{x}+\boldsymbol{y}}{\|\boldsymbol{x}+\boldsymbol{y}\|_2} \tag{4.8}$$

则

$$\boldsymbol{Hx}=-\boldsymbol{y}(\boldsymbol{Hx}\text{ 与 }\boldsymbol{y}\text{ 反方向}).$$

例 4　设 $\boldsymbol{x}=(1,2,2)^{\mathrm{T}}$ 用豪斯霍尔德变换使 $\boldsymbol{Hx}$ 与 $\boldsymbol{e}_1$ 同方向.

解　计算 $\|\boldsymbol{x}\|_2=3$，利用式(4.7)，可取

$$\boldsymbol{u}=\frac{\boldsymbol{x}-3\boldsymbol{e}_1}{\|\boldsymbol{x}-3\boldsymbol{e}_1\|_2}=\frac{1}{\sqrt{3}}(-1,1,1)^{\mathrm{T}},$$

于是，$\boldsymbol{H}=\boldsymbol{I}-2\boldsymbol{u}\boldsymbol{u}^{\mathrm{T}}=\frac{1}{3}\begin{pmatrix}1 & 2 & 2\\ 2 & 1 & -2\\ 2 & -2 & 1\end{pmatrix}$，使得 $\boldsymbol{Hx}=3\boldsymbol{e}_1$.

对于任意的非零向量 $\boldsymbol{x}\in\mathbf{R}^n$ 构造豪斯霍尔德变换 $\boldsymbol{H}$，将 $\boldsymbol{x}$ 的后 $n-1$ 个分量变为零，可按如下步骤构造 $\boldsymbol{u}$：

(1) 计算 $\boldsymbol{v}=\boldsymbol{x}\pm\|\boldsymbol{x}\|_2\boldsymbol{e}_1$；

(2) 计算 $\boldsymbol{u}=\dfrac{\boldsymbol{v}}{\|\boldsymbol{v}\|_2}$.

在实际计算中，如果 $\boldsymbol{x}$ 是一个和接近 $\boldsymbol{e}_1$ 的向量，为了避免计算 $\boldsymbol{u}=\dfrac{\boldsymbol{v}}{\|\boldsymbol{v}\|_2}$ 时产生较大误差，需要考虑 $\|\boldsymbol{x}\|_2$ 前面正负号的选取，即应取

$$\boldsymbol{v}=\boldsymbol{x}+\operatorname{sgn}(\xi_1)\|\boldsymbol{x}\|_2\boldsymbol{e}_1,$$

ξ_1 表示 $\boldsymbol{x}$ 的第一个分量.

这样选取的 $\boldsymbol{v}$ 可使豪斯霍尔德变换 $\boldsymbol{H}$ 具有良好的正交性. 另外,由于

$$\boldsymbol{H}=\boldsymbol{I}-2\boldsymbol{u}\boldsymbol{u}^{\mathrm{T}}=\boldsymbol{I}-2\frac{\boldsymbol{v}\boldsymbol{v}^{\mathrm{T}}}{\|\boldsymbol{v}\|_2^2}=\boldsymbol{I}-\frac{2}{\|\boldsymbol{v}\|_2^2}\boldsymbol{v}\boldsymbol{v}^{\mathrm{T}},$$

实际计算时也不需明确地将 $\boldsymbol{v}$ 单位化,只需将 $\boldsymbol{v}$ 和 $2/\|\boldsymbol{v}\|_2^2$(即 $2/\boldsymbol{v}^{\mathrm{T}}\boldsymbol{v}$)求出即可.

定义 2 $\mathbf{R}^n$ 中变换 $\boldsymbol{y}=\boldsymbol{G}_{pq}\boldsymbol{x}$,其中

$$\boldsymbol{G}_{pq}=\begin{pmatrix}1 & & & & & & & & \\ & \ddots & & & & & & & \\ & & 1 & & & & & & \\ & & & \cos\theta & & \cdots & & \sin\theta & & \\ & & & & 1 & & & & \\ & & & \vdots & & \ddots & & \vdots & \\ & & & & & & 1 & & \\ & & & -\sin\theta & & \cdots & & \cos\theta & \\ & & & & & & & & 1 \\ & & & & & & & & & \ddots \\ & & & & & & & & & & 1\end{pmatrix}\begin{matrix} \\ \\ \\ (p) \\ \\ \\ \\ (q) \\ \\ \\ \\ \end{matrix} \tag{4.9}$$

称为吉文斯变换,$\boldsymbol{G}_{pq}$ 称为吉文斯矩阵或平面旋转矩阵.

特殊地,

$$\boldsymbol{y}=\begin{pmatrix}\cos\theta & \sin\theta\\ -\sin\theta & \cos\theta\end{pmatrix}\boldsymbol{x}$$

是平面上向量的一个旋转变换,使向量 $\boldsymbol{x}$ 顺时针旋转 θ 角度变为向量 $\boldsymbol{y}$.

易知,吉文斯矩阵有如下性质:

(1)$\boldsymbol{G}^{\mathrm{T}}=-\boldsymbol{G}$;

(2)$\boldsymbol{G}^{-1}=\boldsymbol{G}^{\mathrm{T}}$;

(3)$\boldsymbol{G}_{pq}$ 左乘向量 $\boldsymbol{x}$,只需计算第 p 和 q 个分量,其余分量不变;

(4)$\boldsymbol{G}_{pq}$ 左乘矩阵 $\boldsymbol{A}$,只需计算第 p 和 q 行的元素,其余元素不变.

吉文斯矩阵在计算上可用来约化矩阵. 如可以选择一系列的吉文斯变换将一个非零的向量变换为与 $\boldsymbol{e}_1$ 共线. 为此,给出下面的定理.

定理 2 设 $\boldsymbol{x}$ 为非零的 n 维向量,则存在一系列的吉文斯矩阵 $\boldsymbol{G}_{12},\boldsymbol{G}_{13},\cdots,\boldsymbol{G}_{1n}$ 使

$$\boldsymbol{G}_{1n}\cdots\boldsymbol{G}_{13}\boldsymbol{G}_{12}\boldsymbol{x}=\|\boldsymbol{x}\|_2\boldsymbol{e}_1.$$

证 设 $\boldsymbol{x}=(x_1,x_2,\cdots,x_n)^{\mathrm{T}}$,令 $\theta=\arctan\dfrac{x_2}{x_1}$,于是

$$\cos\theta=\frac{x_1}{\sqrt{|x_1|^2+|x_2|^2}},\quad \sin\theta=\frac{x_2}{\sqrt{|x_1|^2+|x_2|^2}},$$

得到

$$G_{12}=\begin{pmatrix} \dfrac{x_1}{\sqrt{|x_1|^2+|x_1|^2}} & \dfrac{x_2}{\sqrt{|x_1|^2+|x_1|^2}} & & & \\ \dfrac{-x_2}{\sqrt{|x_1|^2+|x_1|^2}} & \dfrac{x_1}{\sqrt{|x_1|^2+|x_1|^2}} & & & \\ & & 1 & & \\ & & & \ddots & \\ & & & & 1 \end{pmatrix},$$

使 $\boldsymbol{G}_{12}\boldsymbol{x}=(\sqrt{|x_1|^2+|x_2|^2},0,x_3,\cdots,x_n)^{\mathrm{T}}$，

对 $\boldsymbol{G}_{12}\boldsymbol{x}$，又存在 $\boldsymbol{G}_{13}$，使

$$\boldsymbol{G}_{13}\boldsymbol{G}_{12}x=(\sqrt{|x_1|^2+|x_2|^2+|x_3|^2},0,0,x_4,\cdots,x_n)^{\mathrm{T}},$$

如此继续下去，最后得

$$\boldsymbol{G}_{1n}\cdots\boldsymbol{G}_{13}\boldsymbol{G}_{12}\boldsymbol{x}=(\sqrt{|x_1|^2+|x_2|^2+\cdots+|x_n|^2},0,0,\cdots,0)^{\mathrm{T}}=\|\boldsymbol{x}\|_2\boldsymbol{e}_1.$$

例 5　设用吉文斯变换化 $\boldsymbol{x}=(1,2,2)^{\mathrm{T}}$ 与 $\boldsymbol{e}_1$ 同方向.

解　取 $\theta=\arctan 2$，则 $c=\dfrac{1}{\sqrt{5}}$，$s=\dfrac{2}{\sqrt{5}}$得吉文斯矩阵

$$\boldsymbol{G}_{12}=\begin{pmatrix} \dfrac{1}{\sqrt{5}} & \dfrac{2}{\sqrt{5}} & 0 \\ \dfrac{-2}{\sqrt{5}} & \dfrac{1}{\sqrt{5}} & 0 \\ 0 & 0 & 1 \end{pmatrix},$$

则

$$\boldsymbol{G}_{12}\boldsymbol{x}=(\sqrt{5},0,2)^{\mathrm{T}}.$$

再取 $c=\dfrac{\sqrt{5}}{3}$，$s=\dfrac{2}{3}$，得吉文斯矩阵

$$\boldsymbol{G}_{13}=\begin{pmatrix} \dfrac{\sqrt{5}}{3} & 0 & \dfrac{2}{3} \\ 0 & 1 & 0 \\ -\dfrac{2}{3} & 0 & \dfrac{\sqrt{5}}{3} \end{pmatrix},$$

则

$$\boldsymbol{G}_{13}\boldsymbol{G}_{12}\boldsymbol{x}=(3,0,0)^{\mathrm{T}}=3\boldsymbol{e}_1.$$

素养提升

深厚的数学基础和丰富的研究经历是科学研究或创新的关键

阿尔斯通·豪斯霍尔德(Alston Scott Householder，1904—1993)是美国艺术和科学院院士，应用数学家、生物学家、数值计算专家. 早年在美国西北大学和 Cornell 大学学习数学，后在几所大学讲授并研究泛函分析. 20 世纪 30 年代中期他的研究兴趣转向应用领域，特别是生物数学，取得了重要的研究成果. 1946 年他进入美国 Oak Ridge 国家实验室数学部，他的研究兴趣转向数值计算(或称数值分析). 由于计算机的兴起，该学科显然非

常重要.当时大量的研究课题迫切要求更有效地求解线性代数方程组和矩阵特征值问题.事实上,他深厚的数学基础和丰富的研究经历是他成功的关键.20世纪50年代初算法的发展很快,但算法内在性质的研究很少.豪斯霍尔德从矩阵分解的角度分析,发现当时很多算法都是相同或者等价的,这为该学科的发展打下了基础.矩阵分解就是将一般的矩阵分解为特殊矩阵(如三角矩阵、正交矩阵)的乘积,这也使得特殊矩阵在数值计算中十分重要.在矩阵特征值计算中的豪斯霍尔德变换,就是一个典型的特殊矩阵,它对称而且正交.

此外豪斯霍尔德还是系统使用"范数"作为数值方法分析理论工具的先驱者.范数将贯穿数值分析的始终,算法性质的讨论离不开范数.

豪斯霍尔德从基础数学到数值计算上的重大成就,离不开他坚实的理论基础!其实,做科研、做创新都需要扎实的理论功底.

4.3.2 QR 分解

定义 3 设 $\boldsymbol{A}\in\mathbf{R}^{n\times n}$ 如果存在正交阵 $\boldsymbol{Q}$ 和 n 阶上三角阵 $\boldsymbol{R}$,使得

$$\boldsymbol{A}=\boldsymbol{QR}, \tag{4.10}$$

称式(4.10)为 $\boldsymbol{A}$ 的 QR 分解或正交-三角分解.

定理 3 设 $\boldsymbol{A}\in\mathbf{R}^{n\times n}$ 为可逆的矩阵,则 $\boldsymbol{A}$ 存在 QR 分解.

证 法 1 利用豪斯霍尔德变换.将 $\boldsymbol{A}$ 按列分块为 $\boldsymbol{A}=[\boldsymbol{\alpha}_1,\boldsymbol{\alpha}_2,\cdots,\boldsymbol{\alpha}_n]\in\mathbf{R}^{n\times n}$ 则存在 n 阶豪斯霍尔德矩阵 $\boldsymbol{H}_1$,使得 $\boldsymbol{H}_1\boldsymbol{\alpha}_1=a_1\boldsymbol{e}_1$ 于是

$$\boldsymbol{H}_1\boldsymbol{A}=\boldsymbol{H}_1(\boldsymbol{\alpha}_1,\boldsymbol{\alpha}_2,\cdots,\boldsymbol{\alpha}_n)=\begin{pmatrix} a_1 & * \\ 0 & \boldsymbol{B}_{n-1}\end{pmatrix},$$

其中 $\boldsymbol{B}_{n-1}$ 是 $n-1$ 阶矩阵.再将 $\boldsymbol{B}_{n-1}$ 按列分块为 $\boldsymbol{B}_{n-1}=(\boldsymbol{\beta}_2,\boldsymbol{\beta}_3,\cdots,\boldsymbol{\beta}_n)$,则存在 $n-1$ 阶豪斯霍尔德矩阵 $\widetilde{\boldsymbol{H}}_2$,使得 $\widetilde{\boldsymbol{H}}_2\boldsymbol{\beta}_2=a_2\boldsymbol{e}_1,\boldsymbol{e}_1\in\mathbf{R}^{n-1}$.记

$$\boldsymbol{H}_2=\begin{pmatrix} 1 & \\ & \widetilde{\boldsymbol{H}}_2\end{pmatrix},$$

$\boldsymbol{H}_2$ 是 n 阶豪斯霍尔德矩阵,且有

$$\boldsymbol{H}_2\boldsymbol{H}_1\boldsymbol{A}=\boldsymbol{H}_2\begin{pmatrix} a_1 & * \\ 0 & B_{n-1}\end{pmatrix}=\begin{pmatrix} 1 & 0 \\ 0 & \widetilde{\boldsymbol{H}}_2\end{pmatrix}\begin{pmatrix} a_1 & * \\ 0 & \boldsymbol{B}_{n-1}\end{pmatrix}=\begin{bmatrix} a_1 & * & * \\ 0 & a_2 & * \\ 0 & 0 & \boldsymbol{C}_{n-2}\end{bmatrix},$$

其中 $\boldsymbol{C}_{n-2}$ 是 $n-2$ 阶矩阵.继续下去,即可得到

$$\boldsymbol{H}_{n-1}\cdots\boldsymbol{H}_2\boldsymbol{H}_1\boldsymbol{A}=\begin{bmatrix} a_1 & & & * \\ & a_2 & & \\ & & \ddots & \\ & & & a_n\end{bmatrix}=\boldsymbol{R}.$$

记 $\boldsymbol{Q}=\boldsymbol{H}_1\boldsymbol{H}_2\cdots\boldsymbol{H}_{n-1}$,则 $\boldsymbol{A}=\boldsymbol{QR}$,$\boldsymbol{Q}$ 是正交阵,$\boldsymbol{R}$ 是上三角阵.

法 2 利用吉文斯变换.将 A 按列分块为 $\boldsymbol{A}=(\boldsymbol{\alpha}_1,\boldsymbol{\alpha}_2,\cdots,\boldsymbol{\alpha}_n)\in\mathbf{R}^{n\times n}$ 则存在 n 阶吉文斯矩阵 $\boldsymbol{G}_{12},\boldsymbol{G}_{13},\cdots,\boldsymbol{G}_{1n}$,使

$$G_{1n}\cdots G_{13}G_{12}\boldsymbol{\alpha}_1 = \|\boldsymbol{\alpha}_1\|_2 \boldsymbol{e}_1.$$

于是

$$G_{1n}\cdots G_{13}G_{12}A = \begin{pmatrix} \|\boldsymbol{\alpha}_1\|_2 \boldsymbol{e}_1 & * & \cdots & * \\ & 0 & \boldsymbol{\beta}_2 & \cdots & \boldsymbol{\beta}_n \end{pmatrix}, \quad \boldsymbol{\beta}_i \in \mathbf{R}^{n-1}, i = 2,3,\cdots,n.$$

对其第二列，又存在 n 阶吉文斯矩阵 $G_{23}, G_{24}, \cdots, G_{2n}$，使

$$G_{2n}\cdots G_{24}G_{23}\begin{pmatrix} * \\ \boldsymbol{\beta}_2 \end{pmatrix} = \begin{pmatrix} * \\ \|\boldsymbol{\beta}_2\| \boldsymbol{e}_1 \end{pmatrix}, \quad \boldsymbol{e}_1 \in \mathbf{R}^{n-1}.$$

从而

$$(G_{2n}\cdots G_{24}G_{23})(G_{1n}\cdots G_{13}G_{12})A = \begin{pmatrix} \|\boldsymbol{\alpha}_1\|_2 & * & * \\ & \|\boldsymbol{\beta}_2\|_2 & * \\ & & \boldsymbol{\gamma}_3 \quad \cdots \quad \boldsymbol{\gamma}_n \end{pmatrix}, \quad \boldsymbol{\gamma}_i \in \mathbf{R}^{n-2}, i = 3,\cdots,n.$$

如此下去，最后可得

$$G_{n-1,n}\cdots(G_{2n}\cdots G_{24}G_{23})(G_{1n}\cdots G_{13}G_{12})A = R.$$

记 $Q = G_{12}^{\mathrm{T}} G_{13}^{\mathrm{T}} \cdots G_{n-1,n}^{\mathrm{T}}$，则 $A = QR$，Q 是正交阵，R 是上三角阵.

证明的过程给出了用豪斯霍尔德变换和吉文斯变换求 QR 分解的方法.

例 6　已知矩阵 $A = \begin{pmatrix} 0 & 4 & 1 \\ 3 & 2 & 5 \\ 0 & 3 & 2 \end{pmatrix}$，求 A 的 QR 分解.

解　**法 1**　利用豪斯霍尔德变换.

令 $\boldsymbol{\alpha}_1 = (0,3,0)^{\mathrm{T}}$，$\|\boldsymbol{\alpha}_1\|_2 = 3$，取 $\boldsymbol{u}_1 = \dfrac{\boldsymbol{\alpha}_1 - 3\boldsymbol{e}_1}{\|\boldsymbol{\alpha}_1 - 3\boldsymbol{e}_1\|_2} = \dfrac{1}{\sqrt{2}}(-1,1,0)^{\mathrm{T}}$，

于是

$$H_1 = I - 2\boldsymbol{u}_1\boldsymbol{u}_1^{\mathrm{T}} = \begin{pmatrix} 0 & 1 & 0 \\ 1 & 0 & 0 \\ 0 & 0 & 1 \end{pmatrix}, \quad H_1A = \begin{pmatrix} 3 & 2 & 5 \\ 0 & 4 & 1 \\ 0 & 3 & 2 \end{pmatrix}.$$

又 $\boldsymbol{\beta}_2 = (4,3)^{\mathrm{T}}$，$\|\boldsymbol{\beta}_2\|_2 = 5$，取

$$\widetilde{\boldsymbol{u}}_2 = \frac{\boldsymbol{\beta}_2 - 5\boldsymbol{e}_1}{\|\boldsymbol{\beta}_2 - 5\boldsymbol{e}_1\|_2} = \frac{1}{\sqrt{10}}(-1,3)^{\mathrm{T}},$$

$$\widetilde{H}_2 = I - 2\widetilde{\boldsymbol{u}}_2\widetilde{\boldsymbol{u}}_2^{\mathrm{T}} = \frac{1}{5}\begin{pmatrix} 4 & 3 \\ 3 & 4 \end{pmatrix}, H_2 = \begin{pmatrix} 1 & 0 \\ 0 & \widetilde{H}_2 \end{pmatrix},$$

$$H_2H_1A = \begin{pmatrix} 3 & 2 & 5 \\ 0 & 5 & 2 \\ 0 & 0 & -1 \end{pmatrix} = R, \quad A = (H_2H_1)R.$$

令 $Q = H_2H_1 = \begin{pmatrix} 0 & 4/5 & 3/5 \\ 1 & 0 & 0 \\ 0 & 3/5 & -4/5 \end{pmatrix}$，则 $A = QR$.

法 2　利用吉文斯变换.

令 $\boldsymbol{\alpha}_1 = (0,3,0)^{\mathrm{T}}$ 取 $\theta = \arctan 0$，则 $c = 0$，$s = 1$，于是

$$G_{12} = \begin{pmatrix} 0 & 1 & 0 \\ -1 & 0 & 0 \\ 0 & 0 & 1 \end{pmatrix}, \quad G_{12}A = \begin{pmatrix} 3 & 2 & 5 \\ 0 & -4 & -1 \\ 0 & 3 & 2 \end{pmatrix},$$

$\boldsymbol{\beta}_2=(3,4,3)^{\mathrm{T}}$，取 $\theta=\arctan\frac{-3}{4}$，则 $c=\frac{-4}{5}$，$s=\frac{3}{5}$，有

$$\boldsymbol{G}_{23}=\begin{pmatrix}1 & 0 & 0\\ 0 & -4/5 & 3/5\\ 0 & -3/5 & -4/5\end{pmatrix},$$

$$\boldsymbol{G}_{23}\boldsymbol{G}_{12}\boldsymbol{A}=\begin{pmatrix}1 & 0 & 0\\ 0 & -4/5 & 3/5\\ 0 & -3/5 & -4/5\end{pmatrix}\begin{pmatrix}3 & 2 & 5\\ 0 & -4 & -1\\ 0 & 3 & 2\end{pmatrix}\begin{pmatrix}3 & 2 & 5\\ 0 & 5 & 2\\ 0 & 0 & -1\end{pmatrix}=\boldsymbol{R}.$$

令 $\boldsymbol{Q}=\boldsymbol{G}_{12}^{\mathrm{T}}\boldsymbol{G}_{23}^{\mathrm{T}}=\begin{pmatrix}0 & 4/5 & 3/5\\ 1 & 0 & 0\\ 0 & 3/5 & -4/5\end{pmatrix}$，则 $\boldsymbol{A}=\boldsymbol{QR}$.

4.4 QR 方法

QR 方法是计算中小规模矩阵特征值问题最常用和最有效的方法，MATLAB 提供的内部函数 eig 使用的就是该方法.

记 $\boldsymbol{A}_0=\boldsymbol{A}$，将 $\boldsymbol{A}_0$ 作 QR 分解得 $\boldsymbol{A}_0=\boldsymbol{Q}_0\boldsymbol{R}_0$，

再令 $\boldsymbol{A}_1=\boldsymbol{R}_0\boldsymbol{Q}_0$，将 $\boldsymbol{A}_1$ 作 QR 分解得 $\boldsymbol{A}_1=\boldsymbol{Q}_1\boldsymbol{R}_1$，再令 $\boldsymbol{A}_2=\boldsymbol{R}_1\boldsymbol{Q}_1$，将 $\boldsymbol{A}_2$ 作 QR 分解得 $\boldsymbol{A}_2=\boldsymbol{Q}_2\boldsymbol{R}_2$，如此一直做下去，一般的迭代格式为

$$\boldsymbol{A}_k=\boldsymbol{Q}_k\boldsymbol{R}_k,\boldsymbol{A}_{k+1}=\boldsymbol{R}_k\boldsymbol{Q}_k,\quad k=0,1,2,\cdots.$$

可以证明，QR 算法生成的矩阵序列 $\{\boldsymbol{A}_k\}$ 中每个 $\boldsymbol{A}_k$ 与 $\boldsymbol{A}$ 正交相似，所以该矩阵序列的所有矩阵有相同的特征值. 如果矩阵 $\boldsymbol{A}$ 的特征值按模是互不相同的，则可以证明该矩阵序列“本质上收敛”到上三角的矩阵：矩阵序列的下三角部分的元素收敛到零，矩阵序列的对角线上的元素有极限，极限为 $\boldsymbol{A}$ 的全部特征值. 矩阵 $\boldsymbol{Q}_k$ 的乘积收敛到 $\boldsymbol{A}$ 的特征向量. 如果 $\boldsymbol{A}$ 还是对称的，则该矩阵序列收敛到对角阵.

例 7 矩阵 $\boldsymbol{A}_0=\begin{pmatrix}7 & 2\\ 2 & 4\end{pmatrix}$，作它的 QR 分解，得到

$$\boldsymbol{A}_0=\boldsymbol{Q}_0\boldsymbol{R}_0=\begin{pmatrix}-0.962 & -0.275\\ -0.275 & 0.962\end{pmatrix}\begin{pmatrix}-7.28 & -3.02\\ 0 & 3.30\end{pmatrix},$$

$$\boldsymbol{A}_1=\boldsymbol{R}_0\boldsymbol{Q}_0=\begin{pmatrix}-7.28 & -3.02\\ 0 & 3.30\end{pmatrix}\begin{pmatrix}-0.962 & -0.275\\ -0.275 & 0.962\end{pmatrix}\begin{pmatrix}7.83 & -0.906\\ -0.906 & 3.17\end{pmatrix},$$

可以看到 $\boldsymbol{A}_1$ 与原矩阵相比，对角线上元素更大，非对角线上元素变小，依次继续这样的过程，计算到 $\boldsymbol{A}_9$，$\{\boldsymbol{A}_k\}$ 收敛到对角阵 $\begin{pmatrix}8.00 & -0.000\\ -0.000 & 3.00\end{pmatrix}$.

QR 分解是 QR 方法的基础，QR 方法在特征值计算问题上具有里程碑意义. 1955 年，人们还觉得特征值问题令人困扰，到 1965 年，基于 QR 方法的程序已经完全成熟，直到今天仍然是特征值计算的有效方法之一. 计算特征值问题的 QR 方法，实际上分成两个阶段：如果 $\boldsymbol{A}$ 是对称阵，则先用正交相似将其约化为三对角阵，再用 QR 方法计算得到矩阵序列收敛到对角阵；如果 $\boldsymbol{A}$ 是一般的矩阵，则先用正交相似将其约化为上海森堡（Hessenberg）阵，再用 QR 方法计算得到矩阵序列收敛到上三角阵. 关于更深入的特征值问题计算，可参阅数值线性代数或矩阵计算.

素养提升

科学计算改变人们的生活

特征值问题是矩阵计算中的一类重要问题. 在线性代数理论中特征值通过解特征方程得到,这在实际计算中是很难行得通的,实际问题中特征值的计算有很大不同,搜索引擎中的矩阵规模是几百亿阶的,与几百阶的矩阵特征值问题的计算完全是不同的世界. 特征值问题有着重要的应用,与我们的日常生活密切相关,如足球比赛的排名问题、人脸识别中的图像处理、搜索引擎中的特征值计算等,由此体会计算数学的广泛的应用性,给人们的生活带来了方便. 可以说,科学计算改变了人们的生活.

习　题

1. 用幂法计算下列矩阵的主特征值及对应的特征向量:

(1)$\boldsymbol{A}_1=\begin{pmatrix} 7 & 3 & -2 \\ 3 & 4 & -1 \\ -2 & -1 & 3 \end{pmatrix}$;　　(2)$\boldsymbol{A}_2=\begin{pmatrix} 3 & -4 & 3 \\ -4 & 6 & 3 \\ 3 & 3 & 1 \end{pmatrix}$,

当特征值有 3 位小数稳定时迭代终止.

2. 设 $\boldsymbol{A}=\begin{pmatrix} 0 & 3 & 1 \\ 0 & 4 & -2 \\ 3 & 1 & 4 \end{pmatrix}$,用豪斯霍尔德变换求 $\boldsymbol{A}$ 的 QR 分解.

3. 设 $\boldsymbol{A}=\begin{pmatrix} 0 & 4 & 1 \\ 2 & 1 & 2 \\ 0 & 3 & 2 \end{pmatrix}$,用吉文斯变换求 $\boldsymbol{A}$ 的 QR 分解.

4. 证明吉文斯矩阵的行列式为 1.

5. 证明豪斯霍尔德矩阵的行列式为−1.

上 机 实 验

1. 用幂法和反幂法计算 $\boldsymbol{A}=\begin{pmatrix} 7 & 2 \\ 2 & 4 \end{pmatrix}$的特征值与相应的特征向量.

2. 希尔伯特矩阵 $\boldsymbol{H}=\begin{pmatrix} 1 & 1/2 & \cdots & 1/n \\ 1/2 & 1/3 & \cdots & 1/(n+1) \\ \vdots & \vdots & & \vdots \\ 1/n & 1/(n+1) & \cdots & 1/(2n-1) \end{pmatrix}$,$n=5,10,15,20$,用 MATLAB 的 eig 函数计算它的所有特征值.

3. 设矩阵 $\boldsymbol{A}=\begin{pmatrix} 9 & 4.5 & 3 \\ -56 & -28 & -18 \\ 60 & 30 & 19 \end{pmatrix}$,用 MATLAB 的 eig 函数计算它的所有特征值.

4. 设矩阵 $\widetilde{\boldsymbol{A}}=\begin{pmatrix} 9 & 4.5 & 3 \\ -56 & -28 & -18.95 \\ 60 & 30 & 19.05 \end{pmatrix}$,用 MATLAB 的 eig 函数计算它的所有特征值.

第5章 函数的数值逼近

5.1 引 言

函数是描述自然界客观规律的重要工具.实际应用中,会通过实验或观测得到大量的数据,其形式通常是一张数表,如何从这些数据中发掘变量与变量之间的函数关系是非常重要的;另外,有些函数虽然存在解析的表达式,但是由于形式或分析性质过于复杂而不宜使用,需要用一类简单的函数近似表示.函数的数值逼近即讨论如何用易于计算的简单的函数近似复杂函数或函数表.其数学描述如下:

设 $x_i, i=0,1,\cdots,n$ 是 $\mathbf{R}$ 中不同的点,每个点 x_i 对应一个数值 y_i 它们可以是实测得到的,也可以是一个已知函数的值 $f(x_i)$.对如何近似由这一组数据 $(x_i, y_i), i=0,1,2,\cdots,n$ 确定函数,可以提出两类问题:

(1)作一条曲线,其类型是事先人为给定的(如简单的代数多项式),使该曲线经过所有点 $(x_i, y_i), i=0,1,2,\cdots,n$.这就是插值问题.

(2)当数据量很大而且数据含有误差时,作一条指定类型的曲线,使该曲线能在"一定意义"下逼近这一组数据.这是曲线拟合问题.

例1 在现代高速公路或铁路上,高速行驶的车辆经常遇到从直道进入圆弧弯道,如图5.1所示.

为了避免离心力突然改变,应该要求轨道曲线具有连续变化的曲率.如图5.1(a)所示,AB 是一条直线段,$\overset{\frown}{BC}$ 是圆弧段,此圆弧的半径为 r,在点 B 与直线 AB 相切.这样 $\overset{\frown}{ABC}$ 是光滑的曲线,但是在 B 点处,曲率突然由0变到 $\frac{1}{r}$,因此在 B 点处离心力突然增大,车辆运动时,就容易发生脱轨.故这段曲线弧就不能作为轨道曲线.在实际中,为了避免发生脱轨现象,可以如图5.1(b)所示,在直线的 B 点处连接一段缓和曲线.缓和曲线是道路平面线形要素之一,它是设置在直线与圆曲线之间或半径相差较大的两个转向相同圆曲线之间的一种曲率连续变化的曲线.缓和曲线可使道路曲率连续变化,便于车辆驾驶,同时离心加速度也连续变化,没有突变,使车辆安全行驶和乘客感觉舒适.缓和曲线的线型多种多样,如回旋线、三次抛物线、七次四项式型、半波正弦型、一波正弦型、双纽线等.我国铁路上常用的缓和曲线是三次抛物线型,其方程式为 $y=\frac{x^3}{6C}$,式中 C 为三次抛物线参数,由分析学知识可知 C

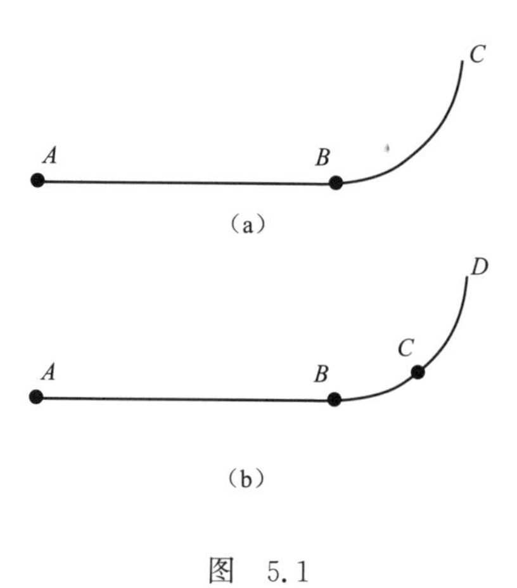

图 5.1

值越大，缓和曲线越缓.

假设现测得某段铁路直道变弯道中缓和曲线的关键点坐标，见表 5.1.

表　5.1

x/m	0	60	120	180
y/m	0	0.45	3.60	12.15

如何利用这些离散点处的数据信息，设法获得缓和曲线的方程？本章的插值法可以很好地解决，并且可以研究后续的一些问题，如这段缓和曲线的弧长、曲线上一点处的切线斜率等.

例 2　一个公司对一种新的软饮料在 22 个近似相同规模的城市中进行市场测试. 出售价格(元)以及在城市中每周销售数量见表 5.2.

表　5.2

城市	价格/元	销售/周	城市	价格/元	销售/周
1	5.9	3 980	12	4.9	6 000
2	8.0	2 200	13	10.9	1 190
3	9.5	1 850	14	9.5	1 960
4	4.5	6 100	15	7.9	2 760
5	7.9	2 100	16	6.5	4 330
6	9.9	1 700	17	4.5	6 960
7	9.0	2 000	18	6.0	4 160
8	6.5	4 200	19	8.9	1 990
9	7.9	2 440	20	7.9	2 860
10	6.9	3 300	21	9.9	1 920
11	7.9	2 300	22	8.5	2 160

公司想找出“需求曲线”：每个潜在价格可以销售的数量. 令 P 表示价格，S 表示每周销售的数量. 本章中，可以在最小二乘意义上用直线拟合表中数据. 在研究市场测试结果后，公司将在全国设置唯一的销售价格 P. 给定每个饮料有 2.3 元的制造成本，全部利润(每个城市，每周)是 $S(P-2.3)$元. 还可以使用前面近似结果找出公司利润最大化的销售价. 这就是曲线拟合的最小二乘法在实际的数据处理中的应用.

例 3　人类对导航和定位的需求是伴随人类整个文明历史的. 最初的需求是航海，其发展的基本驱动力来自军事. 中国古代“四大发明”之一的指南针是最早的定位仪器和系统，其后的还有经纬仪以及近代的雷达. 全球定位系统(global positioning system，GPS)是基于卫星的导航系统，最早由美国和苏联分别在 20 世纪 80 年代初研制，正式投入使用是在 1993 年. 该系统目前的使用已经不仅限于军事，还与人们的生活密切相关. 北斗系统是我国自主建设、独立运行，与世界其他卫星导航系统兼容共用的全球卫星导航系统，可在全球范围，全天候、全天时，为各类用户提供高精度、高可靠的定位、导航、授时服务. 2020 年 6 月 23 日 9 时 43 分，我国第 55 颗北斗卫星，即北斗三号最后一颗组网卫星发射成功，中国完成北斗全球系统星座部署，超越 GPS 成为全球第一大卫星导航系统，它不仅是中国人的骄傲，也将成为全人类的福祉.

美国和苏联的 GPS 都包括 24 颗卫星，它们不断地向地球发射信号报告当前位置和发出信号时的时间. 它的基本原理是：在地球上的任何一个位置，至少可以同时收到四颗以上卫星发射的信号，如图 5.2 所示.

设(x, y, z, t)表示地球上点 R 的当前位置，同时收到卫星 S1，S2，…，S6 发射的信号，假设接收到的信息如图 5.3 和表 5.3 所示.

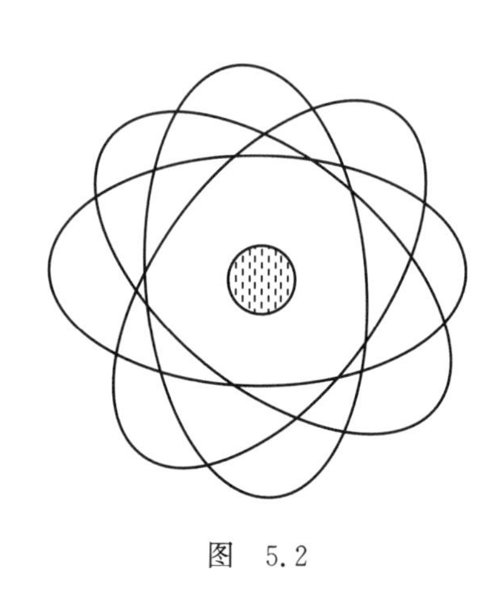

图 5.2

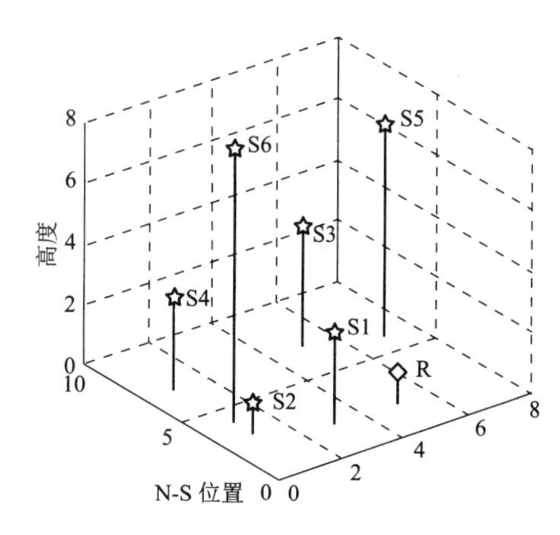

图 5.3

表 5.3

卫星	(x,y,z)位置	收到信号的时间	卫星	(x,y,z)位置	收到信号的时间
S1	3,2,3	10 010.006 992 86	S4	1,7,3	10 020.013 845 71
S2	1,3,1	10 013.342 563 81	S5	7,6,7	10 023.349 486 66
S3	5,7,4	10 016.678 204 76	S6	1,4,9	10 030.020 768 57

列出方程组如下

$$\begin{cases}(x-3)^2+(y-2)^2+(z-3)^2-[(10\,010\,006\,992\,86-t)\cdot c]^2=0\\(x-1)^2+(y-3)^2+(z-1)^2-[(10\,013\,342\,563\,81-t)\cdot c]^2=0\\(x-5)^2+(y-7)^2+(z-4)^2-[(10\,016\,678\,204\,76-t)\cdot c]^2=0\\(x-1)^2+(y-7)^2+(z-3)^2-[(10\,020\,013\,845\,71-t)\cdot c]^2=0\\(x-7)^2+(y-6)^2+(z-7)^2-[(10\,023\,349\,486\,66-t)\cdot c]^2=0\\(x-1)^2+(y-4)^2+(z-9)^2-[(10\,030\,020\,768\,57-t)\cdot c]^2=0\end{cases}$$

其中信号的传输速度是光速 $c\approx 0.299\,792\,458\ \mathrm{km}/\mu\mathrm{s}$.

对于上述方程组，可以用非线性方程组的数值解法——牛顿迭代法求得，也可以将所有的 2 次项都消去解线性方程组求得. 需要注意，尽管从卫星的传输时间用纳秒度量，但地面上一般的接收器精度较差，有可能计算位置的结果具有数公里的偏差！接收器的不精确性可以由额外的卫星进行修正. 通过增加更多的卫星获取的信息，如在所有时刻和地球上的所有位置，12 个卫星可见，利用这些数据信息，求解 12 个方程 4 个未知变量(x,y,z,t)，通过求解最小二乘问题，可以使定位的结果更精确.

函数的数值逼近是一个很广泛的领域，在数值分析中，它研究的历史很长. 早在隋唐时期制定历法时就应用了二次插值，隋朝刘焯(公元 6 世纪)将等距节点的二次插值应用于天文计算. 17 世纪微积分产生以后,牛顿的等距节点插值公式是当时的重要成果. 近现代以来,由于计算机的广泛应用,造船、航空、精密机械加工、海量数据的处理等诸多实际问题的需要,使得函数的数值逼近在理论和时间上得到进一步发展.

本章主要方法是处理数据的插值法和最小二乘法. 除此之外,还有三角多项式的插值和有理函数的插值,可以参考相关专著.

5.2　拉格朗日插值多项式

5.2.1　多项式插值问题

已知函数 $y=f(x)$在区间$[a,b]$上 $n+1$ 个互不相同的点 $x_0,x_1,\cdots,x_n$ 处的函数值 $y_0,y_1,\cdots,y_n$,求简单函数 $\varphi(x)$,使得

$$f(x)\approx\varphi(x),$$

其中

$$\varphi(x_i)=y_i,\quad i=0,1,\cdots,n. \tag{5.1}$$

则称函数 $\varphi(x)$为函数 $y=f(x)$的插值函数,且称 $y=f(x)$为被插函数,$x_0,x_1,\cdots,x_n$ 为插值节点,式(5.1)称为插值条件. 如果插值函数 $\varphi(x)$为多项式,则称之为 $f(x)$的插值多项式.

n 次插值多项式的提法如下:已知函数 $y=f(x)$在区间$[a,b]$上 $n+1$ 个互不相同的点 $x_0,x_1,\cdots,x_n$ 处的函数值 $y_0,y_1,\cdots,y_n$,求 $\varphi_n(x)\in P_n$,使得满足插值条件

$$\varphi_n(x_i)=y_i,\quad i=0,1,\cdots,n, \tag{5.2}$$

其中 P_n 表示次数不超过 n 的多项式全体构成的多项式函数空间.

次数不超过 n 次插值多项式是存在且唯一的.

事实上,令 $\varphi(x)=a_0+a_1x+\cdots+a_nx^n$,由插值条件(5.2)有

$$a_0+a_1x_i+\cdots+a_nx_i^n=y_i,\quad i=0,1,\cdots,n. \tag{5.3}$$

这是关于未知数 $a_0,a_1,\cdots,a_n$ 的线性方程组,它的系数矩阵的行列式是范德蒙(Vandermonde)行列式 $D=\begin{vmatrix}1 & x_0 & x_0^2 & \cdots & x_0^n\\ 1 & x_1 & x_1^2 & \cdots & x_1^n\\ \vdots & \vdots & \vdots & & \vdots\\ 1 & x_n & x_n^2 & \cdots & x_n^n\end{vmatrix}$. 因为 $x_i\neq x_j\ (i\neq j)$,所以 $D\neq0$. 这表明线性方程组式(5.3)存在唯一解 $a_0,a_1,\cdots,a_n$.

在几何上,求函数 $f(x)$的插值多项式 $\varphi(x)$,就是求曲线 $y=f(x)$的近似多项式曲线 $y=\varphi(x)$,使其通过曲线 $y=f(x)$上的点$(x_i,y_i)(i=0,1,\cdots,n)$.

上述的存在唯一性说明,满足插值条件的多项式存在,并且插值多项式与构造方法无关,是唯一存在的. 然而,直接求解线性方程组(5.3)不但计算复杂、不可靠,而且难于得到 $\varphi(x)$的简单表达式. 下面给出不同形式的便于使用的插值多项式.

素养提升

了解插值的历史与现状

插值法是一种古老的数学方法,它来自生产实践. 早在一千多年前的隋唐时期制定历

法时就用了二次插值，刘焯(隋，公元6世纪)将等距节点二次插值应用于天文计算. 朱世杰(1249—1314)，字汉卿，号松庭，汉族，燕山(今北京)人氏，元代数学家，毕生从事数学教育. 所著《四元玉鉴》提出了"垛积法"与"招差术"，即高次内插法，将高阶等差级数求和和高次内插法进行了发展. 朱世杰创立的"招差术"与牛顿插值公式完全一致，早于拉格朗日等西方数学家提出的拉格朗日插值、牛顿插值等300年.《四元玉鉴》是一部成就辉煌的数学名著，受到近代数学史研究者的高度评价.《四元玉鉴》中的成果被视为中国筹算系统发展的顶峰. 但其美中不足的是，对于一些重要的问题如求解高次联立方程组的消元法等解说过于简略，并且对于书中每一个问题的解法也没有列出详细的演算过程，故比较深奥. 以致自朱世杰之后，中国这种在数学上高度发展的局面不但没有保持发展下去，反而很多成就在明、清的一段时期内几乎失传.

插值理论在17世纪微积分产生以后才逐步发展的，牛顿的等距节点插值公式是当时的重要成果. 由于计算机的广泛使用和造船、航空、精密机械加工等实际问题的需要，使插值法在理论和实践上得到进一步发展，尤其是20世纪40年代后发展起来的样条插值，获得广泛的应用，已成为计算机图形学的基础. 20世纪中期，受造船业和飞机制造业中实践的启发，工程师 Paulde Casteljau 和皮埃尔. 贝塞尔促使了当今称为三次样条和欧拉样条的发展. 样条还有许多其他的应用，包括计算机排版. 贝塞尔样条是一种简单的方式，可以用相同的数学曲线适应不同的字体，并具有多种打印机精度.

5.2.2 拉格朗日插值多项式的构造方法

首先分析最简单情形，即 $n=1$ 时的满足插值条件(5.2)的拉格朗日插值多项式的构造方法.

已知函数 $f(x)$ 的插值节点 $x_0, x_1 \in [a,b]$ 及相应的函数值 y_0, y_1，希望求一次多项式 $L_1(x)$，使得满足插值条件

$$L_1(x_0)=y_0,\quad L_1(x_1)=y_1.$$

在几何上，$y=L_1(x)$ 表示过点 (x_0,y_0) 和 (x_1,y_1) 的一条直线(见图5.4). 因此，可由平面直角坐标系下直线的两点公式得

$$L_1(x)=y_0+\frac{(x-x_0)}{(x_1-x_0)}(y_1-y_0)=\frac{(x-x_1)}{(x_0-x_1)}y_0+\frac{(x-x_0)}{(x_1-x_0)}y_1. \tag{5.4}$$

$L_1(x)$ 也称为函数 $f(x)$ 以 x_0, x_1 为插值节点的拉格朗日线性插值.

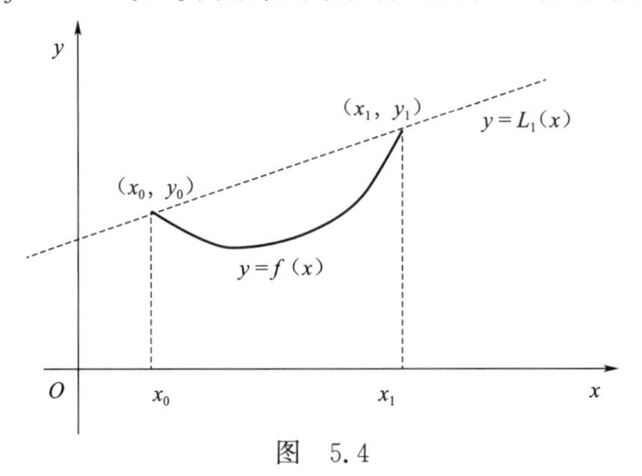

图 5.4

为了分析的方便,令

$$l_0(x)=\frac{(x-x_1)}{(x_0-x_1)},\quad l_1(x)=\frac{(x-x_0)}{(x_1-x_0)}.$$

显然有

$$l_0(x),\quad l_1(x)\in P_1,$$

而且

$$l_0(x_0)=1,\quad l_0(x_1)=0,$$
$$l_1(x_0)=0,\quad l_1(x_1)=1.$$

称 $l_0(x)$,$l_1(x)$为线性插值的拉格朗日插值基函数.显然,该线性插值可以用它的基函数线性表示,即

$$L_1(x)=l_0(x)y_0+l_1(x)y_1. \tag{5.5}$$

$n=2$ 时,类似式(5.5),构造拉格朗日插值多项式(抛物插值)

$$L_2(x)=l_0(x)y_0+l_1(x)y_1+l_2(x)y_2$$

其中

$$l_0(x),l_1(x),l_2(x)\in R_2$$
$$l_0(x_0)=1,l_0(x_1)=0,l_0(x_1)=0;$$
$$l_1(x_0)=0,l_1(x_1)=1,l_1(x_2)=0;$$
$$l_2(x_0)=0,l_2(x_1)=0,l_2(x_0)=1;$$

易算得

$$l_0(x)=\frac{(x-x_1)(x-x_2)}{(x_0-x_1)(x_0-x_2)},$$
$$l_1(x)=\frac{(x-x_0)(x-x_2)}{(x_1-x_0)(x_1-x_2)},$$
$$l_2(x)=\frac{(x-x_0)(x-x_1)}{(x_2-x_0)(x_2-x_1)}.$$

对于一般的 n 次拉格朗日插值多项式 $L_n(x)$,可将其类似地表示为

$$L_n(x)=l_0(x)y_0+l_1(x)y_1+\cdots+l_n(x)y_n=\sum_{i=0}^{n}l_i(x)y_i, \tag{5.6}$$

其中 $l_i(x)(i=0,1,\cdots,n)$满足下列条件:

(1)$l_i(x)\in P_n,i=0,1,\cdots,n$,

(2)$l_i(x_j)=\delta_{ij}=\begin{cases}1, & i=j;\\ 0, & i\neq j,\end{cases}\quad i,j=0,1,\cdots,n.$

容易验证,对于满足上述条件的 $l_i(x)(i=0,1,\cdots,n)$,多项式 $\sum\limits_{i=0}^{n}l_i(x)y_i$ 为次数不超过 n 的多项式且满足插值条件(5.2),即为函数 $y=f(x)$的 n 次拉格朗日插值多项式.称 $l_i(x)(i=0,1,\cdots,n)$为插值函数 $L_n(x)$的拉格朗日插值基函数.

由式(5.6),如果知道了基函数的计算公式,便可求得相应的拉格朗日插值多项式.根据条件(2)知 $x_j(j\neq i)$为基函数 $l_i(x)$的 n 个不同的零点.再根据条件(1),得

$$l_i(x)=C_i(x-x_0)(x-x_1)\cdots(x-x_{i-1})(x-x_{i+1})\cdots(x-x_n).$$

又根据条件(2)中 $l_i(x_i)=1$ 得

$$
\begin{aligned}
l_i(x) &= \frac{(x-x_0)(x-x_1)\cdots(x-x_{i-1})(x-x_{i+1})\cdots(x-x_n)}{(x_i-x_0)(x_i-x_1)\cdots(x_i-x_{i-1})(x_i-x_{i+1})\cdots(x_i-x_n)} \\
&= \prod_{j\neq i}\frac{(x-x_j)}{(x_i-x_j)}.
\end{aligned} \tag{5.7}
$$

从而

$$
\begin{aligned}
L_n(x) &= \sum_{i=0}^{n}\frac{(x-x_0)(x-x_1)\cdots(x-x_{i-1})(x-x_{i+1})\cdots(x-x_n)}{(x_i-x_0)(x_i-x_1)\cdots(x_i-x_{i-1})(x_i-x_{i+1})\cdots(x_i-x_n)}y_i \\
&= \sum_{i=0}^{n}\left(\prod_{j\neq i}\frac{(x-x_j)}{(x_i-x_j)}\right)y_i.
\end{aligned} \tag{5.8}
$$

记 $\omega_{n+1}(x)=(x-x_0)(x-x_1)\cdots(x-x_n)$. 不难验证，基函数可等价地写成

$$
l_i(x) = \frac{\omega_{n+1}(x)}{(x-x_i)\omega_{n+1}'(x_i)}.
$$

因此，n 次拉格朗日插值多项式还可表示为

$$
L_n(x) = \sum_{i=0}^{n}\frac{\omega_{n+1}(x)}{(x-x_i)\omega_{n+1}'(x_i)}y_i. \tag{5.9}
$$

总结前面的分析，可以得到如下结论：

定理 1 已知函数 $y=f(x)$ 在区间 $[a,b]$ 上 $n+1$ 个互不相同的点 $x_0,x_1,\cdots,x_n$ 处的函数值 $y_0,y_1,\cdots,y_n$，则存在唯一的 $L_n(x)\in P_n$，使得满足插值条件

$$
L_n(x_i)=y_i,\quad i=0,1,\cdots,n.
$$

而且，$L_n(x)$ 可具体由式(5.8)给出.

5.2.3 拉格朗日插值多项式的余项分析

在 $[a,b]$ 上，用 $L_n(x)$ 近似 $y=f(x)$，其误差 $R_n(x)=f(x)-L_n(x)$ 称为插值多项式的余项. 关于插值余项有如下定理.

定理 2 设 $f(x)\in C^{n+1}[a,b]$，节点 $a\leqslant x_0<x_1<\cdots<x_n\leqslant b$，则对任何 $x\in[a,b]$，插值余项

$$
R_n(x)=f(x)-L_n(x)=\frac{1}{(n+1)!}f^{(n+1)}(\xi_x)\omega_{n+1}(x), \tag{5.10}
$$

这里，$\xi_x\in(a,b)$，依赖于 x.

证 当 $x=x_i(i=0,1,\cdots,n)$ 时，由于

$$
R_n(x_i) = f(x_i) - L_n(x_i) = y_i - y_i = 0,
$$

对任何 $x\neq x_i(i=0,1,\cdots,n)$，定义关于变量 t 的函数

$$
g(t) = f(t) - L_n(t) - K(x)(t-x_0)(t-x_1)\cdots(t-x_n).
$$

显然

$$
g(x_i) = 0,\quad i = 0,1,\cdots,n,\quad g(x) = 0,
$$

即 $x_0,\cdots,x_n,x$ 为函数 $g(t)$ 的 $n+2$ 个不同的零点. 而且函数 $g(t)\in C^{n+1}[a,b]$. 反复应用罗尔定理可知，存在 $\xi_x\in[x_0,x_1,\cdots,x_n,x]$，使得

$$
g^{(n+1)}(\xi_x) = 0,
$$

即

$$f^{(n+1)}(\xi_x)-K_n(x)(n+1)!=0,$$

因此

$$K_n(x)=\frac{f^{(n+1)}(\xi_x)}{(n+1)!},$$

于是

$$R_n(x)=\frac{1}{(n+1)!}f^{(n+1)}(\xi_x)\omega_{n+1}(x),\quad \xi_x\in[x_0,x_1,\cdots,x_n,x].$$

记 $M_{n+1}=\max\limits_{a\leqslant x\leqslant b}f^{(n+1)}(x)$，则有

$$\begin{aligned}|R_n(x)|&=|f(x)-L_n(x)|\\&\leqslant\frac{M_{n+1}}{(n+1)!}|\omega_{n+1}(x)| \qquad (5.11)\\&=\frac{M_{n+1}}{(n+1)!}|(x-x_0)(x-x_1)\cdots(x-x_n)|.\end{aligned}$$

例 4　已知函数 $f(x)$ 的函数值数表见表 5.4，试用四次拉格朗日插值计算 $f(1.5)$. 数据来自第一类贝塞尔(Bessel)函数. 此函数在 1.5 处的精确值为 $f(1.5)=0.511\ 827\ 7\cdots$.

表　5.4

i	x_i	$f(x_i)$	i	x_i	$f(x_i)$
0	1.0	0.765 197 7	3	1.9	0.281 818 6
1	1.3	0.620 086 0	4	2.2	0.110 362 3
2	1.6	0.455 402 2			

解　四次拉格朗日插值多项式

$$\begin{aligned}L_4(x)=&\frac{(x-x_1)(x-x_2)(x-x_3)(x-x_4)}{(x_0-x_1)(x_0-x_2)(x_0-x_3)(x_0-x_4)}y_0+\\&\frac{(x-x_0)(x-x_2)(x-x_3)(x-x_4)}{(x_1-x_0)(x_1-x_2)(x_1-x_3)(x_1-x_4)}y_1+\\&\frac{(x-x_0)(x-x_1)(x-x_3)(x-x_4)}{(x_2-x_0)(x_2-x_1)(x_2-x_3)(x_2-x_4)}y_2+\\&\frac{(x-x_0)(x-x_1)(x-x_2)(x-x_4)}{(x_3-x_0)(x_3-x_1)(x_3-x_2)(x_3-x_4)}y_3+\\&\frac{(x-x_0)(x-x_1)(x-x_2)(x-x_3)}{(x_4-x_0)(x_4-x_1)(x_4-x_2)(x_4-x_3)}y_4\end{aligned}$$

此时，$L_4(1.5)=0.511\ 820\ 0$. $|L_4(1.5)-f(1.5)|\approx 7.7\times10^{-6}$.

例 5　已知特殊角 $\frac{\pi}{6},\frac{\pi}{4},\frac{\pi}{3}$ 处的正弦函数值分别为 $\frac{1}{2},\frac{\sqrt{2}}{2},\frac{\sqrt{3}}{2}$，求出正弦函数的一次、二次插值多项式. 同时，用插值公式近似计算 $\sin\frac{5\pi}{18}$ 并估计误差.

解　按照线性插值公式，先取 $\frac{\pi}{6},\frac{\pi}{4}$ 为插值节点，得线性插值

$$L_1(x)=\frac{x-\frac{\pi}{4}}{\frac{\pi}{6}-\frac{\pi}{4}}\cdot\frac{1}{2}+\frac{x-\frac{\pi}{6}}{\frac{\pi}{4}-\frac{\pi}{6}}\cdot\frac{\sqrt{2}}{2}.$$

插值误差为

$$R_1(x)=\frac{1}{2!}f''(\xi)\left(x-\frac{\pi}{6}\right)\left(x-\frac{\pi}{4}\right)=\frac{-\sin\xi}{2}\left(x-\frac{\pi}{6}\right)\left(x-\frac{\pi}{4}\right),\quad \xi\in\left[\frac{\pi}{6}.\frac{\pi}{4}.x\right].$$

故

$$\sin\frac{5\pi}{18}\approx L_1\left(\frac{5\pi}{18}\right)=\frac{\frac{5\pi}{18}-\frac{\pi}{4}}{\frac{\pi}{6}-\frac{\pi}{4}}\cdot\frac{1}{2}+\frac{\frac{5\pi}{18}-\frac{\pi}{6}}{\frac{\pi}{4}-\frac{\pi}{6}}\cdot\frac{\sqrt{2}}{2}\approx 0.776\ 14.$$

相应的误差为

$$R_1\left(\frac{5\pi}{18}\right)=\frac{-\sin\xi}{2}\left(\frac{5\pi}{18}-\frac{\pi}{6}\right)\left(\frac{5\pi}{18}-\frac{\pi}{4}\right),\quad \xi\in\left[\frac{\pi}{6},\frac{\pi}{4},\frac{5\pi}{18}\right]\subset\left[\frac{\pi}{6},\frac{\pi}{3}\right].$$

因此

$$-0.007\ 62>R_1\left(\frac{5\pi}{18}\right)>-0.013\ 19.$$

类似地，取$\frac{\pi}{4}$，$\frac{\pi}{3}$为插值节点，得线性插值

$$\widetilde{L}_1(x)=\frac{x-\frac{\pi}{3}}{\frac{\pi}{4}-\frac{\pi}{3}}\cdot\frac{\sqrt{2}}{2}+\frac{x-\frac{\pi}{4}}{\frac{\pi}{3}-\frac{\pi}{4}}\cdot\frac{\sqrt{3}}{2}.$$

插值误差为

$$\widetilde{R}_1(x)=\frac{1}{2!}f''(\xi)\left(x-\frac{\pi}{4}\right)\left(x-\frac{\pi}{3}\right)=\frac{-\sin\xi}{2}\left(x-\frac{\pi}{4}\right)\left(x-\frac{\pi}{3}\right),\quad \xi\in\left[\frac{\pi}{4},\frac{\pi}{3},x\right].$$

故

$$\sin\frac{5\pi}{18}\approx\widetilde{L}_1\left(\frac{5\pi}{18}\right)=\frac{\frac{5\pi}{18}-\frac{\pi}{3}}{\frac{\pi}{4}-\frac{\pi}{3}}\cdot\frac{\sqrt{2}}{2}+\frac{\frac{5\pi}{18}-\frac{\pi}{4}}{\frac{\pi}{3}-\frac{\pi}{4}}\cdot\frac{\sqrt{3}}{2}\approx 0.760\ 08.$$

相应的误差为

$$\widetilde{R}_1\left(\frac{5\pi}{18}\right)=\frac{-\sin\xi}{2}\left(\frac{5\pi}{18}-\frac{\pi}{4}\right)\left(\frac{5\pi}{18}-\frac{\pi}{3}\right),\quad \xi\in\left[\frac{\pi}{4},\frac{\pi}{3},\frac{5\pi}{18}\right]\subset\left[\frac{\pi}{4},\frac{\pi}{3}\right].$$

因此

$$0.005\ 38<\widetilde{R}_1\left(\frac{5\pi}{18}\right)<0.006\ 60.$$

如果取$\frac{\pi}{6}$，$\frac{\pi}{4}$，$\frac{\pi}{3}$为插值节点，则得抛物插值

$$L_2(x)=\frac{\left(x-\frac{\pi}{4}\right)\left(x-\frac{\pi}{3}\right)}{\left(\frac{\pi}{6}-\frac{\pi}{4}\right)\left(\frac{\pi}{6}-\frac{\pi}{3}\right)}\cdot\frac{1}{2}+\frac{\left(x-\frac{\pi}{6}\right)\left(x-\frac{\pi}{3}\right)}{\left(\frac{\pi}{4}-\frac{\pi}{6}\right)\left(\frac{\pi}{4}-\frac{\pi}{3}\right)}\cdot\frac{\sqrt{2}}{2}+\frac{\left(x-\frac{\pi}{6}\right)\left(x-\frac{\pi}{4}\right)}{\left(\frac{\pi}{3}-\frac{\pi}{6}\right)\left(\frac{\pi}{3}-\frac{\pi}{4}\right)}\cdot\frac{\sqrt{3}}{2}.$$

插值误差为

$$R_2(x)=\frac{1}{3!}f'''(\xi)\left(x-\frac{\pi}{6}\right)\left(x-\frac{\pi}{4}\right)\left(x-\frac{\pi}{3}\right)$$
$$=\frac{-\cos\xi}{6}\left(x-\frac{\pi}{6}\right)\left(x-\frac{\pi}{4}\right)\left(x-\frac{\pi}{3}\right),\quad \xi\in\left[\frac{\pi}{6},\frac{\pi}{4},\frac{\pi}{3},x\right].$$

故

$$\sin\frac{5\pi}{18}\approx L_2\left(\frac{5\pi}{18}\right)$$
$$=\frac{\left(\frac{5\pi}{18}-\frac{\pi}{4}\right)\left(\frac{5\pi}{18}-\frac{\pi}{3}\right)}{\left(\frac{\pi}{6}-\frac{\pi}{4}\right)\left(\frac{\pi}{6}-\frac{\pi}{3}\right)}\cdot\frac{1}{2}+\frac{\left(\frac{5\pi}{18}-\frac{\pi}{6}\right)\left(\frac{5\pi}{18}-\frac{\pi}{3}\right)}{\left(\frac{\pi}{4}-\frac{\pi}{6}\right)\left(\frac{\pi}{4}-\frac{\pi}{3}\right)}\cdot\frac{\sqrt{2}}{2}+$$
$$\frac{\left(\frac{5\pi}{18}-\frac{\pi}{6}\right)\left(\frac{5\pi}{18}-\frac{\pi}{4}\right)}{\left(\frac{\pi}{3}-\frac{\pi}{6}\right)\left(\frac{\pi}{3}-\frac{\pi}{4}\right)}\cdot\frac{\sqrt{3}}{2}$$
$$\approx 0.765\ 43.$$

相应的误差为

$$R_2\left(\frac{5\pi}{18}\right)=\frac{-\cos\xi}{6}\left(\frac{5\pi}{18}-\frac{\pi}{6}\right)\left(\frac{5\pi}{18}-\frac{\pi}{4}\right)\left(\frac{5\pi}{18}-\frac{\pi}{3}\right),\quad \xi\in\left[\frac{\pi}{6},\frac{\pi}{4},\frac{\pi}{3},\frac{5\pi}{18}\right]\subset\left[\frac{\pi}{6},\frac{\pi}{3}\right].$$

因此

$$0.000\ 77>R_2\left(\frac{5\pi}{18}\right)>0.000\ 44.$$

注意到 $\sin\frac{5\pi}{18}=0.766\ 044\ 4\cdots$，上述三个近似值的真正误差分别为 $-0.010\ 01$，$0.005\ 96$，$0.000\ 61$. 此例表明，插值节点越多，也即插值多项式次数越高，误差就越小. 而对于同样次数的插值多项式，内插（插值点 x 在各个插值节点之间，也即 $x\in[x_0,\cdots,x_n]$）比外插（插值点 x 在各个插值节点外侧，也即 $x\notin[x_0,\cdots,x_n]$）效果好. 一般地，对于较低次的插值多项式，情况也是如此.

素养提升

树立正确的科学品德

刘焯（隋，公元 6 世纪）将等距节点二次插值应用于天文计算.

刘焯天资非常聪明，学富五车、才高八斗，为人却心胸狭窄，贪财吝啬. 眼见得自己的学问形成了一个潜力极大的市场，当即念头一转，就做起学问生意了. 不向他送见面礼，或者送少了礼的，根本就得不到他的真正教诲. 这样一来，人们对他所做所为由崇拜转为失望，并开始看不起他，他的门庭也开始冷落. 因为处世失当的副作用，刘焯后来又卷入一次朝廷冲突，被流放到边关充军. 最后去世时，好友刘炫为他请赐谥号，却得不到拥护.

刘焯的代表作《历书》，本是一部含金量极高的天文著作，因与太史令张胄玄的观点相左而被排斥. 直到多年以后，他的学术观点逐渐被世人所识. 然而，由于做人方面的缺陷，他的作品始终不能与一些划时代的东西相提并论.

5.3 牛顿插值多项式

5.3.1 差商

由式(5.4),拉格朗日线性插值可表示为

$$L_1(x)=y_0+\frac{y_1-y_0}{x_1-x_0}(x-x_0)=a_0+a_1(x-x_0).$$

可以设想,对于 n 次拉格朗日插值多项式,可类似表示成

$$L_n(x)=a_0+a_1(x-x_0)+a_2(x-x_0)(x-x_1)+\cdots+a_n(x-x_0)(x-x_1)\cdots(x-x_{n-1}),$$

其中 $a_0,a_1,\cdots,a_n$ 为待定系数,可由拉格朗日插值条件确定. 例如,由 $L_n(x_0)=y_0$ 得

$$L_n(x_0)=a=y_0, \tag{5.12}$$

由 $L_n(x_1)=y_1$ 得

$$L_n(x_1)=a_0+a_1(x_1-x_0)=y_1,$$

故

$$a_1=\frac{y_1-a_0}{x_1-x_0}=\frac{y_1-y_0}{x_1-x_0}. \tag{5.13}$$

而由 $L_n(x_2)=y_2$ 得

$$L_n(x_2)=a_0+a_1(x_2-x_0)+a_2(x_2-x_0)(x_2-x_1)=y_2,$$

故

$$a_2=\frac{y_2-a_0-a_1(x_2-x_0)}{(x_2-x_0)(x_2-x_1)}=\frac{\dfrac{y_2-y_0}{x_2-x_0}-\dfrac{y_1-y_0}{x_1-x_0}}{x_2-x_1}. \tag{5.14}$$

依次递推可得到 $a_0,a_1,\cdots,a_n$ 的计算公式. 为了简化 $a_0,a_1,\cdots,a_n$ 的表达形式,下面引入函数差商(也称均差)的定义.

定义 1 称

$$f[x_i,x_j]=\frac{f(x_j)-f(x_i)}{x_j-x_i}=\frac{y_j-y_i}{x_j-x_i}$$

为函数 $f(x)$关于点 x_i,x_j 的一阶差商;称

$$f[x_i,x_j,x_k]=\frac{f[x_j,x_k]-f[x_i,x_j]}{x_k-x_i}$$

为函数 $f(x)$关于点 x_i,x_j,x_k 的二阶差商;一般地,称

$$f[x_0,x_1,\cdots,x_k]=\frac{f[x_1,x_2,\cdots,x_k]-f[x_0,x_1,\cdots,x_{k-1}]}{x_k-x_0}.$$

为函数 $f(x)$关于点 $x_0,x_1,\cdots,x_k$ 的 k 阶差商.

为方便起见,称 $f[x_i]=f(x_i)$为 $f(x)$关于点 x_i 的零阶差商.

特别地,如果有等距节点 $x_i=x_0+ih(i=0,1,\cdots,n)$处的函数值为 y_i,这里 h 为常数,称为

步长. 这时 k 阶差商中的分母均是步长 h 的整数倍，可以重点关注差商中的分子部分，于是给出如下差分的定义：

$$\Delta f_i = y_{i+1} - y_i,$$
$$\nabla f_i = y_i - y_{i-1},$$
$$\delta f_i = y_{i+\frac{1}{2}} - y_{i-\frac{1}{2}} = f\left(x_i + \frac{h}{2}\right) - f\left(x_i - \frac{h}{2}\right)$$

分别称为 $f(x)$ 在 x_i 处以 h 为步长的一阶向前差分、向后差分及中心差分. k 阶差分定义为

$$\Delta^k f_i = \Delta(\Delta^{k-1} f_i) = \Delta^{k-1} f_{i+1} - \Delta^{k-1} f_i,$$
$$\nabla^k f_i = \nabla(\nabla^{k-1} f_i) = \nabla^{k-1} f_i - \nabla^{k-1} f_{i-1},$$
$$\delta^k f_i = \delta(\delta^{k-1} f_i) = \delta^{k-1} f_{i+\frac{1}{2}} - \delta^{k-1} f_{i-\frac{1}{2}}.$$

易知，差商和差分有如下关系：

$$f[x_i, x_{i+1}, \cdots, x_{i+k}] = \frac{1}{k!}\frac{1}{h^k}\Delta^k f_i = \frac{1}{k!}\frac{1}{h^k}\nabla^k f_{i+k}.$$

差商有如下基本性质：

性质 1　函数 $f(x)$ 关于点 $x_0, x_1, \cdots, x_k$ 的 k 阶差商，可以写成函数值 $y_0, y_1, \cdots, y_k$ 的线性组合，即

$$f[x_0, x_1, \cdots x_k] = \sum_{j=0}^{k} \frac{y_j}{(x_j - x_0)\cdots(x_j - x_{j-1})(x_j - x_{j+1})\cdots(x_j - x_k)}.$$

这个性质可用归纳法证明. 此性质表明，差商与节点的排序无关，故称为差商的对称性质.

性质 2　若 $f(x) \in C^k[a,b]$，且 $x_0, x_1, \cdots, x_k \in [a,b]$，则

$$f[x_0, x_1, \cdots x_k] = \frac{f^{(k)}(\xi)}{k!}, \quad \xi \in [x_0, x_1, \cdots x_k].$$

此性质的证明在分析牛顿插值多项式的余项后给出.

差商可通过差商表计算，见表 5.5.

表　5.5

x_k	y_k	一阶差商	二阶差商	三阶差商	四阶差商
x_0	y_0				
x_1	y_1	$f[x_0, x_1]$			
x_2	y_2	$f[x_1, x_2]$	$f[x_0, x_1, x_2]$		
x_3	y_3	$f[x_2, x_3]$	$f[x_1, x_2, x_3]$	$f[x_0, x_1, x_2, x_3]$	
x_4	y_4	$f[x_3, x_4]$	$f[x_2, x_3, x_4]$	$f[x_1, x_2, x_3, x_4]$	$f[x_0, x_1, x_2, x_3, x_4]$
⋮	⋮	⋮	⋮	⋮	⋮

5.3.2　牛顿插值多项式

借助差商，可以得到另一种插值多项式的构造方法.

定理 3 满足插值条件(5.2)的 n 次插值多项式可表示为

$$N_n(x)=f[x_0]+f[x_0,x_1](x-x_0)+f[x_0,x_1,x_2](x-x_0)(x-x_1)+\cdots+$$
$$f[x_0,x_1,\cdots,x_n](x-x_0)(x-x_1)\cdots(x-x_{n-1}). \tag{5.15}$$

且

$$f(x)-N_n(x)=f[x_0,x_1,\cdots,x_n,x]\omega_{n+1}(x), \tag{5.16}$$

其中 $\omega_{n+1}(x)=(x-x_0)(x-x_1)\cdots(x-x_n)$.

证 根据差商的定义,把 x 看成$[a,b]$上一点,则有

$$f(x)=f(x_0)+f[x_0,x](x-x_0),$$
$$f[x_0,x]=f(x_0,x_1)+f[x_0,x_1,x](x-x_1),$$
$$\cdots\cdots$$
$$f[x_0,\cdots,x_{n-1},x]=f(x_0,x_1,\cdots,x_n)+f[x_0,x_1,\cdots,x_n,x](x-x_n).$$

依次将后一式代入前一式,得

$$\begin{aligned}f(x)=&f(x_0)+f[x_0,x_1](x-x_0)+f[x_0,x_1,x_2](x-x_0)(x-x_1)+\cdots+\\&f[x_0,x_1,\cdots,x_n](x-x_0)(x-x_1)\cdots(x-x_{n-1})+\\&f[x_0,x_1,\cdots,x_n,x](x-x_0)(x-x_1)\cdots(x-x_n)\\=&N_n(x)+f[x_0,x_1,\cdots,x_n,x]\omega_{n+1}(x).\end{aligned} \tag{5.17}$$

经计算有 $f(x_k)-N_n(x_k)=0$,于是 $N_n(x)$满足插值条件.

称 $N_n(x)$为 $f(x)$关于节点 $x_0,x_1,\cdots,x_n$ 的牛顿插值多项式. 由插值多项式的唯一性,得 $N_n(x)=L_n(x)$,即牛顿插值是拉格朗日插值的另一种表示形式. 由式(5.15)知

$$N_n(x)=N_{n-1}(x)+f[x_0,x_1,\cdots,x_n](x-x_0)(x-x_1)\cdots(x-x_{n-1}),$$

即当增加一个节点时,只需在差商表 5.5 中再新计算一行便可.

由于 $L_n(x)=N_n(x)$,它们的误差也相等,即

$$f[x_0,x_1,\cdots,x_n,x]\omega_{n+1}(x)=\frac{f^{(n+1)}(\xi_x)}{(n+1)!}\omega_{n+1}(x), \quad \xi_x\in[x_0,x_1,\cdots,x_n,x].$$

据此可证明差商的性质 2.

例 6 根据例 4 中数据求牛顿插值多项式 $N_4(x)$,并利用它计算 $f(1.5)$.

解 首先列差商表,见表 5.6.

表 5.6

x_i	$f[x_i]$	$f[x_{i-1},x_i]$	$f[x_{i-2},x_{i-1},x_i]$	$f[x_{i-3},\cdots,x_i]$	$f[x_{i-4},\cdots,x_i]$	
1.0	0.765 197 7					
1.3	0.620 086 0	−0.483 705 7				
1.6	0.455 402 2	−0.548 946 0	−0.108 733 9			
1.9	0.281 818 6	−0.578 612 0	−0.049 443 3	0.065 878 4		
2.2	0.110 362 3	−0.571 521 0	0.011 818 3	0.068 068 5	0.001 825 1	
1.5	0.511 820 0	−0.573 511 0	0.004 975 0	0.068 433 0	0.001 822 5	−0.000 005 2

所求插值多项式为

$$\begin{aligned}N_4(x)=&0.7651977-0.4837057(x-1.0)-0.1087339(x-1.0)(x-1.3)+\\&0.0658784(x-1.0)(x-1.3)(x-1.6)+\\&0.0018251(x-1.0)(x-1.3)(x-1.6)(x-1.9).\end{aligned}$$

从而

$$f(1.5)\approx N_4(1.5)=0.5118200.$$

如果将插值点 $x=1.5$ 添入表内,并令 $f(1.5)\approx N_4(1.5)$,在牛顿差商表中新计算一行.可将最后一个数值作为 $f[1.0,1.3,\cdots,2.2,1.5]$ 的近似,得到公式误差的一个近似估计:

$$\begin{aligned}R_4(1.5)&\approx-0.0000052(1.5-1.0)(1.5-1.3)(1.5-1.6)(1.5-1.9)(1.5-2.2)\\&\approx1.02\times10^{-5},\end{aligned}$$

这与实际误差 7.7×10^{-6} 相近.

素养提升

计算差商表得到的启示

用差商表来计算差商时,精华部分是最上面对角线处的一层差商值,因为牛顿插值公式里只用到上面这一层,那是不是下面其他层的差商就可以不计算了呢?不是!这是一步一步递推计算得来的.这与春秋时期老子的名句"九层之台,起于累土"是一致的.启示我们:不要好高骛远,不能只盯着上面,要一步一步来才能达到理想的高度.科研要踏实地一步一步来.

5.4　埃尔米特插值

如果不仅知道了某些点处的函数值,而且还知道函数的某些导数信息,自然希望插值函数在这些点处的导数也和被插函数一致.满足这种插值条件的插值多项式称为埃尔米特(Hermite)型插值多项式.几何上,这种插值函数不仅和被插函数在插值节点处有相同的函数值"过点",而且和被插函数在节点处有相同的切线"相切".因此,插值函数和被插函数的"贴合程度"可能会更好.

标准的埃尔米特插值的提法是:已知连续可微函数 $y=f(x)$ 在区间 $[a,b]$ 上 $n+1$ 个互不相同的点 $x_0,x_1,\cdots,x_n$ 处的函数值 $y_0,y_1,\cdots,y_n$,以及导数值 $m_0,m_1,\cdots,m_n$,求 $H_{2n+1}(x)\in P_{2n+1}$,使得满足插值条件

$$H_{2n+1}(x_i)=y_i,\quad H'_{2n+1}(x_i)=m_i,\quad i=0,1,\cdots,n.$$

这时,称 $H_{2n+1}(x)$ 为函数 $y=f(x)$ 的 $2n+1$ 次埃尔米特插值多项式.常用的是两节点的三次埃尔米特插值多项式.

5.4.1　两节点的三次埃尔米特插值

与拉格朗日插值公式的构造方式类似,可将插值函数写成如下基函数表示式:

$$H_3(x)=\alpha_0(x)y_0+\alpha_1(x)y_1+\beta_0(x)m_0+\beta_1(x)m_1$$

其中 $\alpha_0(x),\alpha_1(x),\beta_0(x),\beta_1(x)$ 称为三次埃尔米特插值的基函数,它们满足下列条件:

(1)$\alpha_0(x),\alpha_1(x),\beta_0(x),\beta_1(x)\in P_3$;

(2)$\alpha_i(x_j)=\delta_{ij}$, $\alpha_i'(x_j)=0$, $i,j=0,1$.

$\beta_i(x_j)=0$, $\beta_i'(x_j)=\delta_{ij}$, $i,j=0,1$.

下面推导基函数的具体表达式. 首先考虑基函数 $\alpha_0(x)$,由条件(2),x_1 是它的二阶零点,故 $\alpha_0(x)$含有因子$(x-x_0)^2$. 因此可设

$$\alpha_0(x)=(Ax+B)l_0^2(x),$$

其中,$l_0(x)=\dfrac{(x-x_1)}{(x_0-x_1)}$为拉格朗日基函数.

利用 $\alpha_0(x)$的另外两个条件 $\alpha_0(x_0)=1,\alpha_0'(x_1)=0$ 得联立方程组

$$\begin{cases}(Ax_0+B)l_0^2(x_0)=1,\\ 2(Ax_0+B)l_0'(x_0)l_0(x_0)+Al_0^2(x_0)=0.\end{cases}$$

解得

$$A=-2l_0'(x_0)=-\frac{2}{x_0-x_1},\quad B=1+2x_0l_0'(x_0)=1+\frac{2x_0}{x_0-x_1}.$$

因此

$$\alpha_0(x)=\left(1+2\,\frac{x-x_0}{x_1-x_0}\right)\left(\frac{x-x_1}{x_0-x_1}\right)^2.$$

同理,可求得

$$\alpha_1(x)=\left(1+2\,\frac{x-x_1}{x_0-x_1}\right)\left(\frac{x-x_0}{x_1-x_0}\right)^2.$$

对于基函数 $\beta_0(x)$,由条件(2)知 x_0 为其一阶零点,x_1 为其二阶零点,故可设

$$\beta_0(x)=C(x-x_0)l_0^2(x).$$

再由 $\beta_0'(x_0)=1$,得 $C=1$. 因此,$\beta_0(x)=(x-x_0)l_0^2(x)$.

同理,可求得

$$\beta_1(x)=(x-x_1)l_1^2(x).$$

三次埃尔米特插值多项式

$$H_3(x)=\left(1+2\,\frac{x-x_0}{x_1-x_0}\right)\frac{(x-x_1)^2}{(x_0-x_1)^2}y_0+\left(1+2\,\frac{x-x_1}{x_0-x_1}\right)\frac{(x-x_0)^2}{(x_1-x_0)^2}y_1+$$

$$(x-x_0)\frac{(x-x_1)^2}{(x_0-x_1)^2}m_0+(x-x_1)\frac{(x-x_0)^2}{(x_1-x_0)^2}m_1.$$

仿照拉格朗日插值余项的证明方法可得,两节点三次埃尔米特插值多项式的余项

$$R_3(x)=f(x)-H_3(x)=\frac{1}{4!}f^{(4)}(\xi_x)(x-x_0)^2(x-x_1)^2,\quad \xi\in[x_0,x_1,x].$$

5.4.2 重节点差商

利用 $f[x_0,x_1,\cdots,x_k]=\dfrac{f^{(k)}(\xi)}{k!}$,定义重节点差商:

$$f[x_i,x_i]=\lim_{x\to x_i}f[x,x_i]=\lim_{\xi_x\to x_i}f'(\xi_x)=f'(x_i),$$

$$f[x_i,x_i,x_i]=\lim_{x,z\to x_i}f[x,z,x_i]=\lim_{\xi_x\to x_i}\frac{f''(\xi_x)}{2}=\frac{f''(x_i)}{2},$$

$$f[x,x,x_0\cdots,x_k]=f'[x,x_0,\cdots,x_k].$$

根据重节点插商的定义，埃尔米特插值可视为重节点，即取插值节点

$$z_0=z_1=x_0,\quad z_2=z_3=x_1,\cdots,z_{2n}=z_{2n+1}=x_n$$

的牛顿插值. 因此，相应的埃尔米特插值多项式可写成如下牛顿插值多项式的形式：

$$\begin{aligned}H_{2n+1}(x)=&f[x_0]+f[x_0,x_0](x-x_0)+f[x_0,x_0,x_1](x-x_0)^2+\\&f[x_0,x_0,x_1,x_1](x-x_0)^2(x-x_1)+\cdots+\\&f[x_0,x_0,\cdots,x_n,x_n](x-x_0)^2\cdots(x-x_{n-1})^2(x-x_n).\end{aligned}$$

例 7　根据表 5.7 中函数 $f(x)$ 的信息，构造插值多项式.

表　5.7

x_i	-1	0	1	y_i'		0	5
y_i	0	-4	-2	y_i''		6	

解　首先计算差商表，见表 5.8.

表　5.8

x_i	y_i	一阶差商	二阶差商	三阶差商	四阶差商	五阶差商
-1	0					
0	-4	-4				
0	-4	0	4			
0	-4	0	6/2	-1		
1	-2	2	2	-1	0	
1	-2	5	3	1	2	1

据此差商表可得插值多项式

$$\begin{aligned}N_5(x)=&0+(-4)(x+1)+4(x+1)x+(-1)(x+1)x^2+\\&0(x+1)x^3+1(x+1)x^3(x-1)\\=&x^5-2x^3+3x^2-4.\end{aligned}$$

5.5　分段低次插值

在构造插值多项式时，一般总认为插值多项式的次数越高越好. 然而事实并非如此. 20 世纪初，龙格(Runge)给出了一个等距节点的插值多项式 $L_n(x)$ 不收敛于 $f(x)$ 的例子.

设函数 $y=\dfrac{1}{1+25x^2}$，$-1\leqslant x\leqslant 1$. 给出等距节点

$$x_i=-1+hi,\quad i=0,1,\cdots,n=\frac{2}{h},$$

作拉格朗日插值多项式 $L_n(x)$，其图像如图 5.5 所示.

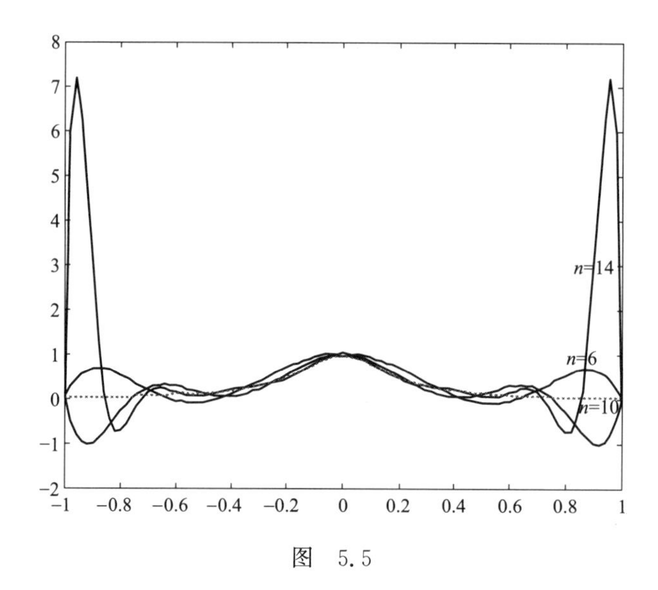

图 5.5

通过图 5.5 可清楚地看到，当拉格朗日插值多项式的次数增高时，在两端附近的函数值的波动会越来越大，误差不仅没有减小，反而越来越大. 不能保证在 n 趋于无穷时，插值函数一致逼近 $y=\dfrac{1}{1+25x^2}$. 我们称这种现象为龙格现象. 由于高次插值多项式很可能产生龙格现象，因此在多项式插值中，一般不宜选取高次多项式.

获取高精度插值的手段之一是利用分段的低次多项式插值. 下面介绍分段线性插值(见图 5.6). 设已知函数 $f(x)$在区间$[a,b]$上 $N+1$ 个互不相同的点 $x_0,x_1,\cdots,x_N$ 处的函数值 $y_0,y_1,\cdots,y_N$，过点$(x_0,y_0),(x_1,y_1),\cdots,(x_N,y_N)$，可作折线函数

$$I_N(x)=\frac{x-x_j}{x_{j-1}-x_j}y_{j-1}+\frac{x-x_{j-1}}{x_j-x_{j-1}}y_j,\quad x\in[x_{j-1},x_j],\quad j=1,2,\cdots,N.$$

称之为函数 $f(x)$的分段线性插值.

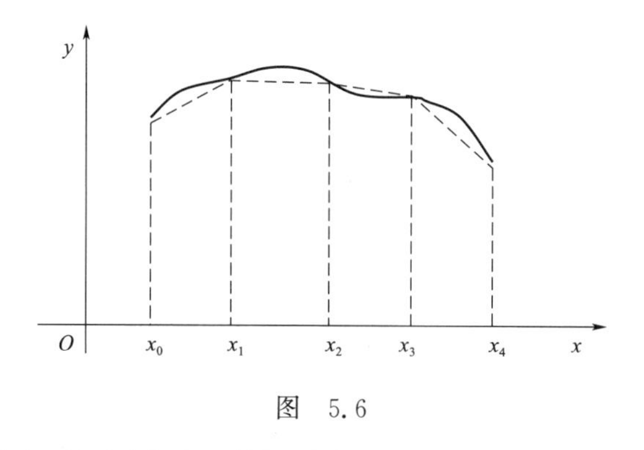

图 5.6

分段线性插值函数也可以写成基函数的形式，即

$$I_N(x)=\sum_{i=0}^{N}l_i(x)y_i,$$

其中，基函数 $l_i(x)$为非负的且局部非零(称为局部支撑性)的分段线性函数(见图 5.7)：

$$l_0(x)=\begin{cases}\dfrac{x-x_1}{x_0-x_1}, & x_0\leqslant x\leqslant x_1,\\ 0, & x\notin[x_0,x_1].\end{cases}$$

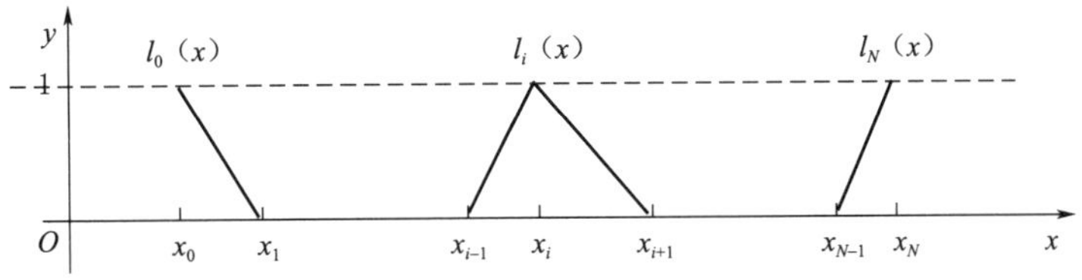

图　5.7

当 $i=1,2,\cdots,N-1$ 时

$$l_i(x)=\begin{cases}\dfrac{x-x_{i-1}}{x_i-x_{i-1}}, & x_{i-1}\leqslant x\leqslant x_i,\\ \dfrac{x-x_{i+1}}{x_i-x_{i+1}}, & x_i\leqslant x\leqslant x_{i+1},\\ 0, & x\notin[x_{i-1},x_{i+1}].\end{cases}$$

$$l_N(x)=\begin{cases}\dfrac{x-x_{N-1}}{x_N-x_{N-1}}, & x_{N-1}\leqslant x\leqslant x_N,\\ 0, & x\notin[x_{N-1},x_N].\end{cases}$$

当节点加密时，分段线性插值函数与被插函数的函数值有很好的近似性.

事实上，如果 $f(x)\in C^2[a,b]$，对任何 $x\in[x_{j-1},x_j]$ $(j=1,2,\cdots,N)$，由一次拉格朗日插值多项式的余项估计得

$$\begin{aligned}|f(x)-I_N(x)|&=\left|\frac{f''(\xi_x)}{2}(x-x_{j-1})(x-x_j)\right|\\&=\frac{|f''(\xi_x)|}{2}|(x-x_{j-1})(x_j-x)|\\&\leqslant\frac{|f''(\xi_x)|}{2}\,\frac{(x_j-x_{j-1})^2}{4}.\end{aligned}$$

故有更好的逼近结果

$$|f(x)-I_N(x)|\leqslant\frac{M_2}{8}h^2,$$

其中 $M_2=\max\limits_{a\leqslant x\leqslant b}|f''(x)|$.

上面定理说明函数的分段线性插值具有很好的收敛性. 但是，分段线性函数在节点处导数一般不存在，因此光滑性较差. 若要克服高次多项式插值有可能产生的龙格现象缺陷，又要使函数插值有一定的光滑性，则需对分段线性插值函数进行进一步改进.

如果在节点 x_i 上除了函数值信息外，还给出了导数值 $f'(x_i)=m_i$，可以构造一个导数连续的分段插值函数，如分段三次埃尔米特插值多项式，有结论表明分段三次埃尔米特插值比分段线性插值效果明显改善. 但是，这种插值需要节点处的导数值，需要提供的信息太多，而且在实际中很难得到导数信息. 一种弥补的方法是，根据已知的函数值信息来设定节点处的导数值，从而构造分段三次埃尔米特插值，这就是所谓的“保形分段插值”. 关键问题是如何设定节点处的一阶导数值. 可以借助差商（数据点连线的斜率）来设定插值节点处的一阶导数（被插函

数节点处的斜率). 分段保形插值已实现于 MATLAB 软件中,函数名为 pchip.

5.6 三次样条插值

5.6.1 三次样条插值的定义

"样条"(Spline)是绘图员用来描绘光滑曲线的一种简单工具. 在工程上,为了得到一条光滑的曲线,经常用一条富有弹性的细长金属条(称为样条)把一些点连接起来,以保证所得的曲线具有连续的曲率.

从力学的角度来看,强迫样条经过某些点,相当于在这此点处对样条施加力的作用,从而使样条发生弯曲,如图 5.8 所示. 截取其中的一小段进行分析,并将该小段置成水平状态,则在该小段上有作用力 R_i,R_{i+1} 和弯矩 M,从而使该小段样条处于静止的平衡状态,如图 5.9 所示.

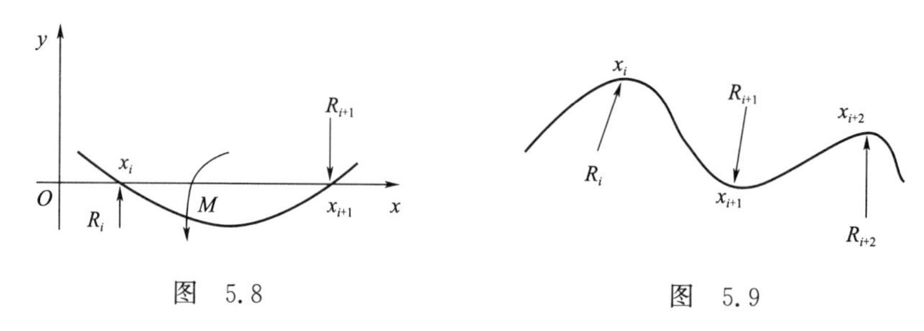

图 5.8　　　　图 5.9

样条在上述力和力矩的作用下发生弯曲的程度可根据材料力学中的公式

$$\frac{1}{R}=\frac{M(x)}{EJ} \tag{5.18}$$

进行计算,式中 R 是曲率半径,$M(x)$是作用在 x 截面上的弯矩,E 是物体的弹性模数,J 是物体质量对截面重心的惯性矩.

由于

$$M(x)=R_i(x-x_i)+R_{i+1}(x_{i+1}-x)-M=Ax+B,$$
$$\frac{1}{R}=\frac{y''}{(1+y'^2)^{3/2}}.$$

当变形小时,$y'\approx 0$ 所以$\frac{1}{R}\approx y''$因此式(5.18)可近似表示为

$$y''=\frac{M(x)}{EJ}=\frac{Ax+B}{EJ}=Cx+D,$$

对上式进行积分得

$$y=ax^3+bx^2+cx+d,$$

可见,样条的每一小段曲线可以用一个三次多项式来描述.

因此,在实用的插值多项式中,三次样条被用得越来越多. 样条插值实质是用分段多项式来光滑连接已知点. 一般提法如下:

设 $n+1$ 个点(x_i,y_i),$i=0,1,2,\cdots,n$,其中 $a=x_0<x_1<\cdots<x_n=b$,$y_i=f(x_i)$,$i=0,1,\cdots,n$ 构造一个函数 $S(x)$,使其满足:

(1)$S(x_i)=y_i, i=0,1,2,\cdots,n$;

(2)在区间(a, b)内,$S(x)$具有连续的二阶导数;

(3)在每个区间$[x_{i-1},x_i]$上,$S(x)$是一个三次的多项式.

称$S(x)$是节点$x_0,x_1,\cdots,x_n$上的三次样条插值多项式,简称三次样条.

5.6.2 三次样条插值的基本方程

设$S_i(x)$在$[x_{i-1},x_i]$上为三次多项式,M_i为$S_i(x)$在$x=x_i$的二阶导数值($i=0,1,2,\cdots,n$),则

$$S_i(x_{i-1})=y_{i-1},\quad S_i(x_i)=y_i,\quad i=1,2,\cdots,n, \tag{5.19}$$

$$S_i''(x_{i-1})=M_{i-1},\quad S_i''(x_i)=M_i,\quad i=1,2,\cdots,n. \tag{5.20}$$

由于$S_i(x)$是x的三次多项式,因此$S_i''(x)$是x的线性函数. 利用拉格朗日插值公式有

$$S_i''(x)=\frac{x-x_i}{x_{i-1}-x_i}M_{i-1}+\frac{x-x_{i-1}}{x_i-x_{i-1}}M_i.$$

令$x_i-x_{i-1}=h_i$,则

$$S_i''(x)=-\frac{x-x_i}{h_i}M_{i-1}+\frac{x-x_{i-1}}{h_i}M_i, \tag{5.21}$$

将上式积分两次,得

$$S_i(x)=M_{i-1}\frac{(x_i-x)^3}{6h_i}+M_i\frac{(x-x_{i-1})^3}{6h_i}+C_1x+C_2, \tag{5.22}$$

其中C_1,C_2为积分常数,利用式(5.19)确定出C_1,C_2,即

$$\begin{cases} M_{i-1}\dfrac{h_i^2}{6}+C_1x_{i-1}+C_2=y_{i-1}, \\ M_i\dfrac{h_i^2}{6}+C_1x_i+C_2=y_i. \end{cases}$$

解此方程组得

$$\begin{cases} C_1=\dfrac{h_i}{6}(M_{i-1}-M_i)+\dfrac{y_i-y_{i-1}}{h_i}, \\ C_2=-\dfrac{h_i}{6}(M_{i-1}x_i-M_ix_{i-1})+\dfrac{y_{i-1}x_i-y_ix_{i-1}}{h_i}. \end{cases}$$

将求得的C_1,C_2代入式(5.22)得

$$\begin{aligned} S_i(x)=&M_{i-1}\frac{(x_i-x)^3}{6h_i}+M_i\frac{(x-x_{i-1})^3}{6h_i}+\left(y_{i-1}-\frac{M_{i-1}}{6}h_i^2\right)\frac{x_i-x}{h_i}+ \\ &\left(y_i-\frac{M_i}{6}h_i^2\right)\frac{x-x_{i-1}}{h_i},\quad i=1,2,\cdots,n. \end{aligned} \tag{5.23}$$

只要求出$M_i(i=0,1,2,\cdots,n)$,三次样条在$[x_{i-1},x_i]$上的表达式就是式(5.23).下面利用一阶导数连续的条件求M_i.

对式(5.23)求导,得

$$S_i'(x)=-M_{i-1}\frac{(x_i-x)^2}{2h_i}+M_i\frac{(x-x_{i-1})^2}{2h_i}+\frac{y_i-y_{i-1}}{h_i}+\frac{h_i(M_{i-1}-M_i)}{6}.$$

类似地,在$[x_i,x_{i+1}]$上有

$$S'_{i+1}(x)=-M_i\frac{(x_{i+1}-x)^2}{2h_{i+1}}+M_{i+1}\frac{(x-x_i)^2}{2h_{i+1}}+\frac{y_{i+1}-y_i}{h_{i+1}}+\frac{h_{i+1}(M_i-M_{i+1})}{6}$$

则

$$S'_i(x_i-0)=M_i\frac{h_i}{2}+\frac{y_i-y_{i-1}}{h_i}+\frac{h_i(M_{i-1}-M_i)}{6} \tag{5.24}$$

$$S'_{i+1}(x_i+0)=-M_i\frac{h_{i+1}}{2}+\frac{y_{i+1}-y_i}{h_{i+1}}+\frac{h_{i+1}(M_i-M_{i+1})}{6} \tag{5.25}$$

由于 $S'_i(x_i-0)=S'_{i+1}(x_i+0)$，所以

$$\frac{h_i}{6}M_{i-1}+\frac{h_i+h_{i+1}}{3}M_i+\frac{h_{i+1}}{6}M_{i+1}=\frac{y_{i+1}-y_i}{h_{i+1}}-\frac{y_i-y_{i-1}}{h_i},$$

经整理得

$$\mu_iM_{i-1}+2M_i+\lambda_iM_{i+1}=d_i,\quad i=1,2,\cdots,n-1. \tag{5.26}$$

其中

$$\mu_i=\frac{h_i}{h_i+h_{i+1}},\quad \lambda_i=1-\mu_i,\quad d_i=\frac{6}{h_i+h_{i+1}}\left(\frac{y_{i+1}-y_i}{h_{i+1}}-\frac{y_i-y_{i-1}}{h_i}\right).$$

注意到 $d_i=6f[x_{i-1},x_i,x_{i+1}]$，所以式(5.26)又可写为

$$\mu_iM_{i-1}+2M_i+\lambda_iM_{i+1}=6f[x_{i-1},x_i,x_{i+1}],\quad i=1,2,\cdots,n-1. \tag{5.27}$$

线性方程组含有 $n+1$ 个未知数 $M_0,M_1,\cdots,M_n$，而方程只有 $n-1$ 个，因此要求出 $M_0,M_1,\cdots,M_n$，还须补充其他条件. 在力学上，M_i 解释为细梁在 x_i 截面处的弯矩，并且得到的弯矩与相邻的两个弯矩有关，故式(5.27)称为三弯矩方程.

例 8 已知 $f(x)$在给定点数据见表 5.9.

表 5.9

x_i	0	1	2	3
$f(x_i)$	0	1	1	0

求满足 $S''(0)=M_0=1,S''(3)=M_3=2$ 的三次样条函数.

解 首先计算 $f[x_{i-1},x_i,x_{i+1}]$的值. 为此作差商表，见表 5.10.

表 5.10

x_i	$f(x_i)$	$f[x_i,x_{i+1}]$	$f[x_{i-1},x_i,x_{i+1}]$	x_i	$f(x_i)$	$f[x_i,x_{i+1}]$	$f[x_{i-1},x_i,x_{i+1}]$
0	0			2	1	0	−0.5
1	1	1		3	0	−1	−0.5

易知

$$\mu_i=\lambda_i=\frac{h_i}{h_i+h_{i+1}}=0.5,$$

所以，关于 M_1,M_2 的方程为

$$0.5M_0+2M_1+0.5M_2=-3,$$

$$0.5M_1+2M_2+0.5M_3=-3.$$

利用已知 $M_0=1, M_3=2$ 得

$$\begin{cases}0.5M_2+2M_1=-3.5,\\0.5M_1+2M_2=-4.\end{cases}$$

解得 $M_1=-\frac{4}{3}, M_2=--\frac{5}{3}$将其代入式(5.23)得到

$$S(x)=\begin{cases}-\frac{1}{6}(x-1)^3-\frac{2}{9}x^3+\frac{1}{6}(x-1)+\frac{11}{9}x, & x\in[0,1],\\ \frac{2}{9}(x-2)^3-\frac{5}{18}(x-1)^3+\frac{11}{9}(2-x)+\frac{23}{18}(x-1), & x\in[1,2],\\ \frac{5}{18}(x-3)^3+\frac{1}{3}(x-2)^3+\frac{23}{18}(3-x)-\frac{1}{3}(x-2), & x\in[2,3].\end{cases}$$

即 $S(x)$为分段函数.

有时为了方便,还可采用样条函数在节点的一阶导数值作为参数. 如果记 $m_i=S'(x_i)(i=0,1,2,\cdots,n)$,由三次埃尔米特插值可得到以 m_i 为参数的"m 表达式".

$$\begin{aligned}S_i(x)=&m_{i-1}\frac{(x_i-x)^2(x-x_{i-1})}{h_i^2}+m_i\frac{(x_{i-1}-x)^2(x-x_i)}{h_i^2}+\\&y_{i-1}\frac{(x_i-x)^2[2(x-x_{i-1})+h_i]}{h_i^3}+y_i\frac{(x_{i-1}-x)^2[2(x_i-x)+h_i]}{h_i^3},\\&x\in[x_{i-1},x_i], i=1,2,\cdots,n, h_i=x_i-x_{i-1}.\end{aligned}\tag{5.28}$$

由二阶导数的连续性,有 $S_i'(x_i-0)=S_{i+1}'(x_i+0),(i=1,2,\cdots,n-1)$,得方程组

$$\lambda_i m_{i-1}+2m_i+\mu_i m_{i+1}=d_i,\quad i=1,2,\cdots,n-1.\tag{5.29}$$

其中 λ_i, μ_i 由式(5.26)表示,而

$$d_i=3\left(\mu_i\frac{y_{i+1}-y_i}{h_{i+1}}+\lambda_i\frac{y_i-y_{i-1}}{h_i}\right).$$

在力学上,m_i 解释为细梁在 x_i 截面处的转角,并且得到的转角与相邻的两个转角有关,故式(5.29)称为三转角方程.

5.6.3　端点条件

(1)给出两端点导数值(相当于样条两端悬臂),$S'(a)=y_0', S'(b)=y_n'$. 由式(5.24)和式(5.25),这时对方程组(5.27)增加了两个方程.

$$\begin{cases}2M_0+M_1=\frac{6}{h_1}\left(\frac{y_1-y_0}{h_1}-y_0'\right),\\M_{n-1}+M_n=\frac{6}{h_n}\left(-\frac{y_n-y_{n-1}}{h_n}+y_n'\right).\end{cases}\tag{5.30}$$

(2)给定 $M_0=y_0'', M_n=y_n''$. 这时方程组(5.27)减少了两个未知数. 特别可取 $M_0=M_n=0$(相当于样条两端简支),此时 $S(x)$称为自然三次插值样条.

(3)在$[x_0,x_1]$与$[x_{n-1},x_n]$上, $S(x)$为二次多项式,这里 $M_0=M_1, M_n=M_{n-1}$.

(4)周期情形(对 $y_0=y_n$ 时):$M_0=M_n, m_n=m_0$,这时由周期性 $y_0=y_n, M_0=M_n$,所以式(5.27)和式(5.29)变成了 n 个未知数的 n 个方程.

5.6.4　方程组的求解

对于非周期端点条件,求 M_j 时方程组 (5.25)或(5.27)可写为

$$\begin{pmatrix} 2 & \lambda_0 & 0 & 0 & \cdots & 0 & 0 \\ \mu_1 & 2 & \lambda_1 & 0 & \cdots & 0 & 0 \\ 0 & \mu_2 & 2 & \lambda_2 & \cdots & 0 & 0 \\ 0 & 0 & \mu_3 & 2 & \cdots & 0 & 0 \\ \vdots & \vdots & \vdots & \vdots & & \vdots & \vdots \\ 0 & 0 & 0 & 0 & \cdots & 2 & \lambda_{n-1} \\ 0 & 0 & 0 & 0 & \cdots & \mu_n & 2 \end{pmatrix} \begin{pmatrix} M_0 \\ M_1 \\ M_2 \\ M_3 \\ \vdots \\ M_{n-1} \\ M_n \end{pmatrix} = \begin{pmatrix} d_0 \\ d_1 \\ d_2 \\ d_3 \\ \vdots \\ d_{n-1} \\ d_n \end{pmatrix}, \tag{5.31a}$$

它的系数矩阵是三对角矩阵,可用“追赶法”求解.

对周期样条函数,方程组可写为

$$\begin{pmatrix} 2 & \lambda_1 & 0 & \cdots & \mu_1 \\ \mu_2 & 2 & \lambda_2 & \cdots & 0 \\ \vdots & \vdots & \vdots & & \vdots \\ 0 & 0 & 0 & \cdots & \lambda_{n-1} \\ \lambda_n & 0 & 0 & \cdots & 2 \end{pmatrix} \begin{pmatrix} M_1 \\ M_2 \\ \vdots \\ M_{n-1} \\ M_n \end{pmatrix} = \begin{pmatrix} d_1 \\ d_2 \\ \vdots \\ d_{n-1} \\ d_n \end{pmatrix}, \tag{5.31b}$$

利用直接三角分解法可求解.

例 9 求自然三次样条插值 $S(x)$,已知 $x_i, y_i(i=0,1,2,3,4)$的值见表 5.11.

表 5.11

i	0	1	2	3	4
x_i	0.25	0.30	0.39	0.45	0.53
y_i	0.500 0	0.547 7	0.624 5	0.670 8	0.878 0

解 把这些值代入方程组(5.27)中,得到

$$\begin{cases} \frac{5}{14}M_0 + 2M_1 + \frac{9}{14}M_2 = -4.314\,3, \\ \frac{3}{5}M_1 + 2M_2 + \frac{2}{5}M_3 = -3.264\,3, \\ \frac{3}{7}M_2 + 2M_3 + \frac{4}{7}M_4 = -2.428\,6. \end{cases}$$

由于要求得的是自然三次样条,所以有 $M_0=M_4=0$. 因此变成了三个未知数的三对角线方程组.

$$\begin{cases} 2M_1 + \frac{9}{14}M_2 = -4.314\,3, \\ \frac{3}{5}M_1 + 2M_2 + \frac{2}{5}M_3 = -3.264\,3, \\ \frac{3}{7}M_2 + 2M_3 = -2.428\,6. \end{cases}$$

用追赶法求解,得 $M_1=-1, M_2=-1.880\,6, M_3=-1.029\,1$.

把 M_i, h_i, x_i 与 y_i 的值代入式(5.23)有

$S_1(x)=-6.2653(x-0.25)^3+10(0.30-x)+10.9697(x-0.25),\quad x\in[0.25,0.30],$

$S_2(x)=-3.48(0.39-x)^3-1.5993(x-0.30)^3+6.1137(0.39-x)+$
$6.9517(x-0.3),\quad x\in[0.3,0.39],$

$S_3(x)=-2.3696(0.45-x)^3-2.8503(x-0.39)^3+10.417(0.45-x)+$
$11.1903(x-0.39),\quad x\in[0.39,0.45],$

$S_4(x)=-2.1417(0.53-x)^3+8.3987(0.53-x)+9.1(x-0.45),\quad x\in[0.45,0.53].$

与多项式插值相比较，三次样条插值有许多优点，诸如当 $h=\max\limits_{1\leqslant i\leqslant n}h_i\to 0$ 时，可得到 $S_i(x)$ 将一致收敛于 $f(x)$，其次方程组的系数矩阵是严格对角占优阵，这就保证了三次样条插值函数的存在唯一性，可以证明（见有关专著），当 $h\to 0$ 时，不仅 $S(x)\to f(x)$，而且 $S'(x)\to f'(x)$，$S''(x)\to f''(x)$.

素养提升

培养永不满足的科学精神

处理实际问题中的数据时，根据实际问题的特点和各种插值法的优缺点具体选择适当的插值：拉格朗日插值不具有承袭性，牛顿插值适合计算机计算. 若还有节点处的导数值信息，拉格朗日插值和牛顿插值就不适合，可以考虑埃尔米特插值；高次插值有龙格现象，分段低次插值没有保持原有函数的光滑性. 通过分析各种算法的优缺点，处理数据有循序渐进的过程，体会科学研究无止境，从而培养永不满足的科学精神.

5.7 最小二乘法

在科学实验或统计研究中，人们常常需要从一组测定的数据（如 $m+1$ 个点 (x_i,y_i)）去求得自变量 x 和因变量 y 的一个近似解析表达式 $y=\varphi(x)$. 这就是由给定的 $m+1$ 个点 $(x_i,y_i)(i=0,1,2,\cdots,m)$ 求数据拟合的问题. 它与前面讲的插值问题相类似，但在插值问题中，要求所求得的函数 $y=\varphi(x)$ 在插值节点上，满足条件 $y_i=\varphi(x_i)$，即要求所求曲线通过所有的点 (x_i,y_i). 但一般在实验中给出的数据总是有观测误差的，因此，曲线通过所有的点会使曲线保留全部观测误差的影响，这是我们所不希望的. 数据拟合法则不要求曲线通过所有的点 (x_i,y_i)，而是根据这些数据之间的相关关系，用其他办法给出它们之间合适的数学公式，画出一条近似曲线，以反映给定数据的一般趋势，这就是曲线拟合问题.

5.7.1 单变量多项式拟合

设有变量 x 和 y 的一组数据，见表 5.12.

表 5.12

x	x_0	x_1	x_2	$\cdots$	x_m
y	y_0	y_1	y_2	$\cdots$	y_m

选取多项式 $P(x)=\sum\limits_{j=0}^{n}a_jx^j$，其中 $a_j(j=0,1,2,\cdots,n)$ 为待定系数，记

$$S=\sum_{j=0}^{m}(P(x_j)-y_j)^2. \tag{5.32}$$

我们的目的就是选取适当的 $a_j(j=0,1,2,\cdots,n)$，使 S 达到最小值，这种方法就是最小二乘法.

为使 S 达到最小值，由式(5.30)可知，S 为 $a_j(j=0,1,2,\cdots,n)$ 的多元函数，由微分学知识可知，要使 S 达到最小值，则 $a_j(j=0,1,2,\cdots,n)$ 应满足下列条件

$$\frac{\partial S}{\partial a_k}=0,\quad k=0,1,2,\cdots,n. \tag{5.33}$$

由此得到

$$\frac{\partial S}{\partial a_k}=2\sum_{i=0}^{m}(P(x_i)-y_i)\frac{\partial P(x_i)}{\partial a_k}=0,\quad k=0,1,2,\cdots,n.$$

经整理得

$$\sum_{j=0}^{n}a_j\sum_{i=0}^{m}x_i^{j+k}-\sum_{i=0}^{m}x_i^k y_i=0.$$

令 $S_l=\sum\limits_{i=0}^{m}x_i^l, t_l=\sum\limits_{i=0}^{m}x_i^l y_i$，则上式化为

$$\sum_{j=0}^{n}S_{j+k}a_j=t_k,\quad k=0,1,2,\cdots,n. \tag{5.34}$$

方程(5.34)可写为矩阵形式

$$\boldsymbol{Ax}=\boldsymbol{b}.$$

其中

$$\boldsymbol{x}=(a_0,a_1,a_2,\cdots,a_n)^{\mathrm{T}},\quad \boldsymbol{b}=(b_0,b_1,b_2,\cdots,b_n)^{\mathrm{T}},\quad \boldsymbol{A}=(a_{ij}),\quad a_{ij}=S_{i+j}.$$

具体地有

$$\boldsymbol{A}=\begin{pmatrix} m & \sum\limits_{i=0}^{m}x_i & \sum\limits_{i=0}^{m}x_i^2 & \cdots & \sum\limits_{i=0}^{m}x_i^n \\ \sum\limits_{i=0}^{m}x_i & \sum\limits_{i=0}^{m}x_i^2 & \sum\limits_{i=0}^{m}x_i^3 & \cdots & \sum\limits_{i=0}^{m}x_i^{n+1} \\ \sum\limits_{i=0}^{m}x_i^2 & \sum\limits_{i=0}^{m}x_i^3 & \sum\limits_{i=0}^{m}x_i^4 & \cdots & \sum\limits_{i=0}^{m}x_i^{n+2} \\ \vdots & \vdots & \vdots & & \vdots \\ \sum\limits_{i=0}^{m}x_i^n & \sum\limits_{i=0}^{m}x_i^{n+1} & \sum\limits_{i=0}^{m}x_i^{n+2} & \cdots & \sum\limits_{i=0}^{m}x_i^{2n} \end{pmatrix},\quad \boldsymbol{b}=\begin{pmatrix} \sum\limits_{i=0}^{m}y_i \\ \sum\limits_{i=0}^{m}x_iy_i \\ \sum\limits_{i=0}^{m}x_i^2y_i \\ \vdots \\ \sum\limits_{i=0}^{m}x_i^ny_i \end{pmatrix}$$

方程(5.34)称为最小二乘法的正规方程或法方程. 可以证明式(5.34)存在唯一解. 解之得 $a_0=a_0^*, a_1=a_1^*, \cdots, a_n=a_n^*$ 便可得最小二乘拟合多项式 $P(x)$. 可以证明，$P(x)=a_0^*+a_1^*x+\cdots+a_n^*x^n$ 的解是式(5.32)达到的最小值.

应指出的是，$P(x)$ 的次数 n 的选取，应据实际点 $(x_i,y_i)(i=0,1,2,\cdots,m)$ 的坐标平面上形成的大致形状来确定，请看下面的例子.

例 10 某种合成纤维的强度与其拉伸倍数有直接关系，表 5.13 是实际测定的 24 个纤维

样品的强度与相应拉伸倍数的记录.

表　5.13

编号	拉伸倍数 x	强度 y/(kg/mm²)	编号	拉伸倍数 x	强度 y/(kg/mm²)
1	1.9	1.4	13	5.0	5.5
2	2.0	1.3	14	5.2	5.0
3	2.1	1.8	15	6.0	5.5
4	2.5	2.5	16	6.3	6.4
5	2.7	2.8	17	6.5	6.0
6	2.7	2.5	18	7.1	5.3
7	3.5	3.0	19	8.0	6.5
8	3.5	2.7	20	8.0	7.0
9	4.0	4.0	21	8.9	8.5
10	4.0	3.5	22	9.0	8.0
11	4.5	4.2	23	9.5	8.1
12	4.6	3.5	24	10.0	8.1

为了研究拉伸倍数与强度这两个量之间的关系，我们把拉伸倍数作为自变量，强度作为应变量 y，在坐标纸上作成图 5.10，每组数据(x,y)在图中以一个叉点表示，这种图称为散点图，从散点图可直观地看出两个变量之间的大致关系.

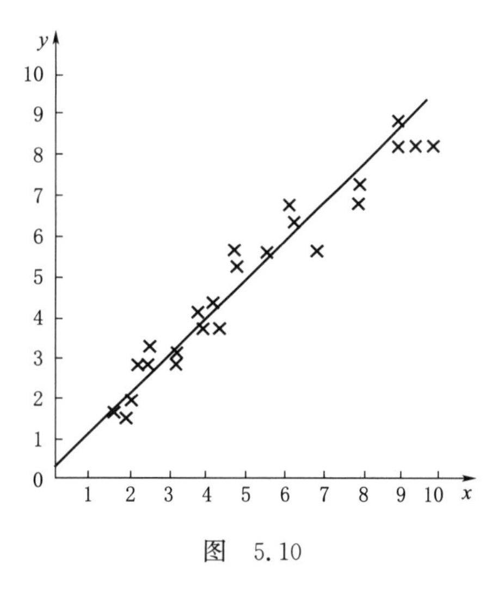

图　5.10

从图 5.10 看出纤维的强度随着拉伸倍数的增大而提高.它们之间大致呈线性关系，因此很自然地想到用一条直线来表示两者之间的关系.

设

$$y = ax + b$$

根据式(5.33)，有

$$\begin{cases} \dfrac{\partial S}{\partial b} = -2\sum_{i=1}^{24}(y_i - b - ax_i) = 0, \\ \dfrac{\partial S}{\partial a} = -2\sum_{i=1}^{24}(y_i - b - ax_i)x_i = 0. \end{cases}$$

得法方程

$$\begin{cases} 24b + 127.5a = 113.1, \\ 127.5b + 829.61a = 731.60. \end{cases}$$

解得

$$a = 0.859, \quad b = 0.15.$$

拟合多项式为

$$y = 0.859x + 0.15.$$

由于实际情况,多项式的次数一般都远小于数据的个数,在此情况下,证明方程组(5.34)的解存在且唯一.

事实上,方程组(5.34)的系数行列式为

$$D=\left|\sum_{i=0}^{m}x_i^{k+j}\right|.$$

若 $D=0$,其齐次线性方程组

$$\sum_{j=0}^{n}a_j\sum_{i=0}^{m}x_i^{j+k}=0,\quad k=0,1,2,\cdots,n$$

必有非零解,将第 k 个方程乘以 a_k 得到 $n+1$ 个方程

$$a_k\sum_{j=0}^{n}a_j\sum_{i=0}^{m}x_i^{j+k}=0,\quad k=0,1,2,\cdots,n.$$

将这 $n+1$ 个方程相加得

$$\sum_{k=0}^{n}a_k\sum_{j=0}^{n}a_j\sum_{i=0}^{m}x_i^{j+k}=0.$$

由于

$$\begin{aligned}\sum_{k=0}^{n}a_k\sum_{j=0}^{n}a_j\sum_{i=0}^{m}x_i^{j+k}&=\sum_{k=0}^{n}\sum_{j=0}^{n}\sum_{i=0}^{m}a_ja_kx_i^{j+k}\\&=\sum_{i=0}^{m}\Big(\sum_{j=0}^{n}a_jx_i^j\Big)\Big(\sum_{k=0}^{n}a_kx_i^k\Big)\\&=\sum_{i=0}^{m}\Big(\sum_{j=0}^{n}a_jx_i^j\Big)^2=\sum_{i=0}^{m}P^2(x_i)=0.\end{aligned}$$

发现 $P(x)$ 有 $m+1$ 个零点,则 $P(x)\equiv0, a_i=0, i=0,1,2,\cdots,n$ 这与齐次线性方程组有非零解相矛盾. 所以方程组(5.34)存在唯一解. 需要说明的是,即使多项式的次数 n 比节点个数大,可以证明,方程的解也存在唯一.

下面进一步说明,方程组(5.34)确定的 $a_j(j=0,1,2,\cdots,n)$ 所得多项式 $P(x)$ 的确使 S 达到最小值.

事实上,设 $q(x)=\sum\limits_{j=0}^{n}b_jx^j$ 为任 n 次多项式,记

$$d=\sum_{i=0}^{m}(q(x_i)-y_i)^2-\sum_{i=0}^{m}(P(x_i)-y_i)^2.$$

则

$$\begin{aligned}d=&\sum_{i=0}^{m}\{(q^2(x_i)-2y_iq(x_i)+y_i^2)-(P^2(x_i)-2y_iP(x_i)+y_i^2)\}\\=&\sum_{i=0}^{m}(q^2(x_i)-2P(x_i)q(x_i)+P^2(x_i))+\\&2\sum_{i=0}^{m}\Big[\Big(P(x_i)q(x_i)-P^2(x_i)\Big)+\Big(y_iP(x_i)-y_iq(x_i)\Big)\Big]\\=&\sum_{i=0}^{m}(q^2(x_i)-P(x_i))^2+2\sum_{i=0}^{m}\Big(q(x_i)-P(x_i)\Big)\Big(P(x_i)-y_i\Big)\end{aligned}$$

而

$$\sum_{i=0}^{m}\{(q(x_i)-P(x_i))(P(x_i)-y_i)\}=\sum_{i=0}^{m}\left(\sum_{j=0}^{n}(a_j-b_j)x_i^j\right)(P(x_i)-y_i)$$
$$=\sum_{j=0}^{n}(a_j-b_j)\sum_{i=0}^{m}\left(P(x_i)-y_i\right)x_i^j=0,$$

所以

$$d=\sum_{i=0}^{m}(q(x_i)-y_i)^2-\sum_{i=0}^{m}(P(x_i)-y_i)^2\geqslant 0.$$

这就证明了结论.

例 11　设函数的数据见表 5.14.

表　5.14

x_i	−3	−2	−1	0	1	2	3
$f(x_i)$	4	2	3	0	−1	2	−5

用 $y=ax^2+bx+c$ 拟合这组数据.

解　按式(5.32),计算法方程的系数矩阵 $\mathbf{A}=(a_{ij})_{3\times 3}$ 有

$$a_{11}=7,\quad a_{12}=\sum_{i=0}^{6}x_i=0,\quad a_{13}=\sum_{i=0}^{6}x_i^2=28,$$

$$a_{21}=a_{12}=0,\quad a_{22}=\sum_{i=0}^{6}x_i^2=a_{13}=28,\quad a_{23}=\sum_{i=0}^{6}x_i^3=0,$$

$$a_{31}=a_{13}=28,\quad a_{32}=a_{23}=0,\quad a_{33}=\sum_{i=0}^{6}x_i^4=196,$$

$$b_1=\sum_{i=0}^{6}y_i=1,\quad b_2=\sum_{i=0}^{6}x_iy_i=-39,\quad b_3=\sum_{i=0}^{6}x_i^2y_i=-7.$$

得方程组为

$$\begin{pmatrix}7&0&28\\0&28&0\\28&0&196\end{pmatrix}\begin{pmatrix}c\\b\\a\end{pmatrix}=\begin{pmatrix}1\\-39\\-7\end{pmatrix}.$$

解得

$$c=\frac{56}{84},\quad b=-\frac{39}{28},\quad a=-\frac{11}{84}.$$

二次曲线为 $y=\frac{1}{84}(56-117x-11x^2)$.

例 12　设有数据见表 5.15.

表　5.15

i	0	1	2	3	4	5	6
x_i	−3	−2	−1	0	1	2	3
$f(x_i)$	−1.76	0.42	1.2	1.34	1.43	2.25	4.38

用 $y=a+bx^3$ 拟合这组数据.

解 本例为非完全多项式拟合. 令

$$S=\sum_{i=0}^{6}\left[a+bx_i^3-f(x_i)\right]^2.$$

据最小二乘原理,有

$$\begin{cases}\dfrac{\partial S}{\partial b}=\sum\limits_{i=0}^{6}2(a+bx_i^3-f(x_i))x_i^3=0,\\ \dfrac{\partial S}{\partial a}=\sum\limits_{i=0}^{6}2(a+bx_i^3-f(x_i))=0.\end{cases}$$

化简为

$$\begin{cases}7a+\sum\limits_{i=0}^{6}bx_i^3=\sum\limits_{i=0}^{6}f(x_i),\\ \sum\limits_{i=0}^{6}ax_i^3+\sum\limits_{i=0}^{6}bx_i^6=\sum\limits_{i=0}^{6}f(x_i)x_i^6.\end{cases}$$

经计算矩阵形式为

$$\begin{pmatrix}7 & 0\\ 0 & 158\end{pmatrix}\begin{pmatrix}a\\ b\end{pmatrix}=\begin{pmatrix}9.26\\ 180.65\end{pmatrix},$$

解得

$$b=0.113\ 76,\quad a=1.332\ 9,$$

因此拟合表达式为

$$y=1.332\ 9+0.113\ 7x^3.$$

素养提升

最小二乘法的发现史

最小二乘法源于天文学和测地学的需要,在早期数理统计的发展中,这两门学科起了很大的作用.

现行的最小二乘法是勒让德(A. M. Legendre)于 1805 年在其著作《计算彗星轨道的新方法》中提出的,勒让德发现最小二乘法可能是在他参加的一项测地学的工作中,即从 1792 年开始持续了 10 余年的测量巴黎子午线之长的工作.

勒让德之所以能提出这个发现,是因为他没有沿袭前人的想法——要设法构造出 k 个方程去求解,他认识到关键不在于使某一方程严格符合,而在于要使误差以一种更平衡的方式分配到各个方程. 具体地说,他寻求这样的 θ 值,使得 $\sum\limits_{i=1}^{n}(x_{i0}+x_{i1}\theta_1+\cdots+x_{ik}\theta_k)^2$ 达到最小. 为什么取平方,而不取绝对值、4 次方或其他函数? 这就得从计算的观点来解释了,至少在勒让德时代,不可能知道从统计学的角度看,选择平方这个函数有何优点. 这方面的研究是很久以后的事情了.

现在看来,也许我们会觉得这个方法似乎平淡无奇,甚至是理所当然的,然而在当时，一些数学大家都未能在这个问题上有所突破. 可以想象当时这个问题还是很困难的. 这正说明了创造性思维的可贵和不易. 除了在思想囿于“解方程”这一思维定式之外，也许还因为，这是一个实用性的问题而非纯数学的问题. 解这种问题，需要一种植根于实用而非纯数学精确性的思维，例如，按数学理论，容器做成球形最省，但基于实际以及美学上等原因，在现实中有各种形状的容器存在. 总之，从最小二乘法的发现历史中，我们对纯数学和应用数学思维之间的差别多少可以获得一些启示.

勒让德在其著作中，对最小二乘法的优点有所阐述. 然而，这个方法仍有其不足之处，即它只是一个计算方法，缺少误差分析. 要研究这些问题，就需要建立一种误差分析理论. 经过研究发现，误差的大小对参数的估计值有重大的影响，误差的概率性质决定了估计参数的统计性质. 高斯对误差的概率性质给了适当的描述. 他不从单纯的“把 f 作为一个函数而要设法找出一些条件去决定它”这个思维定式出发，而是直接假定：在多次观测中取平均是天然合理的. 由此出发，再配合他的“极大似然”的想法，很容易决定出 f 应有

$$f(\varepsilon)=\frac{1}{\sqrt{2\pi}\sigma}\mathrm{e}^{-\frac{\varepsilon^2}{2\sigma^2}}$$

的形式. 这就是概率论中的正态分布，又称高斯分布，

$$x_{i0}+x_{i1}\theta_1+\cdots+x_{ik}\theta_k=\varepsilon_i \quad (1\leqslant i\leqslant n)$$

根据这个分布，则$(\varepsilon_1,\varepsilon_2,\cdots,\varepsilon_n)$的联合密度为

$$L=\left(\frac{1}{\sqrt{2\pi}\sigma}\right)^n\mathrm{e}^{-\frac{1}{2\sigma^2}\sum\limits_{i=1}^{n}\varepsilon_i^2}$$

为使 L 达到最大(即极大似然)，必须使 $\sum\limits_{i=1}^{n}(x_{i0}+x_{i1}\theta_1+\cdots+x_{ik}\theta_k)^2$ 达到最小，其意义在于：

(1)无论从理论还是实际看，正态误差都是合理的选择.

(2)在正态误差下，有一套简洁的小样本理论，因而大大提高了最小二乘法在使用上的方便和广泛性.

可以说，没有高斯的正态误差理论配合，最小二乘法的意义和重要性可能还不到其现今所具有的 1/10，最小二乘法与高斯理论的结合是数理统计史上的最重大的成就之一.

高斯的这些理论发表于其 1809 年的著作《关于绕日行星运动的理论》中，在该书中，他把最小二乘法称为“我们的方法”，并声称他自 1799 年以来就使用这个方法，由此爆发了一场与勒让德的优先权之争.

近代学者经过对原始文献的研究，认为两个人可能是独立发明了这个方法，但首先见于书面形式的，以勒让德的为早，然而现今教科书和著作中，多把这个发明权归功于高斯，其原因除了高斯具有更大的名气外，主要可能是因为其正态误差理论对这个方法的重要意义.

5.7.2　多变量数据拟合

若影响变量 y 的因素不止一个，而是几个，如有 k 个因素 $x_1,x_1,\cdots,x_k$，这时通过 N 次实

验得到数据,见表 5.16.

表 5.16

编号	x_1	x_2	…	x_k	y
1	x_{11}	x_{21}	…	x_{k1}	y_1
2	x_{12}	x_{22}	…	x_{k2}	y_2
…	…	…	…	…	…
N	x_{1N}	x_{2N}	…	x_{kN}	y_N

一般 $N>k$,如果选择近似式为

$$y^* = a_0 + a_1x_1 + a_2x_2 + \cdots + a_kx_k, \tag{5.35}$$

与前面的分析一样,用最小二乘原理来确定式(5.35)中的全部系数. 为此,令

$$S^* = \sum_{i=1}^{N}(y_i - y_i^*)^2 = \sum_{i=1}^{N}(y_i - a_0 - a_1x_{1i} - a_2x_{2i} - \cdots - a_kx_{ki})^2, \tag{5.36}$$

要使 S^* 达到极小,有

$$\begin{cases} \dfrac{\partial S^*}{\partial a_0} = -2\sum\limits_{i=1}^{N}(y_i - a_0 - a_1x_{1i} - a_2x_{2i} - \cdots - a_kx_{ki}) = 0, \\ \dfrac{\partial S^*}{\partial a_1} = -2\sum\limits_{i=1}^{N}(y_i - a_0 - a_1x_{1i} - a_2x_{2i} - \cdots - a_kx_{ki})x_{1i} = 0, \\ \cdots\cdots \\ \dfrac{\partial S^*}{\partial a_k} = -2\sum\limits_{i=1}^{N}(y_i - a_0 - a_1x_{1i} - a_2x_{2i} - \cdots - a_kx_{ki})x_{ki} = 0. \end{cases} \tag{5.37}$$

化简整理后得到法方程

$$\begin{pmatrix} N & \sum\limits_{i=1}^{N}x_{1i} & \sum\limits_{i=1}^{N}x_{2i} & \cdots & \sum\limits_{i=1}^{N}x_{ki} \\ \sum\limits_{i=1}^{N}x_{1i} & \sum\limits_{i=1}^{N}x_{1i}x_{1i} & \sum\limits_{i=1}^{N}x_{2i}x_{1i} & \cdots & \sum\limits_{i=1}^{N}x_{ki}x_{1i} \\ \sum\limits_{i=1}^{N}x_{2i} & \sum\limits_{i=1}^{N}x_{1i}x_{2i} & \sum\limits_{i=1}^{N}x_{2i}x_{2i} & \cdots & \sum\limits_{i=1}^{N}x_{ki}x_{2i} \\ \vdots & \vdots & \vdots & & \vdots \\ \sum\limits_{i=1}^{N}x_{ki} & \sum\limits_{i=1}^{N}x_{1i}x_{ki} & \sum\limits_{i=1}^{N}x_{2i}x_{ki} & \cdots & \sum\limits_{i=1}^{N}x_{ki}x_{ki} \end{pmatrix} \begin{pmatrix} a_0 \\ a_1 \\ a_2 \\ \vdots \\ a_k \end{pmatrix} = \begin{pmatrix} \sum\limits_{i=1}^{N}y_i \\ \sum\limits_{i=1}^{N}y_ix_{1i} \\ \sum\limits_{i=1}^{N}y_ix_{2i} \\ \vdots \\ \sum\limits_{i=1}^{N}y_ix_{ki} \end{pmatrix}, \tag{5.38}$$

求解方程(5.38)即可得到线性的拟合函数.

例 13 根据经验,粗纱质量匀率 y 与牵切条干不匀率 x_1 及牵切质量不匀率 x_2 有关,实验测定 29 个样品的结果见表 5.17.

表 5.17

编号	x_1	x_2	y	编号	x_1	x_2	y
1	15.58	1.95	1.34	16	17.88	2.52	2.41
2	10.68	1.37	1.27	17	13.38	1.43	1.69
3	15.62	2.39	1.56	18	14.21	2.27	1.59
4	15.78	1.14	1.48	19	16.80	1.41	1.19
5	13.22	1.85	1.40	20	16.38	1.78	2.44
6	16.44	1.32	1.82	21	10.81	1.32	1.35
7	11.40	2.05	0.85	22	17.26	1.31	1.57
8	16.17	1.11	1.40	23	14.92	1.42	1.64
9	14.03	1.47	1.15	24	18.14	2.13	1.64
10	15.67	1.38	1.89	25	18.15	1.20	2.34
11	12.74	1.35	0.87	26	10.31	0.98	0.65
12	11.73	1.33	1.53	27	11.40	1.27	1.19
13	14.84	1.09	1.25	28	12.57	0.87	2.06
14	13.73	1.27	2.47	29	17.67	1.21	1.57
15	15.12	1.78	1.83				

解　现在选取近似式 $y^*=a_0+a_1x_1+a_2x_2$ 用最小二乘原理来确定 a_0,a_1,a_2 即使

$$S^*=\sum_{i=1}^{N}(y_i-y_i^*)^2=\sum_{i=1}^{N}(y_i-a_0-a_1x_{1i}-a_2x_{2i})^2$$

达到极小值，于是

$$\begin{cases}\dfrac{\partial S^*}{\partial a_0}=0,\\[2mm]\dfrac{\partial S^*}{\partial a_1}=0,\\[2mm]\dfrac{\partial S^*}{\partial a_2}=0.\end{cases}$$

化简整理，得到法方程

$$\begin{pmatrix} N & \sum_{i=1}^{N}x_{1i} & \sum_{i=1}^{N}x_{2i} \\ \sum_{i=1}^{N}x_{1i} & \sum_{i=1}^{N}x_{1i}x_{1i} & \sum_{i=1}^{N}x_{2i}x_{1i} \\ \sum_{i=1}^{N}x_{2i} & \sum_{i=1}^{N}x_{1i}x_{2i} & \sum_{i=1}^{N}x_{2i}x_{2i} \end{pmatrix}\begin{pmatrix}a_0\\a_1\\a_2\end{pmatrix}=\begin{pmatrix}\sum_{i=1}^{N}y_i\\ \sum_{i=1}^{N}y_ix_{1i}\\ \sum_{i=1}^{N}y_ix_{2i}\end{pmatrix},$$

代入数据，解得

$$a_0=0.074,\quad a_1=0.0999,\quad a_2=0.0245.$$

所以

$$y^* = 0.074 + 0.0999x_1 + 0.0245x_2.$$

5.7.3 非多项式形式的拟合

在许多实际问题中，无论一元或多元函数，在求最小二乘拟合时，用多项式形式是不够的，可能还要用到三角多项式、指数多项式等. 下面通过例子讨论指数型的拟合.

例 14 求一个经验函数，形如 $y=ae^{bx}$ 的公式，使它与表 5.18 数据相拟合.

表 5.18

x	1	2	3	4	5	6	7	8
y	15.3	20.5	27.4	36.6	49.1	65.6	87.8	117.6

解 先对经验公式 $y=ae^{bx}$ 的两边取常用对数

$$\lg y = \lg a + bx \lg e,$$

令

$$Y = \lg y, \quad A = \lg a, \quad B = b\lg e.$$

则

$$Y = A + Bx.$$

列出 x 和 Y 的数据表 5.19.

表 5.19

x	1	2	3	4	5	6	7	8
Y	1.184 7	1.311 8	1.437 8	1.563 5	1.691 1	1.816 9	1.943 5	2.070 4

进行线性拟合，计算

$$\sum_i x_i = 36, \quad \sum_i x_i^2 = 204, \quad \sum_i Y_i = 13.0197, \quad \sum_i x_i Y_i = 63.9003.$$

得到法方程

$$\begin{cases} 8A + 36B = 13.0197, \\ 36A + 204B = 63.9003. \end{cases}$$

解得

$$A = 1.0583, \quad B = 0.1265,$$

于是有

$$a = 11.44, \quad b = 0.2913,$$

得到经验公式

$$y = 11.44e^{0.2913x}.$$

上面的例子说明，某些变量之间函数关系不是多项式或不是线性关系，可以经过变量变换化为多项式或线性关系来拟合.

5.7.4 矛盾方程的最小二乘法解

如果 $\boldsymbol{Ax}=\boldsymbol{b}$ 没有解时，称为矛盾的方程组，需要研究其最小二乘解.

设线性方程组 $\sum_{j=0}^{n} a_{ij}x_j = b_i \quad (i=0,1,\cdots,m)$，求当 $x_j(j=0,1,\cdots,n)$ 取何值时，

$$\sum_{i=0}^{m}\sum_{j=0}^{n}(a_{ij}x_j - b_i)^2$$

最小. 即当 x 取何值时，$\|\boldsymbol{Ax}-\boldsymbol{b}\|_2^2$ 最小. 易得它的法方程为

$$\boldsymbol{A}^{\mathrm{T}}\boldsymbol{Ax} = \boldsymbol{A}^{\mathrm{T}}\boldsymbol{b},$$

这里 $\boldsymbol{A}=(a_{ij})_{m\times n}$，$\boldsymbol{x}=(x_1,x_2,\cdots,x_n)^{\mathrm{T}}$，$\boldsymbol{b}=(b_1,b_2,\cdots,b_m)^{\mathrm{T}}$. 当 $\boldsymbol{A}$ 列满秩，法方程就有唯一解.

例 15 矛盾方程组

$$\begin{cases} x_1 - x_2 = 1, \\ -x_1 + x_2 = 2, \\ 2x_1 - 2x_2 = 3, \\ -3x_1 + x_2 = 4. \end{cases}$$

求其最小二乘解.

解 系数矩阵和右端向量分别为

$$\boldsymbol{A} = \begin{pmatrix} 1 & -1 \\ -1 & 1 \\ 2 & -2 \\ -3 & 1 \end{pmatrix}, \quad \boldsymbol{b} = \begin{pmatrix} 1 \\ 2 \\ 3 \\ 4 \end{pmatrix},$$

由此可得

$$\boldsymbol{A}^{\mathrm{T}}\boldsymbol{A} = \begin{pmatrix} 15 & -9 \\ -9 & 7 \end{pmatrix}, \quad \boldsymbol{A}^{\mathrm{T}}\boldsymbol{b} = \begin{pmatrix} -7 \\ -1 \end{pmatrix},$$

即法方程为

$$\begin{pmatrix} 15 & -9 \\ -9 & 7 \end{pmatrix}\boldsymbol{x} = \begin{pmatrix} -7 \\ -1 \end{pmatrix},$$

解得方程组的最小二乘解

$$x_1 = \frac{-5}{3}, \quad x_2 = \frac{-13}{4}.$$

素养提升

强调数据保密

插值或拟合的目的是利用已有的数据信息来分析变量之间的关系，并利用这些函数关系研究更深层的问题. 这些数据包含了很多隐含的信息，要靠科学计算来发掘. 这时就要注意数据保密.

特别是当下，随着数字技术在各行各业得到广泛应用，很多重要领域企业掌握了海量数据，一定要注意数据安全.

习　题

1. 当 $x=1,-1,2$ 时，$f(x)=0,-3,4$，求 $f(x)$ 的二次拉格朗日插值多项式.

2. 给出 $f(x)=\ln x$ 的数值表，见表 5.20.

表 5.20

x	0.4	0.5	0.6	0.7	0.8
$\ln x$	−0.916 291	−0.693 147	−0.510 826	−0.357 765	−0.223 144

用线性插值及二次插值计算 ln 0.54 的近似值.

3. 设 $x_j(j=0,1,\cdots,n)$ 为互异节点，求证：

(1) $\sum\limits_{j=0}^{n} x_j^k l_j(x) \equiv x^k (k=0,1,\cdots,n)$；

(2) $\sum\limits_{j=0}^{n} (x_j-x)^k l_j(x) \equiv 0 (k=1,2,\cdots,n)$.

4. 证明：$l_i(x)=\dfrac{\omega_{n+1}(x)}{(x-x_i)\omega'_{n+1}(x_i)}$，其中 $l_i(x)$ 是拉格朗日插值基函数，$\omega_{n+1}(x)=(x-x_0)(x-x_1)\cdots(x-x_n)$.

5. 设 $f(x)\in C^2[a,b]$ 且 $f(a)=f(b)=0$，求证：$\max\limits_{a\leqslant x\leqslant b}|f(x)|\leqslant\dfrac{1}{8}(b-a)^2\max\limits_{a\leqslant x\leqslant b}|f''(x)|$.

6. 设 $f(x)$ 在$[a,b]$内有二阶连续导数，求证：

$$\max_{a\leqslant x\leqslant b}\left|f(x)-\left[f(a)+\frac{f(b)-f(a)}{b-a}(x-a)\right]\right|\leqslant\frac{1}{8}(b-a)^2\max_{a\leqslant x\leqslant b}|f''(x)|.$$

7. 设 $f(x)=x^7+5x^3+1$，求差商 $f[2^0,2^1]$，$f[2^0,2^1,2^2]$，$f[2^0,2^1,\cdots,2^7]$，$f[2^0,2^1,\cdots,2^8]$，$f[2^0,2^1,\cdots,2^{100}]$.

8. 若 $y_n=2^n$，求 $\Delta^4 y_n$.

9. 若 $f(x)=a_0+a_1x+\cdots+a_{n-1}x^{n-1}+a_nx^n$ 有 n 个不同实根 $x_1,x_2,\cdots,x_n$，证明：

$$\sum_{j=1}^{n}\frac{x_j^k}{f'(x_j)}=\begin{cases}0, & 0\leqslant k\leqslant n-2,\\ a_n^{-1}, & k=n-1.\end{cases}$$

10. 证明 n 阶均差有下列性质：

(1)若 $F(x)=cf(x)$，则 $F[x_0,x_1,\cdots,x_n]=cf[x_0,x_1,\cdots,x_n]$；

(2)若 $F(x)=f(x)+g(x)$，则 $F[x_0,x_1,\cdots,x_n]=f[x_0,x_1,\cdots,x_n]+g[x_0,x_1,\cdots,x_n]$.

11. 求一个次数不高于 4 次的多项式 $P(x)$，使它满足 $P(0)=P'(0)=0$，$P(1)=P'(1)=1$，$P(2)=1$.

12. 给定数据表(见表 5.21)$i=0,1,2,3,4$，求四次牛顿插值多项式，并写出插值余项.

表 5.21

x_i	1	2	4	6	7
$f(x_i)$	4	1	0	1	1

13. 给出函数 $f(x)$ 的数表(见表 5.22)求四次牛顿插值多项式,并由此计算 $f(0.596)$ 的值.

表　5.22

x_i	0.40	0.55	0.65	0.80	0.90	1.05
$f(x_i)$	0.410 75	0.578 15	0.696 75	0.88 811	1.026 52	1.253 82

14. 给出数表(见表 5.23)试求埃尔米特插值多项式.

表　5.23

x_i	1	2	3
y_i	2	4	12
y_i'		3	

15. 求 $f(x)=x^2$ 在 $[a,b]$ 上的分段线性插值函数 $I_h(x)$,并估计误差.

16. 给定数据表,(见表 5.24)试求满足自然边界条件的三次样条函数 $S(x)$.

表　5.24

x_j	0.25	0.30	0.39	0.45	0.53
y_j	0.500 0	0.547 7	0.624 5	0.670 8	0.728 0

17. 已知 $f(2)=1$,$S(x)=\begin{cases}\dfrac{1}{3}x^3-x^2+1, & 0\leqslant x\leqslant 1\\ p(x), & 1\leqslant x\leqslant 2\end{cases}$ 为 $f(x)$ 的关于节点 0,1,2 的三次样条插值多项式,试求 $p(x)$.

18. 已知三次样条函数 $S(x)=\begin{cases}x^3+ax+3, & 0\leqslant x\leqslant 1\\ -2(x-1)^3+3(x-1)^2+b(x-1)+1, & 1\leqslant x\leqslant 3\end{cases}$ 计算 $S'(0)$,$S'(3)$.

19. 求最小二乘拟合直线拟合数据:

(1) 拟合表 5.25 中数据.

表　5.25

x_k	−2	−1	0	1	2
y_k	1	2	3	3	4

(2)拟合表 5.26 中数据.

表　5.26

x_k	−4	−2	0	2	4
y_k	1.2	2.8	6.2	7.8	13.2

20. 用最小二乘法求一个形如 $y=a+bx^2$ 的经验公式,使它与表 5.27 中数据相拟合,并求均方误差.

表 5.27

x_i	19	25	31	38	44
y_i	19.0	32.3	49.0	73.3	97.8

21. 求拟合函数 $p(x)=\dfrac{1\ 000}{1+a\mathrm{e}^{bx}}$，拟合表 5.28 中数据.

表 5.28

0	1	2	3	4
200	400	650	850	950

22. 假设对一个模型火箭的高度度量四次，度量的次数以及对应的高度是$(t,h)=(1,135)$，$(2,265)$，$(3,385)$，$(4,485)$，单位是秒和米，拟合模型 $h=a+bt-4.905t^2$，估计物体最后可以达到的最大的高度，以及它何时返回地球.

23. 求下列矛盾线性方程组的最小二乘解：

(1)$\begin{pmatrix}1 & 2\\0 & 1\\2 & 1\end{pmatrix}\boldsymbol{x}=\begin{pmatrix}3\\1\\1\end{pmatrix}$；　(2)$\begin{pmatrix}1 & 1\\2 & 1\\3 & 1\end{pmatrix}\boldsymbol{x}=\begin{pmatrix}1\\2\\0\end{pmatrix}$.

上机实验

1. 用牛顿差值法计算例 1.

2. 用最小二乘拟合计算例 2.

3. 使用表 5.29 中数据估计 1980 年的人口，使用：(1)从 1970 年到 1990 年估计得的直线；(2)由 1960 年、1970 年和 1990 年估计得到的抛物线；(3)由所有四个点得到的自然三次样条；(4)找最小二乘直线、抛物线、三次曲线分别拟合. 将所有数值计算的结果分别与 1980 年的真实人口 4 452 584 592 进行比较.

表 5.29

年	人　口	年	人　口
1960	3 039 585 530	1990	5 281 653 820
1970	3 707 475 887	2000	6 079 603 571

4. 从连续 5 天的气象数据网站获得一组连续 121 h 的温度，用 $x=0:6:120$ 表示小时，y 表示在 0 h，6 h，12 h，…，120 h 的温度.

(1)做拉格朗日多项式插值 $L_{20}(x)$，并画出图形；(2)做自然三次插值样条函数 $S(x)$，画出图形. 分别与每日温度数据比较，最大误差是多少？有龙格现象吗？

5. 从 20 世纪 70 年代开始，Intel 中央处理单元中的晶体管数量见表 5.30，拟合这组数据，并分析数值结果.

表　5.30

年份	CPU	晶体管	年份	CPU	晶体管
1971	4004	2 250	1993	Pentium	3 100 000
1972	8008	2 500	1997	Pentium Ⅱ	7 500 000
1974	8080	5 000	1999	Pentium Ⅲ	24 000 000
1978	8086	29 000	2000	Pentium4	42 000 000
1982	286	120 000	2002	Itantium	220 000 000
1985	386	275 000	2003	Itantium2	410 000 000
1989	486	1 180 000			

6. 计算 $\begin{pmatrix} 3 & -1 & 2 \\ 4 & 1 & 0 \\ -3 & 2 & 1 \\ 1 & 1 & 5 \\ -2 & 0 & 3 \end{pmatrix} \boldsymbol{x} = \begin{pmatrix} 10 \\ 10 \\ -5 \\ 15 \\ 0 \end{pmatrix}$ 的最小二乘解.

第6章 数值微分与数值积分

6.1 引　　言

在很多科学工程领域中，常常需要计算函数的导数和积分.

例1 湖水在夏天会出现分层现象，接近湖面温度较高，越往下温度变低. 这种上热下冷的现象影响了水的对流和混合过程，使得下层水域缺氧，导致水生鱼类的死亡. 如果把水温 T 看成深度 x 的函数 $T(x)$，假设某个湖的观测数据见表 6.1.

表 6.1

x/m	0	2.3	4.9	9.1	13.7	18.3	22.9	27.2
T/℃	22.8	22.8	22.8	20.6	13.9	11.7	11.1	11.1

环境生物领域中关心在什么深度处温度下降最快，即$\frac{\mathrm{d}^2T}{\mathrm{d}x^2}=0$. 这里仅有温度和水深的离散数据，函数 $T(x)$的表达式未知，研究其导数的相关问题，要靠数值计算来解决.

例2 如图 6.1 所示，建筑上用的铝制波纹瓦是由一块平整的铝板压制而成. 假若某工地需要的是长 48(长度单位)，每个波纹的高度(从中心线)为 1，且每个波纹以周期为 2π 的三角函数近似的波纹瓦. 问压制一块波纹瓦所需铝板的长度 L.

此问题化为求曲线 $f(x)=\sin x$ 在区间$[0,48]$的弧长，可由下式计算：

$$\int_0^{48}\sqrt{1+[f'(x)]^2}\,\mathrm{d}x=\int_0^{48}\sqrt{1+\cos^2 x}\,\mathrm{d}x$$

这是椭圆积分的计算，被积函数的原函数用初等函数表示不出来，因此需要进行数值计算.

图 6.1

事实上，在很多科学工程计算中，比如，在常微分方程、偏微分方程或积分方程数值解中，经常会碰到函数导数以及积分的数值计算问题. 在很多情况下，函数的表达式往往未知，或者即使能用解析式表示，也往往因为表达式复杂，或者原函数本身难以用解析式表达，使得函数的数值微积分变得越来越重要.

本章介绍几种常用的函数导数和积分的数值计算公式.

6.2 数值微分

由导数的定义

$$f'(x_0)=\lim_{h\to 0}\frac{f(x_0+h)-f(x_0)}{h},$$

自然会想到，当步长 h 很小时，可以用

$$\frac{f(x_0+h)-f(x_0)}{h} \tag{6.1}$$

近似代替 $f'(x_0)$（见图 6.2）. 式(6.1)称为两点向前差分公式.

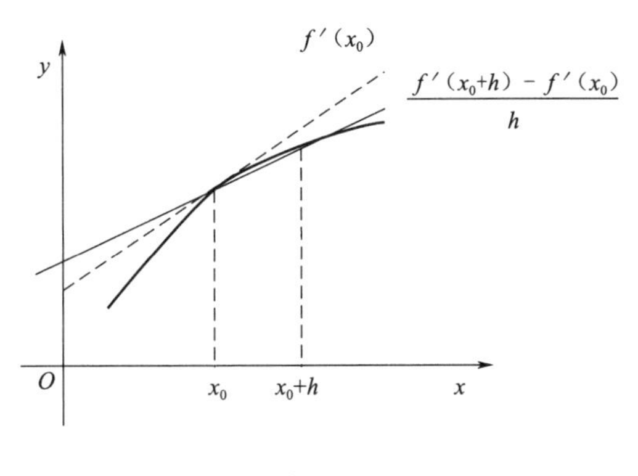

图 6.2

然而，由于舍入误差的存在，用上述公式进行计算，往往达不到计算精度的要求.

例 3 试用公式(6.1)计算函数 $f(x)=e^x$ 在 $x=1$ 处的一阶导数值(取 6 位浮点数).

解 将计算结果列于表 6.2.

表 6.2

h	$f(1+h)-f(1)$	$\frac{f(1+h)-f(1)}{h}$	h	$f(1+h)-f(1)$	$\frac{f(1+h)-f(1)}{h}$
0.5	1.763 41	3.526 82	0.000 5	0.001 360	2.720 00
0.1	0.285 884	2.85884	0.000 1	0.000 272	2.720 00
0.05	0.139 370	2.787 40	0.000 05	0.000 136	2.720 00
0.01	0.027 320	2.732 00	0.000 01	0.000 027	2.700 00
0.005	0.013 625	2.726 00	0.000 005	0.000 014	2.800 00
0.001	0.002 720	2.720 00			

注意到函数 $f(x)=e^x$ 在 $x=1$ 处的一阶导数值为 2.781 828 182 8…. 由分析知识知，当 h 越小时，$\frac{f(x_0+h)-f(x_0)}{h}$ 近似 $f'(x_0)$ 计算结果越精确. 但是看表 6.2 中的计算结果，在开始时，随着 h 的减小，计算精度也随之增高；但在 $h<0.05$ 以后，随着 h 的减小，计算精度反而变差，从舍入误差的角度看，步长 h 不应太小.

下面我们将介绍具有较高精度的数值微分公式.

6.2.1 三点数值微分公式

在第5章,我们介绍了如何用易于计算的“简单函数”来逼近函数,如多项式插值逼近、样条插值函数逼近等. 其实,可利用这种思想计算函数的导数值,即用简单函数的导数逼近一个表达式复杂甚至表达式未知的函数的导数. 用插值多项式的导数推导出所求函数的导数的数值微分公式称为插值型的求导公式,但是要注意误差分析. 下面以常用的二次插值多项式构造的三点数值微分公式为例说明.

等距节点的二次拉格朗日插值(即插值节点满足 $x_1-x_0=x_2-x_1=h$)

$$L_2(x)=\frac{(x-x_1)(x-x_2)}{2h^2}y_0-\frac{(x-x_0)(x-x_2)}{h^2}y_1+\frac{(x-x_0)(x-x_1)}{2h^2}y_2$$

的导数近似 $f'(x)$,即

$$f'(x)\approx L_2'(x)=\frac{2x-x_1-x_2}{2h^2}y_0-\frac{2x-x_0-x_2}{h^2}y_1+\frac{2x-x_0-x_1}{2h^2}y_2. \tag{6.2}$$

相应的余项为

$$\begin{aligned}R(x)&=f'(x)-L_2'(x)\\&=\frac{1}{3!}\frac{\mathrm{d}f'''(\xi_x)}{\mathrm{d}x}(x-x_0)(x-x_1)(x-x_2)+\\&\quad\frac{1}{3!}f'''(\xi_x)\frac{\mathrm{d}[(x-x_0)(x-x_1)(x-x_2)]}{\mathrm{d}x},\quad \xi_x\in[x_0,x_1,x_2,x].\end{aligned} \tag{6.3}$$

在式(6.3)中$\frac{\mathrm{d}f'''(\xi_x)}{\mathrm{d}x}$无法做出进一步的说明,对于随意给出的 x,$R(x)$无法预估,但是若限定求某个插值节点处的导数值,式(6.3)中的

$$\frac{1}{3!}\frac{\mathrm{d}f'''(\xi_x)}{\mathrm{d}x}(x-x_0)(x-x_1)(x-x_2)$$

为零,这时,在节点处便可得到三点数值微分公式及相应余项

$$\begin{cases}f'(x_0)=\frac{1}{2h}(-3y_0+4y_1-y_2)+\frac{h^2}{3}f'''(\xi),\\ f'(x_1)=\frac{1}{2h}(-y_0+y_2)-\frac{h^2}{6}f'''(\xi),\\ f'(x_2)=\frac{1}{2h}(y_0-4y_1+3y_2)+\frac{h^2}{3}f'''(\xi).\end{cases} \tag{6.4}$$

其中,$h=x_1-x_0=x_2-x_1$,$\xi\in[x_0,x_2]$.

数值微分公式(6.4)可用来近似计算函数一阶导数的值,其中第二个仅用了两个节点引人注目,这也是中心差商近似的导数. 类似的思想用于函数二阶导数的求解,可得到相应的二阶数值微分公式,也称为二阶导数的三点中心差分公式

$$f''(x_1)=\frac{1}{h^2}(y_0-2y_1+y_2)-\frac{h^2}{12}f^{(4)}(\xi) \tag{6.5}$$

其中,$h=x_1-x_0=x_2-x_1$,$\xi\in[x_0,x_2]$.

例4 已知函数 $y=\mathrm{e}^x$ 的下列函数值,见表6.3.

表 6.3

x	y	x	y
2.5	12.182 494	2.8	16.444 647
2.6	13.463 738	2.9	18.174 145
2.7	14.879 732		

试用两点公式、三点数值微分公式计算 $x=2.7$ 处的函数的一阶、二阶导数值.

解　当 $h=0.2$ 时,用两点向前差分公式计算

$$f'(2.7)\approx\frac{1}{0.2}(18.174\,1-14.879\,7)=16.472.$$

用三点数值微分公式计算

$$f'(2.7)\approx\frac{1}{2\times0.2}(18.174\,1-12.182\,5)=14.979,$$

$$f''(2.7)\approx\frac{1}{0.2^2}(12.182\,5-2\times14.879\,7+18.171\,4)=14.930.$$

当 $h=0.1$ 时,用两点向前差分公式计算

$$f'(2.7)\approx\frac{1}{0.1}(16.444\,6-14.879\,7)=15.649.$$

用三点数值微分公式计算

$$f'(2.7)\approx\frac{1}{2\times0.1}(16.444\,6-13.463\,7)=14.904\,5,$$

$$f''(2.7)\approx\frac{1}{0.1^2}(13.463\,7-2\times14.879\,7+16.444\,6)=14.890.$$

注意到 $f'(2.7)=f''(2.7)=f(2.7)=14.879\,73\cdots$,上面的计算表明,当步长 h 相等时,三点公式比两点公式精确. 而当用同一公式计算时,步长 h 越小,计算结果越精确. 这个结论对一般情况通常也是对的. 但由以上各微分公式的误差公式可看出,如果函数的导数的界,随着导数的阶而快速增加时,这个结论未必正确. 另外,随着步长 h 的变小,还应考虑舍入误差的影响,步长不能太小.

素养提升

用中点公式计算数值微分的感想

通过截断误差的理论分析知道 h 应该是越小计算精度越好,但是通过数值实验知道当 h 小到一定程度时反而误差会变大,这里还有舍入误差的因素. 也就是,两个节点之间的距离不是越小越好. 这就好像是人与人之间的相处,保持适当的距离、给对方相对独立的空间,可能会使得友谊更加长久,正所谓"君子之交淡如水",或者说"距离产生美".

6.2.2　理查森外推

低阶精度的公式计算简单但收敛慢. 能否通过低阶精度的公式产生高精度的计算结果呢? 回答是肯定的,这就是理查森(Richardson)外推法.

对于步长 $h>0$,设有一计算公式 $N(h)$ 逼近某未知量 Y. 其中 $N(h)$ 的余项有如下级数展

开形式：

$$Y-N(h)=K_1h^{\alpha_1}+K_2h^{\alpha_2}+K_3h^{\alpha_3}+\cdots=O(h^{\alpha_1}),\tag{6.6}$$

其中 $\alpha_1<\alpha_2<\alpha_3<\cdots$，$K_1,K_2,K_3,\cdots$与 h 无关.

如果步长折半，则有

$$\begin{aligned}Y-N\left(\frac{h}{2}\right)&=K_1\left(\frac{h}{2}\right)^{\alpha_1}+K_2\left(\frac{h}{2}\right)^{\alpha_2}+K_3\left(\frac{h}{2}\right)^{\alpha_3}+\cdots\\&=\frac{1}{2^{\alpha_1}}(K_1h^{\alpha_1}+2^{\alpha_1-\alpha_2}K_2h^{\alpha_2}+2^{\alpha_1-\alpha_3}K_3h^{\alpha_3}+\cdots).\end{aligned}\tag{6.7}$$

式(6.7)两边同时乘以 2^{α_1} 再减去式(6.6)，整理得

$$\begin{aligned}&Y-\frac{2^{\alpha_1}N\left(\frac{h}{2}\right)-N(h)}{2^{\alpha_1}-1}\\&=\frac{1}{2^{\alpha_1}-1}[(2^{\alpha_1-\alpha_2}-1)K_2h^{\alpha_2}+(2^{\alpha_1-\alpha_3}-1)K_3h^{\alpha_3}+\cdots]\\&=K_2'h^{\alpha_2}+K_3'h^{\alpha_3}+\cdots.\end{aligned}\tag{6.8}$$

记 $N_0(h)=N(h)$及

$$N_1(h)=\frac{2^{\alpha_1}N_0\left(\frac{h}{2}\right)-N_0(h)}{2^{\alpha_1}-1}.\tag{6.9}$$

则

$$Y-N_1(h)=K_2'h^{\alpha_2}+K_3'h^{\alpha_3}+\cdots=O(h^{\alpha_2}).\tag{6.10}$$

也就是说，通过两个 $O(h^{\alpha_1})$阶公式 $N_0(h)$和 $N_0\left(\frac{h}{2}\right)$的线性组合(6.9)得到的近似公式 $N_1(h)$的精度提高到 $O(h^{\alpha_2})$阶. 同理，对近似公式 (6.10) 步长再折半，做类似的线性组合，整理合并掉 h^{α_2} 项，即构造

$$N_2(h)=\frac{2^{\alpha_2}N_1\left(\frac{h}{2}\right)-N_1(h)}{2^{\alpha_2}-1},$$

则容易知道 $N_2(h)$的精度提高到 $O(h^{\alpha_3})$阶. 依次类似处理，即可得到高精度的结果. 这便是理查森外推公式的构造过程.

特别地，当近似公式 $N(h)$的余项有如下级数展开式

$$Y-N(h)=K_1h+K_2h^2+K_3h^3+\cdots=O(h),\tag{6.11}$$

可构造外推公式

$$N_k(h)=\frac{2^kN_{k-1}\left(\frac{h}{2}\right)-N_{k-1}(h)}{2^k-1},\quad k=1,2,\cdots,\tag{6.12}$$

其中 $N_0(h)=N(h)$. 此时 $Y-N_k(h)=O(h^{k+1})$.

具体计算时可通过列表计算(见表 6.4).

表　6.4

$O(h)$	$O(h^2)$	$O(h^3)$	$O(h^4)$
1:$N_0(h)=N(h)$			
2:$N_0\left(\frac{h}{2}\right)=N\left(\frac{h}{2}\right)$	3:$N_1(h)$		
4:$N_0\left(\frac{h}{4}\right)=N\left(\frac{h}{4}\right)$	5:$N_1\left(\frac{h}{2}\right)$	6:$N_2(h)$	
7:$N_0\left(\frac{h}{8}\right)=N\left(\frac{h}{8}\right)$	8:$N_1\left(\frac{h}{4}\right)$	9:$N_2\left(\frac{h}{2}\right)$	10:$N_3(h)$

当近似公式 $N(h)$ 的余项有如下渐近展开式

$$Y-N(h)=K_1h^2+K_2h^4+K_3h^6+\cdots=O(h^2) \tag{6.13}$$

时,可构造外推公式

$$\begin{aligned}N_k(h)&=\frac{2^{2k}N_{k-1}\left(\frac{h}{2}\right)-N_{k-1}(h)}{2^{2k}-1}\\&=\frac{4^kN_{k-1}\left(\frac{h}{2}\right)-N_{k-1}(h)}{4^k-1},\quad k=1,2,\cdots,\end{aligned} \tag{6.14}$$

其中 $N_0(h)=N(h)$. 此时,$Y-N_k(h)=O(h^{2(k+1)})$.

例 5　已知函数 $y=\mathrm{e}^x$ 的函数值(见表 6.5).

表　6.5

x	y	x	y
2.5	12.182 494	2.75	15.642 632
2.55	12.807 103	2.8	16.444 647
2.6	13.463 738	2.85	17.287 782
2.65	14.154 039	2.9	18.174 145
2.7	14.879 732		

试用三点数值微分公式

$$f'(x_0)\approx\frac{1}{2h}[f(x_0+h)-f(x_0-h)]$$

进行外推并计算 $x=2.7$ 处的函数的一阶导数值.

解　将 $f(x_0+h)$ 和 $f(x_0-h)$ 在 x_0 处展开,可得

$$\begin{aligned}&f'(x_0)-\frac{1}{2h}[f(x_0+h)-f(x_0-h)]\\&=-\frac{h^2}{2}f'''(x_0)-\frac{h^4}{120}f^{(4)}(x_0)-\cdots.\end{aligned}$$

这可以用式(6.14)构造外推公式

$$N_k(h)=\frac{4^k N_{k-1}\left(\frac{h}{2}\right)-N_{k-1}(h)}{4^k-1},\quad k=1,2,\cdots,$$

其中

$$N_0(h)=\frac{1}{2h}[f(x_0+h)-f(x_0-h)].$$

计算结果列于表 6.6(h=0.2).

表 6.6

$O(h^2)$	$O(h^4)$	$O(h^6)$
1:$N_0(h)$=14.979 128		
2:$N_0(h/2)$=14.904 545	3:$N_1(h)=\frac{4N_0(h/2)-N_0(h)}{3}$ =14.879 684	
4:$N_0(h/4)$=14.885 930	5:$N_1(h/2)=\frac{4N_0(h/4)-N_0(h/2)}{3}$ =14.879 725	6:$N_2(h)=\frac{16N_1(h/2)-N_1(h)}{15}$ =14.879 728

与精确值 $f'(2.7)=f(2.7)\approx$14.879 73…相比,精度较三点公式的计算结果 14.979 128 或 14.885 930(表中第一列数值)大大提高.

计算导数 $f'(x)$,其中初始微分公式为

$$D_{j,1}=\frac{1}{2^{-j}h}[f(x+2^{-j+1}h)-f(x-2^{-j+1}h)],\quad j=1,2,\cdots,k.$$

利用外推公式

$$D_{j+1,k+1}=D_{j+1,k}+\frac{D_{j+1,k}-D_{j,k}}{4^k-1},\quad k=1,2,\cdots$$

的 MATLAB 程序如下:

```
[exm6.5.m]
function [D,err,relerr,n] = diffextrapolation(f,x,delta,tolerance)
% Input  f::  输入函数
% Input  tolerance:容许误差
% Input  reltolerance: 相对误差的容许误差
% Output D:  近似导数值(为一矩阵)
% Output err: 误差界
% Output relerr:相对误差界
% Output n:  最佳逼近值的位置
err = 1;
relerr = 1;
h = 1;
j = 0;
D(1,1) = (feval(f,x + h) - feval(f,x - h))/(2 * h);
while relerr>reltolerance &err>tolerance &j<10
h = h/2;
D(j + 1,1) = (feval(f,x + h) - feval(f,x - h))/(2 * h);
```

```
for k = 1:j
D(j+1,k+1) = D(j+1,k) + ( D(j+1,k) - D(j,k))/((4^k) - 1);
end
err = abs(D(j+1,j+1) - D(j,j));
relerr = 2 * err/(abs(D(j+1,j+1) + abs(D(j,j)) + eps);
j = j+1;
end
[n,n] = size(D);
```

6.3 数值积分的基本概念

所谓数值积分方法，就是对定积分 $I[f]=\int_a^b f(x)\mathrm{d}x$，用被积函数 $f(x)$ 在区间 $[a,b]$ 上的一些节点 $a\leqslant x_0<x_1<\cdots<x_n\leqslant b$ 处的函数值 $f(x_i)$ 的线性组合 $I_n[f]=\sum\limits_{i=0}^{n}A_i f(x_i)$ 来近似表示，称 x_i 为求积节点，A_i 为相应的求积系数，$I_n[f]=\sum\limits_{i=0}^{n}A_i f(x_i)$ 为数值求积公式.

定义 1 如果定积分 $I[f]=\int_a^b f(x)\mathrm{d}x$ 的某个求积公式 $I_n[f]=\sum\limits_{i=0}^{n}A_i f(x_i)$，对于一切次数不高于 m 次的代数多项式 $P_m(x)$ 精确成立，即令

$$f(x)=1,x,x^2,\cdots,x^m,$$

有

$$\sum_{i=0}^{n}A_i x_i^k=\int_a^b x^k\mathrm{d}x,\quad k=0,1,\cdots,m.$$

则称公式 $I_n[f]=\sum\limits_{i=0}^{n}A_i f(x_i)$ 至少具有 m 次代数精度. 如果有某个 $m+1$ 次多项式 $P_{m+1}(x)$ 使求积公式不精确成立，则称 $I_n[f]=\sum\limits_{i=0}^{n}A_i f(x_i)$ 恰有 m 次代数精度.

显然，利用被积函数 $f(x)$ 在区间 $[a,b]$ 上的一些节点 $a\leqslant x_0<x_1<\cdots<x_n\leqslant b$ 及节点处的函数值 $f(x_i)$ 构造拉格朗日插值多项式 $L_n(x)=\sum\limits_{i=0}^{n}l_i(x)f(x_i)$，用

$$\int_a^b L_n(x)\mathrm{d}x=\int_a^b\sum_{i=0}^{n}l_i(x)f(x_i)\mathrm{d}x=\sum_{i=0}^{n}\left(\int_a^b l_i(x)\mathrm{d}x\right)f(x_i)=\sum_{i=0}^{n}A_i f(x_i)\tag{6.15}$$

近似计算 $I[f]=\int_a^b f(x)\mathrm{d}x$，其中

$$\begin{aligned}A_i&=\int_a^b l_i(x)\mathrm{d}x\\&=\int_a^b\frac{(x-x_0)\cdots(x-x_{i-1})(x-x_{i+1})\cdots(x-x_n)}{(x_i-x_0)\cdots(x_i-x_{i-1})(x_i-x_{i+1})\cdots(x_i-x_n)}\mathrm{d}x\\&=\int_a^b\prod_{\substack{j\neq i\\j=0}}^{n}\frac{x-x_j}{x_i-x_j}\mathrm{d}x.\end{aligned}\tag{6.16}$$

可见，求积系数 A_i 由式(6.16)确定，它仅与节点有关而与被积函数无关. 定积分的真值 $I[f]$ 与近似值 $I_n[f]$ 之差称为截断误差，记为 $R[f]$. 显然，当 $f(x)\in C^{n+1}[a,b]$ 时，

$$\begin{aligned} R[f]=I[f]-I_n[f]&=\int_a^b f(x)\mathrm{d}x-\sum_{i=0}^{n}A_i f(x_i) \\ &=\frac{1}{(n+1)!}\int_a^b f^{(n+1)}(\xi_x)\omega_{n+1}(x)\mathrm{d}x, \end{aligned} \tag{6.17}$$

其中 $\omega_{n+1}(x)=(x-x_0)(x-x_1)\cdots(x-x_n)$，$\xi_x\in[a,b]$.

易知，插值型求积公式(6.15)至少具有 n 次代数精度. 下面讨论便于使用的等距节点的插值型求积公式.

素养提升

了解华罗庚先生的生平事迹

华罗庚一生主要从事解析数论、矩阵几何学、典型群、自守函数论、多复变函数论、偏微分方程、高维数值积分等领域的研究并取得突出成就，被誉为“人民的数学家”.

他曾放弃美国优越生活条件和良好的科研环境，克服重重困难回到祖国怀抱，投身我国数学科研事业，为中国数学事业发展做出了杰出的贡献.

华罗庚是我国高等数学事业的奠基人. 华罗庚一生坚持学习的故事，一直传为美谈. 其中，华罗庚先生的厚薄互换读书法，相信能给大家的学习带来启发. 华罗庚在《学·思·锲而不舍》一文中这样写道：“一本书，当未读之前，你感到就是那么厚，在读的过程中，如果你对各章各节进行深入的探讨，在每页上加添注解，补充参考材料，那就会觉得更厚了. 但是，当我们对书的内容真正有了透彻的了解，抓住了全书的要点，掌握了全书的精神实质，就会感到书本变薄了. 愈是懂得透彻，愈是有薄的感觉. 这是每个科学家都要经历的过程. 这样，并不是学的知识变少了，而是把知识消化了.”

第一阶段是由薄到厚，就是在读一本书的时候，一定要扎扎实实，精读细研，一字一句一个概念都要彻底地搞清楚. 例如，一条定理，已知条件是什么，结论是什么，在证明中是否涉及另外的概念和结论等，都要一一弄明白. 如果遇到了别的概念和结论，就要顺藤摸瓜，追根溯源，决不放过任何一个疑点. 这样一来，本来一本不太厚的书，追到后来，就变得相当厚了. 这样做的好处是比较容易看清楚每一个知识点在整个知识体系中的坐标定位和来龙去脉，以便更深刻地理解和应用.

第二阶段是由厚到薄. 读一本书，不是仅仅满足于搞清楚书中的概念和定理，还要悉心领悟，经过自己的消化吸收，感悟文字中的深刻意味，真正做到融会贯通，并在这个基础上进行分析归纳，在总体上把握全书的要点，抓住主要的本质的东西，提纲要领，理清脉络，化繁为简，汲取精华. 这样，原先很厚的一本书就变得相当薄了. 掌握了把厚书读薄的本领，就能有效地防止在读书学习的过程中“捡了芝麻丢了西瓜”和“只见树木不见森林”现象的发生.

华罗庚的“厚薄互换”的读书方法是一种“用慢功夫打底”的方法，它的突出特点是慢与实，是一种脚踏实地、步步为营、日积月累的自然过程，一种不为利诱、不为物惑、专心致志的实，来不得半点浮躁和懈怠. 抓住了这种方法的实质，就能寓快于慢、事半功倍，否则，如果急功近利、心浮气躁，必将欲速则不达.

6.4　牛顿-柯特斯求积公式及余项

由于多项式的积分非常容易计算，和建立数值微分公式一样，可用函数 $f(x)$的拉格朗日插值多项式 $L_n(x)$的积分近似 $I[f]$，从而得到各种数值积分公式. 设拉格朗日插值多项式 $L_n(x)$的插值节点为

$$a \leqslant x_0 < x_1 < \cdots < x_n \leqslant b.$$

在求积公式(6.15)中，如果取等距节点

$$x_i = a + ih,\quad h = (b-a)/n,\quad i = 0,1,\cdots,n,$$

则得牛顿-柯特斯(Newton - Cotes)求积公式. 令 $x=a+th$ 于是，求积系数为

$$\begin{aligned} A_i &= \frac{(-1)^{n-i}h}{i!(n-i)!}\int_0^n t(t-1)\cdots(t-i+1)(t-i-1)\cdots(t-n)\mathrm{d}t \\ &= (b-a)\frac{(-1)^{n-i}}{n\cdot i!(n-i)!}\int_0^n t(t-1)\cdots(t-i+1)(t-i-1)\cdots(t-n)\mathrm{d}t. \end{aligned}$$

记 $C_i^{(n)} = \dfrac{A_i}{b-a}$，称之为柯特斯系数. 显然，柯特斯系数 $C_i^{(n)}$ 仅与 n 和 i 有关. 由于

$$\sum_{i=0}^n C_i^{(n)} = \sum_{i=0}^n \frac{1}{b-a}\int_a^b l_i(x)\mathrm{d}x = \frac{1}{b-a}\int_a^b \sum_{i=0}^n l_i(x)\mathrm{d}x = \frac{1}{b-a}\int_a^b 1\mathrm{d}x = 1.$$

即柯特斯系数满足关系

$$\sum_{i=0}^n C_i^{(n)} = 1.$$

表 6.7 列出了柯特斯系数的一部分.

表　6.7

n	$C_i^{(n)}$								
1	$\frac{1}{2}$	$\frac{1}{2}$							
2	$\frac{1}{6}$	$\frac{2}{3}$	$\frac{1}{6}$						
3	$\frac{1}{8}$	$\frac{3}{8}$	$\frac{3}{8}$	$\frac{1}{8}$					
4	$\frac{7}{90}$	$\frac{16}{45}$	$\frac{2}{15}$	$\frac{16}{45}$	$\frac{7}{90}$				
5	$\frac{19}{288}$	$\frac{25}{96}$	$\frac{25}{144}$	$\frac{25}{144}$	$\frac{25}{96}$	$\frac{19}{288}$			
6	$\frac{41}{840}$	$\frac{9}{35}$	$\frac{9}{280}$	$\frac{34}{105}$	$\frac{9}{280}$	$\frac{9}{35}$	$\frac{41}{840}$		
7	$\frac{3\,577}{17\,280}$	$\frac{1\,323}{17\,280}$	$\frac{2\,989}{17\,280}$	$\frac{2\,989}{17\,280}$	$\frac{1\,323}{17\,280}$	$\frac{3\,577}{17\,280}$	$\frac{3\,577}{17\,280}$		
8	$\frac{989}{28\,350}$	$\frac{5\,888}{28\,350}$	$\frac{-928}{28\,350}$	$\frac{10\,496}{28\,350}$	$\frac{-4\,540}{28\,350}$	$\frac{10\,496}{28\,350}$	$\frac{-928}{28\,350}$	$\frac{5\,888}{28\,350}$	$\frac{989}{28\,350}$

当 $n=1$ 时的求积公式称为梯形公式，即

$$I[f]\approx\frac{b-a}{2}[f(a)+f(b)]=\frac{h}{2}[f(a)+f(b)]\triangleq T, \tag{6.18}$$

其中 $h=b-a$. 当 $f(x)\in C^2[a,b]$时，相应的截断误差为

$$\begin{aligned}R[f]&=\int_a^b\frac{f''(\xi)}{2!}(x-a)(x-b)\mathrm{d}x\\&=-\frac{f''(\eta)}{12}(b-a)^3=-\frac{1}{12}h^3f''(\eta),\quad \eta\in[a,b].\end{aligned} \tag{6.19}$$

式(6.18) 的右端可视为 $x=a,x=b,x$ 轴和直线 $y=L_1(x)$围成的梯形的面积(见图 6.3). 显然，梯形公式具有一次代数精度.

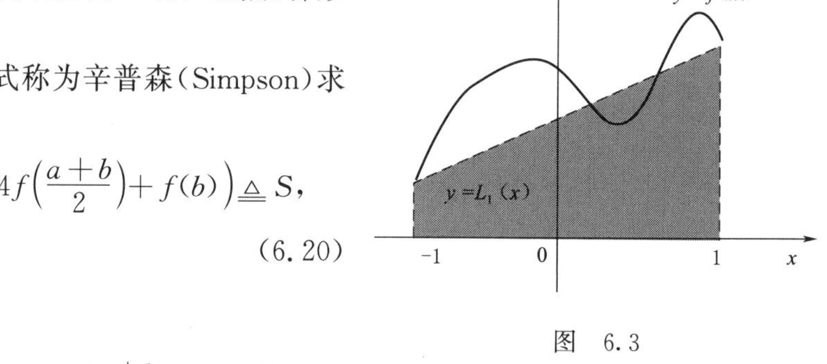

图 6.3

当 $n=2$ 时的求积公式称为辛普森(Simpson)求积公式

$$I[f]\approx\frac{b-a}{6}\left(f(a)+4f\left(\frac{a+b}{2}\right)+f(b)\right)\triangleq S, \tag{6.20}$$

记 $$h=\frac{b-a}{2},$$

$$S=\frac{h}{3}\left[\left(f(a)+4f\left(\frac{a+b}{2}\right)+f(b)\right]\right..$$

可以验证辛普森求积公式具有 3 次代数精度.

当 $f(x)\in C^4[a,b]$时，由于辛普森公式具有 3 次代数精度，故令其截断误差为

$$R[f]=Kf^{(4)}(\eta),$$

其中 K 待定.

取 $f(x)=x^4$，令

$$\int_a^b x^4\mathrm{d}x=\frac{h}{3}\left[\left(a^4+4\left(\frac{a+b}{2}\right)^4+b^4\right]+K\frac{1}{4!}\right.,$$

计算得 $K=-\frac{b-a}{180}h^4$，故得到辛普森公式的截断误差为

$$R[f]=-\frac{b-a}{180}h^4f^{(4)}(\eta),\quad \eta\in[a,b]. \tag{6.21}$$

在几何上，式(6.20) 的右端可视为直线 $x=a,x=b,x$ 轴和抛物线 $y=L_2(x)$围成的曲边梯形的面积(见图 6.4). 辛普森求积公式也称为抛物线求积公式.

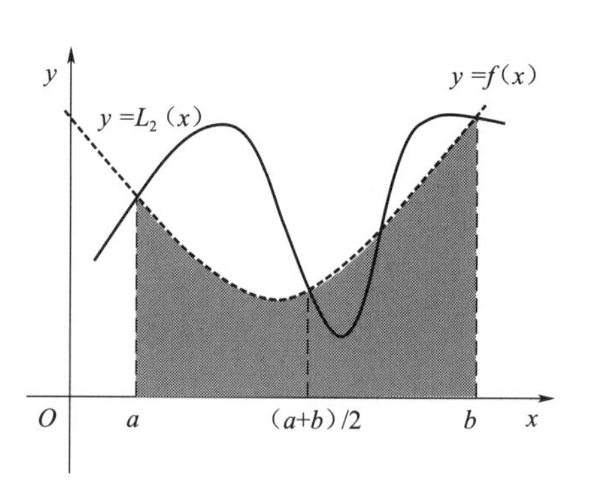

图 6.4

当 $n=4$ 时，由表 6.7 写出的求积公式称为柯特斯求积公式，可以验证它具有 5 次代数精度.

人们自然希望当 $n\to\infty$时，牛顿-柯特斯求积公式收敛于定积分 $I[f]$. 然而，当用牛顿-柯特斯求积公式计算定积分

$$I[f]=\int_0^1\frac{4\mathrm{d}x}{1+x^2}=\pi\approx 3.141\,592\,6\cdots$$

时，其数值积分过程是发散的. 令 $\sigma_n=\sum\limits_{i=0}^{n}|C_i^{(n)}|$. 可以证明 $\sup\limits_{n\to\infty}\sigma_n=+\infty$. 由于 $\sum\limits_{i=0}^{n}C_i^{(n)}=1$，可知，当 n 充分大时，柯特斯系数 $C_i^{(n)}$ 的符号可能发生变化. 由表 6.7 可以看到，当 $n=8$ 时，柯特斯系数已经有正有负. 因此，人们通常采用几种低阶的求积公式，如 $n\leqslant 7$. 此时，柯特斯系数均为正值，因而 $\sigma_n=\sum\limits_{i=0}^{n}|C_i^{(n)}|=\sum\limits_{i=0}^{n}C_i^{(n)}=1$ 成立. 故可使计算过程中舍入误差的影响得到控制，算法稳定. 事实上，令计算函数值 $f(x_i)$ 的容许误差为 E，即 $|\widetilde{f}(x_i)-f(x_i)|=\varepsilon$，其中 $\widetilde{f}(x_i)$ 为 $f(x_i)$ 的计算解，则当 $C_i^{(n)}>0, i=0,1,\cdots,n$ 时，求积公式 $\sum\limits_{i=0}^{n}A_if(x_i)$ 的计算误差为

$$\begin{aligned}&\left|\sum_{i=0}^{n}A_i\widetilde{f}(x_i)-\sum_{i=0}^{n}A_if(x_i)\right|\\ \leqslant{}&\sum_{i=0}^{n}|A_i|\varepsilon=\sum_{i=0}^{n}(b-a)C_i^{(n)}\varepsilon\\ ={}&(b-a)\varepsilon.\end{aligned}$$

而 $n\geqslant 8$ 时的牛顿-柯特斯求积公式中柯特斯系数出现负值，$\sum\limits_{i=0}^{n}|C_i^{(n)}|>\sum\limits_{i=0}^{n}C_i^{(n)}=1$，特别地，假定 $C_i^{(n)}(\widetilde{f}(x_i)-f(x_i))>0$ 则

$$\begin{aligned}\left|\sum_{i=0}^{n}A_i\widetilde{f}(x_i)-\sum_{i=0}^{n}A_if(x_i)\right|&=\left|\sum_{i=0}^{n}C_i^{(n)}\widetilde{f}(x_i)-\sum_{i=0}^{n}C_i^{(n)}f(x_i)\right|\\ &=\sum_{i=0}^{n}C_i^{(n)}(\widetilde{f}(x_i)-f(x_i))\\ &=\sum_{i=0}^{n}|C_i^{(n)}||(\widetilde{f}(x_i)-f(x_i))|\\ &=\sum_{i=0}^{n}|C_i^{(n)}|\varepsilon>\varepsilon.\end{aligned}$$

初始数据的误差会引起计算结果的误差增大，计算不稳定. $n\geqslant 8$ 时的牛顿-柯特斯求积公式是不用的.

6.5　复化梯形公式和复化辛普森求积公式

低阶的牛顿-柯特斯求积公式，一般不能满足精度要求. 为了提高计算精度，在实际计算时，通常采用它们的复化形式进行计算. 例如，对于梯形求积公式，先将积分区间 $[a,b]$ 分成 n 个等长的小区间，在每个小区间上应用梯形求积公式，然后相加便得到复化梯形求积公式. 下面推导复化梯形公式的计算公式.

令 $h=(b-a)/n, x_i=a+ih(i=0,1,2,\cdots,n)$. 在每个小区间 $[x_{i-1},x_i](i=1,2,\cdots,n)$ 上利用梯形求积公式然后再相加，得

$$I[f]=\int_{x_0}^{x_1}f(x)\mathrm{d}x+\int_{x_1}^{x_2}f(x)\mathrm{d}x+\cdots+\int_{x_{n-1}}^{x_n}f(x)\mathrm{d}x$$

$$\approx \frac{h}{2}\Big(f(x_0)+f(x_1)\Big)+\frac{h}{2}\Big(f(x_1)+f(x_2)\Big)+\cdots+\frac{h}{2}\Big(f(x_{n-1})+f(x_n)\Big)$$
$$=\frac{h}{2}\Big(f(a)+2f(x_1)+2f(x_2)+\cdots+2f(x_{n-1})+f(b)\Big).$$

用 T_n 表示上式最后一个等式的右端，称为复化梯形求积公式. 用它可计算函数 $f(x)$ 在区间 $[a,b]$ 上的定积分，即

$$I[f]\approx T_n=\frac{h}{2}\Big(f(a)+2f(x_1)+2f(x_2)+\cdots+2f(x_{n-1})+f(b)\Big). \tag{6.22}$$

显然，当函数 $f(x)$ 在 $[a,b]$ 上可积时，由定积分的定义立即可以得到收敛性

$$\lim_{n\to\infty}T_n=I[f].$$

而当 $f(x)\in C^2[a,b]$ 时，复化梯形求积公式的截断误差估计公式

$$\begin{aligned}R[f]&=-\frac{h^3}{12}\Big(f''(\eta_1)+f''(\eta_2)+\cdots+f''(\eta_n)\Big)\\&=-\frac{nh^3}{12}f''(\eta)=-\frac{h^2}{12}(b-a)f''(\eta)\\&=O(h^2),\end{aligned}$$

其中 $\eta\in[a,b]$.

与复化梯形公式一样，可构造相应的复化辛普森求积公式：首先将积分区间 $[a,b]$ 分成 $2n$ 个等长的小区间，然后在每两个相邻小区间上应用辛普森求积公式，最后相加即得到复化辛普森求积公式. 令 $h=(b-a)/2n$，$x_i=a+ih(i=0,1,2,\cdots,2n)$. 在区间 $[x_{2i-2},x_{2i}](i=1,2,\cdots,n)$ 上利用辛普森求积公式然后叠加得

$$\begin{aligned}I[f]&=\int_{x_0}^{x_2}f(x)\mathrm{d}x+\int_{x_2}^{x_4}f(x)\mathrm{d}x+\cdots+\int_{x_{2n-2}}^{x_{2n}}f(x)\mathrm{d}x\\&\approx\frac{2h}{6}\Big(f(x_0)+4f(x_1)+f(x_2)\Big)+\frac{2h}{6}\Big(f(x_2)+4f(x_3)+f(x_4)\Big)+\cdots+\\&\quad\frac{2h}{6}\Big(f(x_{2n-2})+4f(x_{2n-1})+f(x_{2n})\Big)\\&=\frac{h}{3}\Big(f(a)+4\sum_{i=1}^{n}f(x_{2i-1})+2\sum_{i=1}^{n-1}f(x_{2i})+f(b)\Big)\\&\triangleq S_n.\end{aligned} \tag{6.23}$$

求积公式 S_n 称为复化辛普森求积公式. 当 $f(x)\in C^4[a,b]$ 时，它的截断误差为

$$\begin{aligned}R[f]&=-\frac{h^4}{180}(b-a)f^{(4)}(\eta),\quad \eta\in[a,b]\\&=O(h^4).\end{aligned}$$

例 6 设 $f(x)=\dfrac{4}{1+x^2}$ 计算积分 $I=\int_0^1 f(x)\mathrm{d}x$.

解 利用梯形求积公式计算：

$$I=\int_0^1\frac{4}{1+x^2}\mathrm{d}x\approx\frac{1}{2}(4+2)=3;$$

利用辛普森求积公式计算：

$$I=\int_0^1 \frac{4}{1+x^2}\mathrm{d}x \approx \frac{1/2}{3}\left[4+4\frac{4}{1+(1/2)^2}+2\right]=3.133\ 333\ 333;$$

利用复化梯形求积公式计算：

$$T_2=\frac{1/2}{2}\Big(f(0)+2f(1/2)+f(1)\Big)=3.1;$$

$$T_4=\frac{1/4}{2}\left(f(0)+2f\left(\frac{1}{4}\right)+2f\left(\frac{1}{2}\right)+2f\left(\frac{3}{4}\right)+f(1)\right)=3.131\ 176\ 471;$$

$$T_8=\frac{1/8}{2}\left(f(0)+2f\left(\frac{1}{8}\right)+2f\left(\frac{1}{4}\right)+2f\left(\frac{3}{8}\right)+2f\left(\frac{1}{2}\right)+\right.$$
$$\left.2f\left(\frac{5}{8}\right)+2f\left(\frac{3}{4}\right)+2f\left(\frac{7}{8}\right)+f(1)\right)$$
$$=3.138\ 988\ 494.$$

利用复化辛普森求积公式计算：

$$S_2=\frac{1/2}{6}\left(f(0)+4f\left(\frac{1}{4}\right)+2f\left(\frac{1}{2}\right)+4f\left(\frac{3}{4}\right)+f(1)\right)=3.141\ 568\ 627;$$

$$S_4=\frac{1/4}{6}\left(f(0)+4f\left(\frac{1}{8}\right)+2f\left(\frac{1}{4}\right)+4f\left(\frac{3}{8}\right)+2f\left(\frac{1}{2}\right)+\right.$$
$$\left.4f\left(\frac{5}{8}\right)+2f\left(\frac{3}{4}\right)+4f\left(\frac{7}{8}\right)+f(1)\right)$$
$$=3.141\ 592\ 502.$$

$I=\int_0^1 \frac{4}{1+x^2}\mathrm{d}x=\pi=3.141\ 592\ 654\cdots$，通过计算可知，利用同样的九点函数值，$S_4$远比$T_8$要精确. 另外，通过此例的计算，注意到步长依次减半的复化梯形公式 $T_2,T_4,T_8,\cdots$有如下的递推关系

$$T_{2^{k+1}}=\frac{1}{2}T_{2^k}+\frac{(b-a)}{2^{k+1}}\sum_{i=1}^{2^k-1}f\left(a+\frac{(b-a)(2i-1)}{2^{k+1}}\right),\quad k=0,1,2,\cdots. \tag{6.24}$$

在用复化求积方法时，可以采用变步长的方法，只需计算新增节点的函数值，从而节省工作量.

6.6　变步长求积

6.6.1　梯形公式的变步长法

在例 6 中，先确定步长 h 再用求积公式求解的求积方法为定步长求积法. 然而，在实际问题中，给出问题所需的计算精度后，用定步长方法求积分往往不实用. 这时，可采用逐步缩小步长的办法，直至两次相邻的计算结果满足一定的精度为止. 这种积分方法称为变步长积分法. 为使缩小步长之前数值积分公式的节点仍为缩小步长之后数值积分公式的节点（以达到减少函数值计算的目的），一般采用逐步折半的方式. 例如，对于复化梯形求积公式，记 $x_i=a+ih,i=0,1,\cdots,2k$，则

$$T_k=\frac{b-a}{2k}\Big(f(a)+2f(x_2)+2f(x_4)+\cdots+2f(x_{2k-2})+f(b)\Big),$$

$$T_{2k}=\frac{(b-a)/2k}{2}\Big(f(a)+2f(x_1)+2f(x_2)+\cdots+2f(x_{2k-1})+f(b)\Big)$$
$$=\frac{1}{2}T_k+\frac{b-a}{2k}\Big(f(x_1)+f(x_3)+\cdots+f(x_{2k-1})\Big).$$

这表明,当步长折半时,复化梯形公式的值等于折半之前数值积分的值的一半加上新的步长与新增的节点处函数值之和的积.

例 7 用变步长法计算积分 $I=\int_0^1\frac{4}{1+x^2}\mathrm{d}x$,要求精确到 10^{-7}.

解 用梯形求积公式计算近似值,然后步长依次折半,记 k 为二分区间的次数,利用变步长法计算 T_{2k}.

$$T_{2^0}=\frac{1}{2}(f(0)+f(1))\approx 3,$$

$$T_{2^1}=\frac{1}{2}T_{2^0}+\frac{1}{2}f\Big(\frac{1}{2}\Big)\approx 3.1,$$

$$T_{2^2}=\frac{1}{2}T_{2^1}+\frac{1}{2^2}\Big(f\Big(\frac{1}{4}\Big)+f\Big(\frac{3}{4}\Big)\Big)\approx 3.131\ 176\ 471,$$

$$T_{2^3}=\frac{1}{2}T_{2^2}+\frac{1}{2^3}\Big(f\Big(\frac{1}{8}\Big)+f\Big(\frac{3}{8}\Big)+f\Big(\frac{5}{8}\Big)+f\Big(\frac{7}{8}\Big)\Big)\approx 3.138\ 988\ 494,$$

$$T_{2^4}=\frac{1}{2}T_{2^3}+\frac{1}{2^4}\Big(f\Big(\frac{1}{16}\Big)+f\Big(\frac{3}{8}\Big)+\cdots+f\Big(\frac{15}{16}\Big)\Big)\approx 3.140\ 941\ 612,$$

$$T_{2^5}=\frac{1}{2}T_{2^4}+\frac{1}{2^5}\Big(f\Big(\frac{1}{32}\Big)+f\Big(\frac{3}{32}\Big)+\cdots+f\Big(\frac{31}{32}\Big)\Big)\approx 3.141\ 429\ 893,$$

$$T_{2^6}=\frac{1}{2}T_{2^5}+\frac{1}{2^6}\Big(f\Big(\frac{1}{64}\Big)+f\Big(\frac{3}{64}\Big)+\cdots+f\Big(\frac{63}{64}\Big)\Big)\approx 3.141\ 551\ 963,$$

$$T_{2^7}=\frac{1}{2}T_{2^6}+\frac{1}{2^7}\Big(f\Big(\frac{1}{128}\Big)+f\Big(\frac{3}{128}\Big)+\cdots+f\Big(\frac{127}{128}\Big)\Big)\approx 3.141\ 582\ 481,$$

$$T_{2^8}=\frac{1}{2}T_{2^7}+\frac{1}{2^8}\Big(f\Big(\frac{1}{256}\Big)+f\Big(\frac{3}{256}\Big)+\cdots+f\Big(\frac{255}{256}\Big)\Big)\approx 3.141\ 590\ 110,$$

$$T_{2^9}=\frac{1}{2}T_{2^8}+\frac{1}{2^9}\Big(f\Big(\frac{1}{512}\Big)+f\Big(\frac{3}{512}\Big)+\cdots+f\Big(\frac{511}{512}\Big)\Big)\approx 3.141\ 592\ 018,$$

$$T_{2^{10}}=\frac{1}{2}T_{2^9}+\frac{1}{2^{10}}\Big(f\Big(\frac{1}{1\ 024}\Big)+f\Big(\frac{3}{1\ 024}\Big)+\cdots+f\Big(\frac{1\ 023}{1\ 024}\Big)\Big)\approx 3.141\ 592\ 495,$$

$$T_{2^{11}}=\frac{1}{2}T_{2^{10}}+\frac{1}{2^{11}}\Big(f\Big(\frac{1}{2\ 048}\Big)+f\Big(\frac{3}{2\ 048}\Big)+\cdots+f\Big(\frac{2\ 047}{2\ 048}\Big)\Big)\approx 3.141\ 592\ 614.$$

$$|T_{2^{11}}-T_{2^{10}}|\approx 0.000\ 000\ 119.$$

复化梯形公式用变步长法计算程序简单,T_{2^k} 当二分区间的次数越来越多时,计算结果越接近积分值,但是收敛缓慢,而且工作量是成指数增长. 此例中,若要达到 7 位有效数字,需要二分 11 次,共需要计算 2 049 个点处的函数值.

6.6.2 龙贝格算法

我们知道 $I-T_n=O(h^2)$,将步长二分后,$I-T_{2n}=O\Big(\frac{h^2}{4}\Big)$,于是

$$\frac{I-T_{2n}}{I-T_n}\approx\frac{1}{4}.$$

整理得

$$I-T_{2n}\approx\frac{1}{3}(T_{2n}-T_n).$$

这种直接用计算结果来估计误差的方法称为事后误差估计. 用$\frac{1}{3}(T_{2n}-T_n)$作为T_{2n}的一种补偿,可以期望$I\approx T_{2n}+\frac{1}{3}(T_{2n}-T_n)=\frac{4}{3}T_{2n}-\frac{1}{3}T_n$可能得到更好的结果. 直接验证知$\frac{4}{3}T_{2n}-\frac{1}{3}T_n=S_n$,也就是说$T_{2n}$与$T_n$经过这种简单的线性组合后得到了更高精度的$S_n$.

类似地,

$$\frac{I-S_{2n}}{I-S_n}\approx\frac{1}{16},$$

$$I-S_{2n}\approx\frac{1}{15}(S_{2n}-S_n),$$

$$I\approx S_{2n}+\frac{1}{15}(S_{2n}-S_n)=\frac{16}{15}S_{2n}-\frac{1}{15}S_n.$$

直接验证知$\frac{16}{15}S_{2n}-\frac{1}{15}S_n=C_n$,也就是说$S_{2n}$与$S_n$经过这种简单的线性组合后得到了更高精度的复化柯特斯公式C_n. 重复同样的手续,得到龙贝格公式

$$\frac{64}{63}C_{2n}-\frac{1}{63}C_n=R_n.$$

由精度低的梯形公式逐步加速成精度高的龙贝格公式,其理论依据是梯形法的余项可展成步长的级数形式,这种加速的方法就是理查森外推法.

设函数$f(x)$在区间$[a,b]$上充分光滑,复化梯形公式

$$T(h)=\frac{h}{2}\Big(f(a)+2f(x_1)+2f(x_2)+\cdots+2f(x_{n-1})+f(b)\Big),\quad h=\frac{b-a}{n}$$

的截断误差有如下的级数展开式

$$I[f]-T(h)=K_1h^2+K_2h^4+K_3h^6+\cdots+K_jh^{2j}+\cdots.$$

故根据理查森外推法,可构造如下外推公式:

$$T_k(h)=\frac{4^kT_{k-1}\left(\frac{h}{2}\right)-T_{k-1}(h)}{4^k-1},\quad k=1,2,\cdots,$$

其中$T_0(h)=T(h)$.

称上述方法为龙贝格数值积分方法(或逐次折半加速法).

为了计算方便,通常引入记号T_k^i(其中$T_0^i=T_0\left(\frac{b-a}{2^i}\right)$),$i$表示二分的次数,$k$表示加速的次数,即

$$T_k^i=\frac{4^kT_{k-1}^{i+1}-T_{k-1}^i}{4^k-1},\quad k=1,2,\cdots,m,\quad i=0,1,\cdots,m-k,$$

具体计算过程见表 6.8.

表 6.8

T_0^i	T_1^i	T_2^i	T_3^i
$1:T_0^0=T(b-a)$			
$2:T_0^1=T\left(\frac{b-a}{2}\right)$	$3:T_1^0=\frac{4T_0^1-T_0^0}{3}$		
$4:T_0^2=T\left(\frac{b-a}{4}\right)$	$5:T_1^1=\frac{4T_0^2-T_0^1}{3}$	$6:T_2^0=\frac{16T_1^1-T_1^0}{15}$	
$7:T_0^3=T\left(\frac{b-a}{8}\right)$	$8:T_1^2=\frac{4T_0^3-T_0^2}{3}$	$9:T_2^1=\frac{16T_1^2-T_1^1}{15}$	$10:T_3^0=\frac{64T_2^1-T_2^0}{63}$

例 8 用龙贝格求积方法计算积分 $I=\int_0^1 \frac{4}{1+x^2}\mathrm{d}x$.

解 由表 6.8,具体的计算结果见表 6.9.

表 6.9

T_0^i	T_1^i	T_2^i	T_3^i
3			
3.1	3.133 333 333		
3.131 176 471	3.141 568 628	3.142 117 648	
3.138 988 494	3.141 592 502	3.141 594 094	3.141 585 784

素养提升

高性能算法

龙贝格算法是高性能的算法,体现的是事半功倍的高效性能. 这里经过简单的函数值的线性组合就加工出精度高的结果,神奇的原因在哪儿?我们不要局限在仅会用龙贝格算法计算,还要明白算法的构造. 这就要注重理论分析,看清算法的本质. 这也是理查森外推法可以应用在数值微分、常(偏)微分方程数值解等问题中,从而构造出的高性能算法. 变步长法就像是生产线上的刻板劳动,但是经过创新(外推加速),一个简单线性组合的加工使得效率大增!这个创新看似简单,但是,它是基于熟练已有的工作并发现问题本质所在,才作出的创新.

6.6.3 自适应求积方法

在复化求积公式中,均采用等距节点. 当函数值在积分区间变化均匀时,这种复化公式是合理的. 可以想象,如果函数值在积分区间的某一部分变化不大而在另一部分变化剧烈时,这种积分公式显现出其弱点,即在某些子区间上误差已经很小,而在某些子区间上的误差可能还很大. 这时自然会想到:在函数值变化剧烈的子区间上细分,采用小步长,在函数值变化不大的子区间上采用大步长. 这种根据函数变化情况适当选取步长的方法称为自适应求积方法. 下面以常用的复化辛普森公式为例介绍自适应求积方法的构造过程.

设给定所求积分

$$I[f]=\int_a^b f(x)\mathrm{d}x$$

的精度为 ε. 首先用辛普森求积公式

$$S_1 = S(a,b) = \frac{h}{6}\left[f(a) + 4f\left(a + \frac{h}{2}\right) + f(b)\right], \quad h = b - a.$$

将区间[a,b]二分,$h_2 = \frac{h}{2} = \frac{b-a}{2}$. 分别在子区间$\left[a, \frac{a+b}{2}\right]$和$\left[\frac{a+b}{2}, b\right]$上用辛普森求积公式

$$S\left(a, \frac{a+b}{2}\right) = \frac{h_2}{6}\left[f(a) + 4f\left(a + \frac{h}{4}\right) + f\left(a + \frac{h}{2}\right)\right]$$

和

$$S\left(\frac{a+b}{2}, b\right) = \frac{h_2}{6}\left[f\left(a + \frac{h}{2}\right) + 4f\left(a + \frac{3h}{4}\right) + f(b)\right].$$

两式相加得 $n=2$(五个节点)的复化辛普森求积公式

$$S_2 = S\left(a, \frac{a+b}{2}\right) + S\left(\frac{a+b}{2}, b\right).$$

由事后误差估计得

$$I[f] - S_2 \approx \frac{S_2 - S_1}{15}.$$

因此,如果$|S_2 - S_1| \leqslant 15\varepsilon$,可期望得到$|I[f] - S_2| \leqslant \varepsilon$. 此时,令

$$I[f] \approx S_2,$$

停止计算,输出$\frac{16S_2 - S_1}{15}$(将 S_1,S_2 加速一次输出);否则令 $h_3 = \frac{h_2}{2}$,分别在区间上$\left[a, \frac{a+b}{2}\right]$和$\left[\frac{a+b}{2}, b\right]$上计算 $S_3\left(a, \frac{a+b}{2}\right)$, $S_3\left(\frac{a+b}{2}, b\right)$. 只要考察$\left|I[f] - S_3\left(a, \frac{a+b}{2}\right)\right| < \frac{\varepsilon}{2}$及$\left|I[f] - S_3\left(\frac{a+b}{2}, b\right)\right| < \frac{\varepsilon}{2}$是否成立. 对满足要求的区间不再二分,对不满足要求的继续二分,直到满足要求为止. 最后再应用龙贝格加速求出积分的近似值.

例 9　计算积分 $I = \int_{0.2}^{1} \frac{1}{x^2}\mathrm{d}x$, 积分精确值为 4. 若用复化辛普森公式计算,需要二分 5 次,h_n 是区间长度,结果见表 6.10.

表　6.10

n	h_n	S_n	$\|S_n - S_{n-1}\|$	n	h_n	S_n	$\|S_n - S_{n-1}\|$
1	0.8	4.948 148		4	0.1	4.002 164	0.022 054
2	0.4	4.187 037	0.761 11	5	0.05	4.000 154	0.002 010
3	0.2	4.024 218	0.162 819				

计算到$|S_n - S_{n-1}| < 0.02$为止,此时 $S_5 = S(0.2,1) = 4.000\ 154$,用龙贝格法得到$\frac{16}{15}S_5 - \frac{1}{15}S_4 = 4.000\ 02$. 整个计算将区间[0.2,1]做了 32 等分,用了 33 个节点处的函数值.

注意到函数 $f(x) = \frac{1}{x^2}$的值在区间[0.2,1]上当自变量靠近左端点时,函数值下降剧烈,靠

近右端点时平缓，故宜采用自适应的求积方法.

$S_1=S_1(0.2,1)=4.948\ 148$,

$h_2=0.4$ 时,$S_2(0.2,0.6)=3.518\ 518\ 52$,$S_2(0.6,1)=0.668\ 518\ 52$,

$S_2=S_2(0.2,0.6)+S_2(0.6,1)=4.187\ 037$,

判断:$|S_2-S_1|=0.761\ 11>0.02$,故对[0.2,0.6],[0.6,1]再二分.

先计算[0.6,1]的积分

$$S_3(0.6,0.8)=0.416\ 784\ 77,S_3(0.8,1)=0.250\ 025\ 72,$$

$$S_3(0.6,1)=S_3(0.6,0.8)+S_3(0.8,1)=0.666\ 810\ 49.$$

判断:

$$\begin{aligned}&S_2(0.6,1)-(S_3(0.6,0.8)+S_3(0.8,1))\\&=0.668\ 518\ 52-(0.416\ 784\ 77+0.250\ 025\ 72)=0.001\ 708<\frac{0.02}{2},\end{aligned}$$

故在[0.6,1]区间上的积分值近似为

$$\frac{16}{15}S_3(0.6,1)-\frac{1}{15}S_2(0.6,1)=\frac{16}{15}\times 0.666\ 810\ 49-\frac{1}{15}\times 0.666\ 518\ 52=0.666\ 696\ 62.$$

再计算[0.2,0.6]的积分:注意 $S_2(0.2,0.6)=3.518\ 518\ 52$,二分区间[0.2,0.6],计算

$$S_3(0.2,0.4)=2.523\ 148\ 15,\quad S_3(0.4,0.6)=0.834\ 259\ 26,$$

判断:

$$\begin{aligned}&S_2(0.2,0.6)-(S_3(0.2,0.4)+S_3(0.4,0.6))\\&=3.518\ 518\ 52-(2.523\ 148\ 15+0.834\ 259\ 26)=0.161\ 111>\frac{0.02}{2},\end{aligned}$$

还需二分[0.2,0.6],分别计算[0.2,0.4],[0.4,0.6]的积分.

对于区间[0.4,0.6],继续计算

$$S_4(0.4,0.5)=0.500\ 051\ 44,\quad S_4(0.5,0.6)=0.333\ 348\ 64,$$

判断:

$$\begin{aligned}&S_3(0.4,0.6)-(S_4(0.4,0.5)+S_4(0.5,0.6))\\&=0.000\ 859<\frac{0.02}{2^2},\end{aligned}$$

故[0.4,0.6]上的积分值近似为

$$\frac{16}{15}S_4(0.4,0.6)-\frac{1}{15}S_3(0.4,0.6)=\frac{16}{15}\times 0.833\ 400\ 08-\frac{1}{15}\times 0.834\ 259\ 26=0.833\ 342\ 8.$$

对于区间[0.2,0.4],计算得

$$S_3(0.2,0.4)-(S_4(0.2,0.3)+S_4(0.3,0.4))\geqslant\frac{0.02}{2^2},$$

所以,还要再二分,计算[0.2,0.3],[0.3,0.4]的积分.

在区间[0.3,0.4],由于

$$S_4(0.3,0.4)-(S_5(0.3,0.35)+S_4(0.35,0.4))=0.000\ 220<\frac{0.02}{2^3},$$

故在[0.3,0.4]上积分的近似值为

$$\frac{16}{15}S_5(0.3,0.4)-\frac{1}{15}S_4(0.3,0.4)=0.833\ 334\ 92.$$

在区间[0.2,0.3]上同样进行计算判断,得出积分的近似值为 1.666 686.

将以上各区间的积分近似值相加得 $I\approx 4.000\ 059\ 57$. 自适应积分法一共计算了 17 个节点处的函数值,节省了工作量.

在 MATLAB 中,quad 函数是使用自适应递归的辛普森方法计算函数的数值积分.

6.7　高斯型求积公式

6.7.1　两点高斯型求积公式的构造

已知位于 x 轴上方的一条曲线

$$y=f(x),\quad -1\leqslant x\leqslant 1.$$

求由该曲线和 $x=-1$,$x=1$ 以及 x 轴所围成的面积. 此问题可归结为定积分计算问题,即

$$S=\int_{-1}^{1}f(x)\mathrm{d}x.$$

如果用梯形求积公式进行计算,则

$$S=\int_{-1}^{1}f(x)\mathrm{d}x\approx\frac{b-a}{2}\big(f(a)+f(b)\big).$$

如图 6.5 所示.

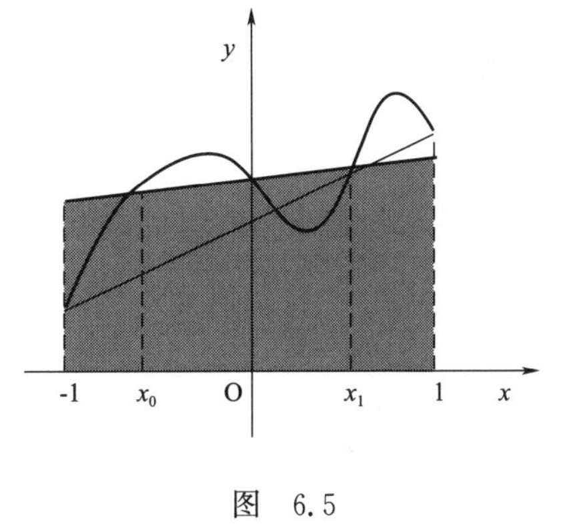

图　6.5

由图 6.5 可知,可通过调整梯形的斜边,使之面积更接近所求面积 S. 设梯形的斜边位于过点 $(x_0,f(x_0))$ 和 $(x_1,f(x_1))$ 的直线上,其中 $x_0,x_1\in[-1,1]$ 互不相等. 不难算出,该直线满足方程

$$y=f(x_0)+\frac{f(x_1)-f(x_0)}{x_1-x_0}(x-x_0).$$

因此

$$\begin{aligned}\int_{-1}^{1}f(x)\mathrm{d}x&\approx\int_{-1}^{1}\left[f(x_0)+\frac{f(x_1)-f(x_0)}{x_1-x_0}(x-x_0)\right]\mathrm{d}x\\&=\frac{2x_1}{x_1-x_0}f(x_0)+\frac{2x_0}{x_0-x_1}f(x_1).\end{aligned}$$

上述公式可理解为用函数 $f(x)$ 过两点 $(x_0,f(x_0))$ 和 $(x_1,f(x_1))$ 的线性插值在区间 $[-1,1]$ 上的积分值近似函数 $f(x)$ 在区间 $[-1,1]$ 上的积分值. 显然,可通过调节节点 x_0 和 x_1 的位置改善求积公式的精度. 特别地,当 $x_0=-1$,$x_1=1$ 时,求积公式即为梯形求积公式.

设求积公式

$$\int_{-1}^{1}f(x)\mathrm{d}x\approx A_0f(x_0)+A_1f(x_1),\tag{6.25}$$

其中 A_0,A_1,x_0 和 x_1 均为待定参数. 自然地,可适当选取参数使得该求积公式的代数精度尽可能高. 由于求积公式中含有四个参数,故可选择参数使得求积公式的代数精度至少为 3,即令 $f(x)=1,x,x^2,x^3$,使求积公式精确成立. 因此,得非线性方程组

$$\begin{cases} \int_{-1}^{1} 1\mathrm{d}x = 2 = A_0 + A_1, \\ \int_{-1}^{1} x\mathrm{d}x = 0 = A_0 x_0 + A_1 x_1, \\ \int_{-1}^{1} x^2\mathrm{d}x = \dfrac{2}{3} = A_0 x_0^2 + A_1 x_1^2, \\ \int_{-1}^{1} x^3\mathrm{d}x = 0 = A_0 x_0^3 + A_1 x_1^3. \end{cases} \tag{6.26}$$

等价地有

$$\begin{cases} A_0 + A_1 = 2, \\ A_0 x_0 = -A_1 x_1, \\ A_0 x_0^2 + A_1 x_1^2 = \dfrac{2}{3}, \\ A_0 x_0^3 = -A_1 x_1^3. \end{cases}$$

解得

$$A_0 = A_1 = 1, \quad x_0 = -\frac{1}{\sqrt{3}}, \quad x_1 = \frac{1}{\sqrt{3}}.$$

故得求积公式

$$\int_{-1}^{1} f(x)\mathrm{d}x \approx f\left(-\frac{1}{\sqrt{3}}\right) + f\left(\frac{1}{\sqrt{3}}\right). \tag{6.27}$$

上述求积公式称为两点高斯求积公式. 它的代数精度恰为 3. 当 $f(x) \in C^4[-1,1]$时,截断误差为

$$R[f] = \frac{f^{(4)}(\eta)}{135}, \quad \eta \in [-1,1].$$

例 10 用梯形求积公式和两点高斯求积公式(6.27)计算定积分

$$I = \int_{1}^{3} \frac{1}{x}\mathrm{d}x = \ln 3 - \ln 1 \approx 1.098\ 61.$$

解 由梯形求积公式

$$I[f] \approx T[f] = \frac{3-1}{2}\left(\frac{1}{1} + \frac{1}{3}\right) \approx 1.333\ 33.$$

下面用高斯型求积公式计算. 首先作变量代换 $x=t+2$ 将积分化为

$$I = \int_{1}^{3} \frac{1}{x}\mathrm{d}x = \int_{-1}^{1} \frac{1}{t+2}\mathrm{d}t.$$

然后利用两点高斯求积公式计算,得

$$I[f] \approx \frac{1}{-\dfrac{1}{\sqrt{3}} + 2} + \frac{1}{\dfrac{1}{\sqrt{3}} + 2} \approx 1.090\ 91.$$

和精确值相比,后者明显好于前者.

一般地,考虑如下数值积分公式

$$I[f] = \int_{a}^{b} \omega(x) f(x)\mathrm{d}x \approx \sum_{i=0}^{n} A_i f(x_i), \tag{6.28}$$

其中 $\omega(x)$为权函数. 我们希望确定参数 A_i 和 x_i,$i=0,1,\cdots,n$,使得求积公式(6.28)具有尽

可能高的的代数精度(最高为 $2n+1$),称这种求积公式为**高斯型求积公式**. 此时,分别称 A_i 和 x_i, $i=0,1,\cdots,n$ 为**高斯系数**和**高斯点**.

对于一般高斯求积方法,不可能直接求解类似(6.26)的非线性方程组. 经过分析,可以证明,如果把节点 x_i, $i=0,1,\cdots,n$,取为 $n+1$ 次正交多项式 $g_{n+1}(x)$ 的零点,并令 $L_n(x)$ 为以这 $n+1$ 个节点为插值节点的拉格朗日插值多项式,则

$$I[f]=\int_a^b \omega(x)f(x)\mathrm{d}x \approx \int_a^b \omega(x)L_n(x)\mathrm{d}x$$

即为高斯型求积公式.

6.7.2 常见的高斯型求积公式

高斯-勒让德求积公式

$$\int_{-1}^{1} f(x)\mathrm{d}x \approx \sum_{i=0}^{n} A_i f(x_i),$$

高斯-勒让德求积公式的高斯点与高斯系数具体数据参照表 6.11.

表 6.11

n	x_i	A_i	n	x_i	A_i
0	0.000 000 0	2.000 000 0	3	±0.861 136 3 ±0.339 881 0	0.347 854 8 0.652 145 2
1	±0.577 350 3	1.000 000 0	4	0.000 000 0 ±0.906 179 3 ±0.538 469 3	0.568 888 9 0.236 926 9 0.478 628 7
2	0.000 000 0 ±0.774 596 7	0.888 888 9 0.555 555 6			

当计算积分 $I[f]=\int_a^b f(x)\mathrm{d}x$ 时,可作变量代换

$$t=\frac{2x-a-b}{b-a} \Leftrightarrow x=\frac{1}{2}[(b-a)t+a+b],$$

将积分变为

$$I[f]=\int_{-1}^{1} f\left(\frac{(b-a)t+a+b}{2}\right)\frac{b-a}{2}\mathrm{d}t.$$

然后再利用高斯-勒让德求积公式计算.

高斯-切比雪夫求积公式

$$\int_{-1}^{1} \frac{f(x)}{\sqrt{1-x^2}}\mathrm{d}x \approx \sum_{0}^{n} A_i f(x_i),$$

其中高斯点为 $x_i=\cos\frac{2i-1}{2n+2}\pi$,高斯系数为 $A_i=\frac{\pi}{n+1}$.

高斯-拉盖尔求积公式

$$\int_0^{+\infty} e^{-x} f(x) dx \approx \sum_0^n A_i f(x_i),$$

高斯点与高斯系数具体数据参照表 6.12.

表 6.12

n	x_i	A_i	n	x_i	A_i
0	1.000 000 0	1.000 000 0	3	0.322 547 7 1.745 761 1 4.536 620 3 9.395 070 9	0.603 154 1 0.357 418 7 0.038 887 9 0.000 539 3
1	0.585 786 4 3.414 213 6	0.853 553 4 0.146 446 6	4	0.263 560 3 1.413 403 1 3.596 425 8 7.085 810 0 12.640 800 8	0.521 755 6 0.398 666 8 0.075 942 4 0.003 611 8 0.000 023 4
2	0.415 774 6 2.294 280 4 6.289 945 1	0.711 093 0 0.278 517 7 0.010 389 3			

高斯-埃尔米特求积公式

$$\int_{-\infty}^{+\infty} e^{-x^2} f(x) dx \approx \sum_0^n A_i f(x_i),$$

高斯点与高斯系数具体数据参照表 6.13.

表 6.13

n	x_i	A_i	n	x_i	A_i
0	0.000 000 0	1.772 453 9	3	±0.524 647 6 ±1.650 680 1	0.804 914 1 0.081 312 8
1	±0.707 106 8	0.886 226 9	4	0.000 000 0 ±0.958 572 5 ±2.020 182 9	0.945 308 7 0.393 619 3 0.019 953 2
2	0.000 000 0 ±1.224 744 9	1.181 635 9 0.295 410 0			

高斯型求积公式精度高且计算稳定,还可用来计算广义积分的值. 也可以用复化求积的思想,将积分区间分割成小的子区间,每个小区间上使用低阶的高斯求积公式,然后再累加,得到复化高斯型求积公式.

6.8 蒙特-卡罗方法

在统计物理中广泛存在下面一种积分:

$$I[f]=\int_{\Omega}f(x)p(x)\mathrm{d}x,\quad \Omega\subset\mathbf{R}^n,p(x)\geqslant 0,$$

$p(x)$视为一个密度函数，满足$\int_{\Omega}p(x)\mathrm{d}x=1$，$f(x)$是定义在$n$维欧式空间$\mathbf{R}^n$上的函数. 当空间维数大于1，积分区域也不规则时，前面几节介绍的数值方法很难处理. 为此介绍蒙特-卡罗(Monte - Carlo)方法.

蒙特-卡罗方法(在统计中也称为 Metropolis 方法)几乎与计算机同时诞生，最初的想法是冯・诺依曼(John von Neumann)、乌拉姆(Stan Ulam)和梅特罗波利斯(Nick Metropolis)为解决中子输送问题而提出的. 直到今天，蒙特-卡罗方法仍然应用广泛.

设$x_1,x_2,\cdots,x_M$是$p(x)$的一组独立选取的样点，$f(x)$在这些样点上的算数平均值$\frac{1}{M}\sum_{k=1}^{M}f(x_i)$可以积分地近似，这就是蒙特-卡罗方法.

考虑简单的情况：$I[f]=\int_0^1 f(x)\mathrm{d}x$，可以认为$p(x)\equiv 1$. 取区间$(0,1)$上一个均匀分布的随机序列$x_1,x_2,\cdots,x_n$，$I[f]=\int_0^1 f(x)\mathrm{d}x\approx\frac{1}{n}\sum_{k=1}^{n}f(x_k)$.

对于一般的区间$[a,b]$的一维积分

$$I[f]=\int_a^b f(x)\mathrm{d}x=(b-a)\int_a^b f(x)\frac{1}{b-a}\mathrm{d}x,\quad p(x)\equiv\frac{1}{b-a},$$

取区间$[a,b]$上一个均匀分布的随机序列$x_1,x_2,\cdots,x_n$，$I[f]=\int_a^b f(x)\mathrm{d}x\approx\frac{b-a}{n}\sum_{k=1}^{n}f(x_k)$.

对于高维的积分，蒙特-卡罗方法更有吸引力. 一般的积分区域$\Omega\subset\mathbf{R}^n$，它的"大小"也称为$\Omega$的测度，记为$m(\Omega)$，则

$$I[f]=\int_{\Omega}f(x)\mathrm{d}x\approx\frac{m(\Omega)}{n}\sum_{k=1}^{n}f(A_k),$$

其中$A_1,A_2,\cdots,A_n$是Ω上均匀分布的随机点.

由概率论中的大数定律知$\lim\limits_{n\to\infty}\frac{m(\Omega)}{n}\sum_{k=1}^{n}f(A_k)=\int_{\Omega}f(x)\mathrm{d}x$以概率1成立. 这表明随机点的个数越多，近似得就越好. 由中心极限定理知，随机点的个数越多时，不等式也接近概率1地成立，即

$$\left|\frac{m(\Omega)}{n}\sum_{k=1}^{n}f(A_k)-\int_{\Omega}f(x)\mathrm{d}x\right|\leqslant\frac{X_a\sigma}{\sqrt{n}}$$

其中X_a，σ分别为常数.

该方法的收敛速度比较缓慢，但是对高维空间的数值积分问题，它不依赖于维数的优点而备受关注，使用十分广泛.

习　题

1. 已知函数$f(x)=\frac{1}{(1+x)^2}$在点$x=1.0,1.1,1.2$处的函数值见表6.14，试用两点和三点微分公式求$f(x)$在点$x=1.1$处的导数值，并估计误差.

表 6.14

x_i	1.0	1.1	1.2
$f(x_i)$	0.250 000	0.226 757	0.206 612

2. 分析二阶数值微分公式

$$f''(x_1)\approx\frac{1}{h^2}(f(x_0)-2f(x_1)+f(x_2))$$

的误差.

3. 证明等式 $n\sin\frac{\pi}{n}=\pi-\frac{\pi^3}{3!\ n^2}+\frac{\pi^5}{5!\ n^4}-\cdots$，试依据 $n\sin\frac{\pi}{n}\quad(n=3,6,12)$ 的值，用外推算法求 π 的近似值.

素养提升

圆周率的计算方式

本章习题的第 3 题数值计算圆周率，用外推的方法可以节省工作量，收敛迅速. 历史上，刘徽割圆术计算圆周率，祖冲之计算的 π 精确到 3.141 592 6，我国数学家林群院士在“高性能有限元算法”中提出祖冲之计算的圆周率就是将刘徽割圆 96 边形和 192 边形的粗糙结果经过简单的线性组合得到 3.141 592 6 高精度的结果，即

$$\frac{4}{3}\pi_{192}-\frac{1}{3}\pi_{96}\approx 3.141\,592\,6.$$

这相当于用 12 288 边形硬算的结果，在当时的计算能力下，硬算到 12 288 边形是不可能的！这种外推起到事半功倍的效果. 祖冲之将圆周率计算精确到 3.141 592 6 领先欧洲近千年！这是值得我们自豪的. 但是理查森外推法研究有更广泛的应用，现常称为外推技术，它是一种高性能的算法.

4. 确定下列求积公式中的待定参数，使其代数精度尽量高，并指明所构造出的求积公式所具有的代数精度.

(1) $\int_{-h}^{h}f(x)\mathrm{d}x\approx A_{-1}f(-h)+A_0f(0)+A_1f(h)$；

(2) $\int_{-2h}^{2h}f(x)\mathrm{d}x\approx A_{-1}f(-h)+A_0f(0)+A_1f(h)$；

(3) $\int_{-1}^{1}f(x)\mathrm{d}x\approx[f(-1)+2f(x_1)+3f(x_2)]/3$.

5. 用梯形公式和辛普森公式计算弧长 $\int_a^b\sqrt{1+(f'(x))^2}\,\mathrm{d}x$，其中：

(1) $f(x)=\sin x,\quad[a,b]=\left[0,\frac{\pi}{4}\right]$；　　(2) $f(x)=\mathrm{e}^x,\quad[a,b]=[0,1]$.

6. 用变步长梯形求积公式计算积分 $\int_0^1\frac{\sin x}{x}\mathrm{d}x$，误差不超过 $\frac{1}{2}\times10^{-6}$.

7. 证明梯形求积公式的代数精度为 1，辛普森求积公式的代数精度为 3.

8. 用复化梯形公式求积分 $\int_a^b f(x)\mathrm{d}x$，问要将积分区间 $[a,b]$ 分成多少等份，才能保证误差不超过 E(假设不计舍入误差)？

9. 用龙贝格求积公式计算第 4 题中的积分.

10. 用龙贝格求积公式计算积分 $\int_{1}^{1.5} \mathrm{e}^{-x^2}\,\mathrm{d}x$.

11. 用下列方法计算积分 $\int_{1}^{3} \frac{\mathrm{d}x}{x}$，并比较结果.

(1)龙贝格方法；(2)三点及五点高斯公式；(3)将积分区间分为四等份，用复化两点高斯公式；(4)自适应复化辛普森法.

12. 计算广义积分 $\int_{1}^{\infty} \frac{1}{x^2+9}\mathrm{d}x$.

上机实验

1. 数值计算例 1.
2. 数值计算例 2

3. 考虑积分 $\int_{0}^{1} x\sin\frac{1}{x}\mathrm{d}x$，首先用 MATLAB 中的函数 ezplot 画被积函数的图像，然后用 MATLAB 中的符号计算工具箱计算该积分，再用 MATLAB 中的函数 quad 进行数值计算，分析计算结果.

4. 卫星轨道是一个椭圆，椭圆周长的计算公式是 $S=a\int_{0}^{\pi/2}\sqrt{1-\left(\frac{c}{a}\right)^2\sin^2\theta}\,\mathrm{d}\theta$，这里 a 是椭圆的半长轴，c 是地球中心与轨道中心（椭圆中心）的距离，记 h 为近地点距离，H 为远地点距离，$R=6371$ km 为地球半径，则 $a=(2R+H+h)/2$，$c=(H-h)/2$. 我国第一颗人造卫星近地点距离 $h=439$ km，远地点距离为2 384 km，试求卫星轨道的周长.

素养提升

科技工作者的钻研和奉献精神

高科技的背后是数学，学习科技工作者不畏艰辛、刻苦钻研和奉献的精神.

推荐观看电视剧《五星红旗迎风飘扬》第 40 集（大结局），其中有介绍我国负责第一颗返回式卫星回收的航天人祁思禹的工作经历，学习航空航天科技工作者的科研精神、奉献精神. 我国首颗返回式卫星成功回收，成为中国航天史上重要的里程碑.

5. 以积分方程 $y(t)=\frac{2}{\mathrm{e}-1}\int_{0}^{1}\mathrm{e}^{t}y(s)\mathrm{d}s-\mathrm{e}^{t}$ 为例，其精确解为 e^{t}，如何数值求解积分方程？

6. 假设冰淇淋的下部为一锥体，上部为一半球，计算冰淇淋的体积. 设锥面 $z^2=x^2+y^2$，球面 $x^2+y^2+(z-1)^2=1$，冰淇淋的体积表示为积分 $\int_{0}^{\pi/4}\int_{0}^{2\cos\varphi}\int_{0}^{2\pi}\rho^2\sin\varphi\,\mathrm{d}\varphi\mathrm{d}\rho\mathrm{d}\theta$，用蒙特-卡罗方法计算该积分.

第7章 常微分方程数值解

7.1 引　　言

作为科学建模的基本工具,我们每个人对微分方程都很熟悉. 微分方程的解,随着自变量的变化发生了什么?最直接的一个说法就是,这个解在将来某个时刻的取值如何?能够直接求得解的表达式是最好的,但是,从本质上讲,只有线性方程和变量可分离方程是可以直接求解的,对那些不能如此做的方程,应该怎么办?此时,可以采用近似方法.

例1　考虑一个引力问题,涉及 n 个相互吸引的星体,质量分别为 $M_1, M_2, \cdots, M_n$,对应的位置向量为 $y_1(x), y_2(x), \cdots, y_n(x)$,满足二阶微分方程组

$$y_i''(x) = -\sum_{j \neq i} \frac{\gamma M_j (y_i - y_j)}{\| y_i - y_j \|^3}, \quad i = 1, 2, \cdots, n \tag{7.1}$$

其中 γ 是引力常数.

例如,在太阳系的模型中,质量较大的行星如木星、天王星、海王星和土星,通常被认为是能够影响太阳和彼此运动的天体. 在这个模型中,离太阳最近的四颗小行星如水星、金星、地球和火星,被认为是太阳的一部分,因为它们增加了太阳的质量,吸引了沉重的外行星进入太阳系的中心.

若考虑三个星体,这个系统被称为限制三体问题,认为两个重物体围绕它们的固定轨道旋转,而小物体被两个较大的物体吸引,但不会以任何方式影响它们的运动. y_1, y_2, y_3 均是标量,表示小星体的位置坐标,y_4, y_5, y_6 表示相应的速度,可以得到运动方程

$$\begin{cases} y_1' = y_4, \\ y_2' = y_5, \\ y_3' = y_6, \\ y_4' = 2y_5 + y_1 - \dfrac{\mu(y_1 + \mu - 1)}{(y_2^2 + y_3^2 + (y_1 + \mu - 1)^2)^{3/2}} - \dfrac{(1-\mu)(y_1 + \mu)}{(y_2^2 + y_3^2 + (y_1 + \mu)^2)^{3/2}}, \\ y_5' = -2y_4 + y_2 - \dfrac{\mu y_2}{(y_2^2 + y_3^2 + (y_1 + \mu - 1)^2)^{3/2}} - \dfrac{(1-\mu) y_2}{(y_2^2 + y_3^2 + (y_1 + \mu)^2)^{3/2}}, \\ y_6' = -\dfrac{\mu y_3}{(y_2^2 + y_3^2 + (y_1 + \mu - 1)^2)^{3/2}} - \dfrac{(1-\mu) y_3}{(y_2^2 + y_3^2 + (y_1 + \mu)^2)^{3/2}}. \end{cases}$$

如何得到星体运动轨迹呢?

这时要靠有效的数值方法来解决.

如采用 MATLAB 中 ode45 求解此方程的代码如下:

```
function dydt = odefcn(mu,y)
dydt = zeros(6,1);
dydt(1) = y(4);
```

```
dydt(2) = y(5);
dydt(3) = y(6);
dydt(4) = 2 * y(5) + y(1) - (mu * (y(1) + mu - 1))/(y(2)^2 + y(3)^2 + (y(1) + mu - 1)^2)^(3/2) - ((1 - mu) *
(y(1) + mu))/(y(2)^2 + y(3)^2 + (y(1) + mu)^2)^(3/2);
dydt(5) = - 2 * y(4) + y(2) - (mu * y(2))/(y(2)^2 + y(3)^2 + (y(1) + mu - 1)^2)^(3/2) - ((1 - mu) * y(2))/(y
(2)^2 + y(3)^2 + (y(1) + mu)^2)^(3/2);
dydt(6) = - (mu * y(3))/(y(2)^2 + y(3)^2 + (y(1) + mu - 1)^2)^(3/2) - ((1 - mu) * y(3))/(y(2)^2 + y(3)^2 +
(y(1) + mu)^2)^(3/2);
 % mu = 1/81.45;
 % tspan = [0 1];
 % y0 = [0 0.01 0.02 0.03 0.04 0.05];
 % % [t,y] = ode45(@(mu,y) odefcn(mu,y), tspan, y0);
 % [mu,y] = ode45(@(mu,y) odefcn(mu,y), tspan, y0);
 % 绘制结果.
figure(1)
subplot(2,1,1)
mu = 1/81.45;
tspan = [0 10];
y0 = [0 0.01 0.02 0.03 0.04 0.05];
 % [t,y] = ode45(@(mu,y) odefcn(mu,y), tspan, y0);
[mu,y] = ode45(@(mu,y) odefcn(mu,y), tspan, y0);
plot(mu,y(:,1),'- o',mu,y(:,2),'- .',mu,y(:,3),'- b',mu,y(:,4),'- k',mu,y(:,5),'- r',mu,y(:,6),'- y')
legend('y1','y2','y3','y4','y5','y6')
subplot(2,1,2)
mu = 1/81.45;
tspan = [0 1];
y0 = [0 0.01 0.02 0.03 0.04 0.05];
 % [t,y] = ode45(@(mu,y) odefcn(mu,y), tspan, y0);
[mu,y] = ode45(@(mu,y) odefcn(mu,y), tspan, y0);
plot(mu,y(:,1),'- o',mu,y(:,2),'- .',mu,y(:,3),'- b',mu,y(:,4),'- k',mu,y(:,5),'- r',mu,y(:,6),'- y')
legend('y1','y2','y3','y4','y5','y6')
 % mu = 1/81.45;
tspan = [0 10];
y0 = [0 0.01 0.02 0.03 0.04 0.05];
 % [t,y] = ode45(@(mu,y) odefcn(mu,y), tspan, y0);
[mu,y] = ode45(@(mu,y) odefcn(mu,y), tspan, y0);
```

运行结果如图 7.1 所示.

例 2　范德波尔系统 $y''-\mu(1-y^2)y'+y=0$,其中 μ 是一个非负常数,这个方程描述了三极管振荡器中的电流.(巴尔塔萨・范德波尔,Balthasar van der Pol(1889—1959),荷兰物理学家和电气工程师,曾在埃因霍温的飞利浦研究实验室工作. 他是非线性现象实验研究的先驱并在 1926 年发表的一篇论文中研究了以他的名字命名的方程式)

如果 $\mu=0$,则系统简化为无阻尼振荡,方程的解就是正弦和余弦的组合.

如果 $\mu>0$,电阻项存在. 对于较大的 y 来说,电阻项是正的,其会减少响应的振幅. 然而,对于较小的 y,电阻项是负的,因此会导致响应的增长. 这使得我们可以期待,存在一个振幅大小适当的解，随着 x 的增加，其他的解以它为极限. 此时，范德波尔方程的精确解不能够直接求得，可以采用数值计算的方法绘制出解的近似值. 图 7.2 是参数 $\mu=3$ 时，范德波尔系统的相图. 模拟结果表明，范德波尔方程具有一个渐近稳定的周期解，周期和振幅取决于参数 μ. 通过观察相平面上的轨迹图和解曲线，可以对这种周期性行为有一些了解.

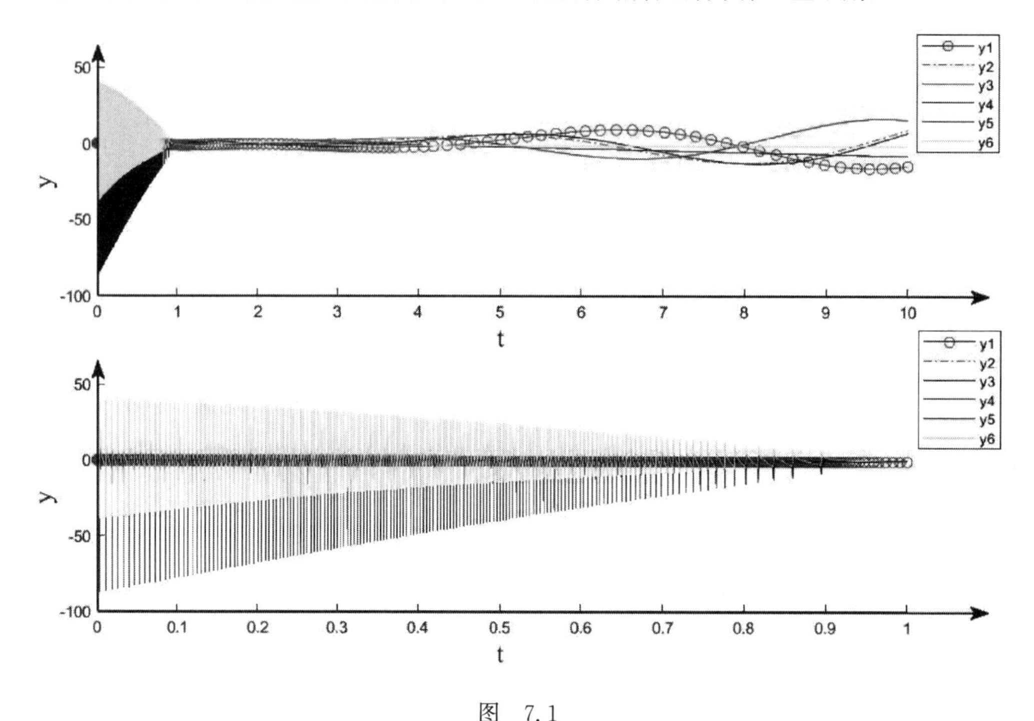

图 7.1

在这个问题中，特别是对于大的 μ 值，涉及的数值方法要注意 $1-|y(x)|^2$ 的值的变化. 在 $\mu=3$ 的情况下，在 $(y,y')=(\pm 2,0)$ 附近路径方向的急剧变化，这一现象随着 μ 的变化而变得更加明显，如果不特别小心就可能从周期解的一边跨越到另一边，这与解析解是不同的，这是与这个问题相关的数值近似困难的一部分.

本章将介绍常微分方程数值解法及随机微分方程的基本数值解法.

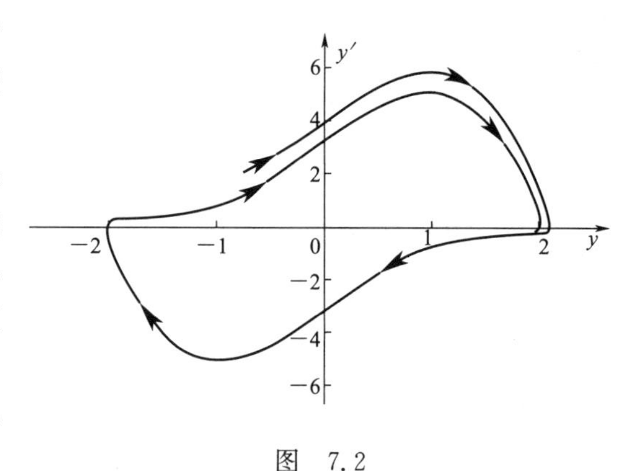

图 7.2

素养提升

常微分方程数值解的广泛应用

马克思主义哲学原理中讲：世界是物质的，物质是运动的. 运动是有规律的，规律是可以被认识的. 这涵盖了唯物论、辩证法、认识论. 运动的规律性，可以借助微分方程进行科学的研究.

微分方程的来源丰富多彩，自然科学中的许多现象可以抽象为微分方程，通过研究方程解的性态，发现运动的规律. 例如单摆运动的数学模型：一根长为 l 的轻杆，一端系有质

量为 m 的质点，另一端固定. 该杆和质点可以在平面内绕固定点摆动，在转动的过屋中所受的阻力与运动速度成比例，求这个单摆的运动规律. 利用运动的第二定律可建立质点的运动方程，这是一个二阶的常微分方程，研究微分方程的数值解对掌握物体的运动规律十分有效.

很多经济政治文化领域也可以用微分方程进行科学的研究. 例如社会科学中，可以建立一个综合国力的微分方程模型，讨论模型的动力学性态用来研究一个国家综合国力的变化情况，从而更加科学有效的制定政策.

用 $x(t)$ 表示一个国家的硬国力函数，它是该国资源、经济、军事、科技等物质文明水平的一个综合指标. $x(t)$ 越大，该国的物质文明越繁荣. 假设对 $x(t)$ 进行了标准化，即 $x(t)=0$ 是这个国家硬国力函数的警戒线. 称 $y(t)$ 是这个国家的软国力函数，它是该国精神文明的一个综合指标，反映国内外政策的好坏、官员的廉洁程度、国民教育水平、社会治安状况等方面的水平. $y(t)$ 越小，说明软国力越优越，$y(t)<0$ 时反映政策适当、国民素质高，对社会发展有促进作用；$y(t)>0$ 时表明决策有失误、国民素质低、官员腐败，对社会发展有抑制作用.

设物质文明的发展速度与现有水平及发展潜力之积成正比，还与精神文明的水平成比例. 精神文明的发展速度与现有水平成比例，且与现有的物质文明相关. 描述一个国家国力发展变化的数学模型如下：$\begin{cases}\dfrac{\mathrm{d}x}{\mathrm{d}t}=\alpha x\left(1-\dfrac{x}{M}\right)-\beta y,\\ \dfrac{\mathrm{d}y}{\mathrm{d}t}=-\gamma y+\delta(m-x)x.\end{cases}$ 这里 $\alpha,\beta,\gamma,\delta,M,m$ 均是正常数. 不同的国家对应不同的参数，利用以往的数据估计出这些参数，对这个模型进行数值计算和分析，即可研究国家的综合国力的变化情况.

7.2　基本概念和简单单步法

本书只涉及初值问题，并且假设微分方程本身满足解存在唯一的基本条件. 一阶常微分方程的初值问题表述如下：

$$\begin{cases}\dfrac{\mathrm{d}y}{\mathrm{d}x}=f(x,y),\\ y(x_0)=y_0.\end{cases}\tag{7.2}$$

数值解法的基本思路就是，先将自变量和未知函数在待求解区间上进行离散，然后构造递推公式，再步进式地得到未知函数在这些位置的近似值. 如果求解某一位置的近似值只用到了前一位置的信息，则称之为单步法. 如果求解某一位置的近似值用到了前 m 个位置的信息，则称之为 m 步法. 对于微分方程初值问题的数值方法，主要涉及以下几个问题：

(1)如何构造离散化方法？

(2)如何判断数值解的误差？

(3)方法的收敛性和稳定性如何？

7.2.1　欧拉法

欧拉法的核心就是将导数(微商)近似为差商，这一点在上一章数值微分中已经介绍过.

将导数近似为向前差商，则有

$$y'(x_n) \approx \frac{y(x_n+h)-y(x_n)}{h} = \frac{y(x_{n+1})-y(x_n)}{h}, \tag{7.3}$$

这里 h 称为方法的步长，将式(7.3)代入式(7.2)得到欧拉法：

$$y_{n+1} = y_n + hf(x_n, y_n). \tag{7.4}$$

例 3 利用欧拉法求解如下初值问题，取步长 $h=0.2$，并画出解析解和数值解的图像.

$$\begin{cases} y' = -3y+6x+5, \\ y(0) = 3. \end{cases} \tag{7.5}$$

解 此问题的欧拉法格式为

$$y_{n+1} = y_n + h(5+6x_n-3y_n), \quad y_0 = 3. \tag{7.6}$$

MATLAB 中程序代码实现如下：

```
clear all;close all;
L = 1; h = 0.2;x = 0:h:L;zz = 0:0.1 * h:L;
u_Euler = zeros(length(x),1);u_Euler(1) = 3;u_pc = u_Euler;u_ode45 = u_Euler;
for n = 1:length(x) - 1
u_Euler(n + 1) = u_Euler(n) + h * ( - 3 * u_Euler(n) + 6 * x(n) + 5);
u_exact = 2 * exp( - 3 * zz) + 2 * zz + 1;
plot(x,u_Euler,'- + ',zz,u_exact,'k','MarkerSize',10,LineWidth',1.5)
axis([0 1 1.3 3.15]),xlabel x,ylabel y, set(gca,'Fontsize',18)
legend('欧拉法','location','North')
```

由于只要给出初值，式(7.4)就可以显式地步进求得未知函数在所求区间上的所有离散值，因此也称之为显式欧拉法，或者向前欧拉法. 其几何意义明显，初值问题(7.5)的精确解和欧拉法数值解如图 7.3 所示. 从图 7.3 中可以看出欧拉法是将折线近似替代曲线的方法，因此欧拉法也称为折线法.

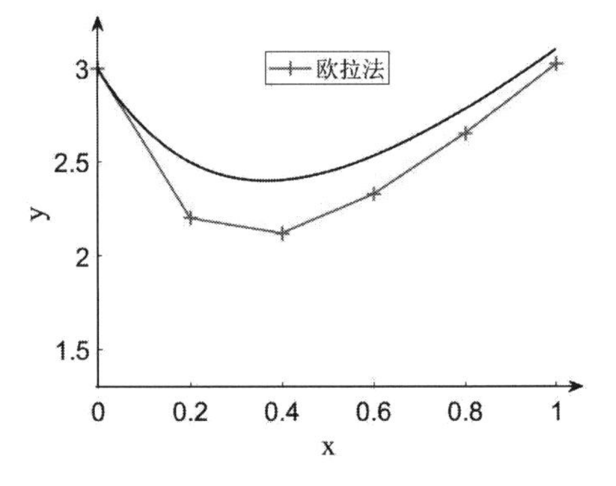

图 7.3

如果导数近似是利用向后差商来实现

$$\left.\frac{\mathrm{d}y}{\mathrm{d}x}\right|_{x=x_{n+1}} \approx \frac{y(x_{n+1})-y(x_n)}{h}, \tag{7.7}$$

则推导出另外一个数值方法

$$y_{n+1} = y_n + hf(x_{n+1}, y_{n+1}). \tag{7.8}$$

称式(7.8)为后退欧拉法，或者隐式欧拉法. 与(向前)显式欧拉法不同，它右端也含有未知的 y_{n+1}，这一般是一个非线性方程，需要迭代来解决这个问题. 实际计算中为了控制计算量，通常用欧拉法求得一个初步的近似值 y_{n+1}^*，称之为预估值，再用这个预估值 y_{n+1}^* 利用隐式的方法迭代一次得到 y_{n+1}，称之为一次校正，这就是所谓的“预估-校正”.

如果导数近似是利用中心差商来实现

$$\left.\frac{\mathrm{d}y}{\mathrm{d}x}\right|_{x=x_n} \approx \frac{y(x_{n+1})-y(x_{n-1})}{2h}, \tag{7.9}$$

则又推导出一个数值方法

$$y_{n+1} = y_{n-1} + 2hf(x_n, y_n). \tag{7.10}$$

称式(7.10)为二步欧拉法. 与欧拉法不同，它是一种多步法，需要两个初值才能够步进. 一般来说，是先用欧拉法计算出第二个初值，然后再使用二步欧拉法.

下面以欧拉法为例，讨论数值方法的截断误差. 在欧拉法执行一步后，计算出的结果 $y_0 + hf(x_0, y_0)$，它与精确解的误差为

$$y(x_0+h) - y(x_0) - hf(x_0, y(x_0)) = y(x_0+h) - y(x_0) - hy'(x_0) \tag{7.11}$$

利用泰勒展开，易得到式(7.11)的这个差为 $\frac{1}{2}h^2y''(x_0) + O(h^3)$. 这种形式的误差估计对于解释数值产生的结果非常方便. 因为，如果 h 足够小，局部误差将表现为一个常数向量与 h^2 的乘积. 它可以帮助我们通过调控步长来控制误差. 假设在 x_i 和其前面各步都精确成立，考虑计算一步产生的误差 $|y_{i+1} - y(x_{i+1})|$，称之为局部截断误差. 局部截断误差突出了当前这一步计算产生的误差，求解微分方程时，实际关心的是全局误差 $|y_{i+1} - y(x_{i+1})|$，但局部截断误差易估计和控制.

欧拉法执行许多步后，这些误差将以一种复杂的方式相互积累和强化，了解这是如何发生的是很重要的. 现令式(7.2)中的 y 和 $f(x,y)$ 均为向量值函数，且 $f(x,y)$ 关于 y 满足利普希茨条件，将欧拉法应用于此解上，假设在长度为 h 的任何一步中出现的局部截断误差有一个统一的上界 m. 我们的目标是找到一个全局误差界. 令 $x = x_k$，则有

$$\tilde{y}(x_k) = y_k \approx y_{k-1} + (x_k - x_{k-1})f(x_{k-1}, y_{k-1}). \tag{7.12}$$

设 $\alpha(x) = y(x) - \tilde{y}(x)$，$\beta(x) = f(x, y(x)) - f(x, \tilde{y}(x))$，利用利普希茨条件可以得到 $\|\beta(x)\| \leqslant L\|\alpha(x)\|$，其中 L 为利普希茨常数，$\|\cdot\|$ 是某种向量范数.

定义 $\|E(x)\| \leqslant m$，使得精确解满足

$$y(x) = y(x_{k-1}) + (x - x_{k-1})f(x_{k-1}, y(x_{k-1})) + (x - x_{k-1})^2E(x), x \in (x_{k-1}, x_k], \tag{7.13}$$

利用式(7.12)和式(7.13)计算误差

$$\alpha(x) = \alpha(x_{k-1}) + (x - x_{k-1})\beta(x_{k-1}) + (x - x_{k-1})^2E(x), \tag{7.14}$$

进一步得到

$$\begin{aligned}\|\alpha(x)\| &\leqslant \|\alpha(x_{k-1})\| + (x - x_{k-1})\|\beta(x_{k-1})\| + (x - x_{k-1})^2m \\ &\leqslant \|\alpha(x_{k-1})\| + (x - x_{k-1})L\|\alpha(x_{k-1})\| + (x - x_{k-1})^2m \\ &\leqslant (1 + (x - x_{k-1})L)\|\alpha(x_{k-1})\| + (x - x_{k-1})^2m \\ &\leqslant (1 + (x - x_{k-1})L)\|\alpha(x_{k-1})\| + (x - x_{k-1})Hm\end{aligned} \tag{7.15}$$

这里假设所有步长都小于 H. 我们区分两种情况：$L=0$ 和 $L>0$.

当 $L=0$ 时，利用 $\|\alpha(x_{k-1})\| \leqslant \|\alpha(x_{k-2})\| + (x_{k-1} - x_{k-2})Hm$，可以得到

$$\|\alpha(x)\| \leqslant \|\alpha(x_0)\| + (x - x_0)Hm. \tag{7.16}$$

当 $L>0$ 时，可以得到

$$\begin{aligned}\|\alpha(x)\| + \frac{Hm}{L} &\leqslant (1 + (x - x_{k-1})L)\|\alpha(x_{k-1})\| + (x - x_{k-1})Hm + \frac{Hm}{L} \\ &= (1 + (x - x_{k-1})L)\|\alpha(x_{k-1})\| + (1 + (x - x_{k-1})L)\frac{Hm}{L}\end{aligned}$$

$$
\begin{aligned}
&= (1+(x-x_{k-1})L)\left(\|\alpha(x_{k-1})\|+\frac{Hm}{L}\right) \\
&\leqslant \exp((x-x_{k-1})L)\left(\|\alpha(x_{k-1})\|+\frac{Hm}{L}\right)
\end{aligned} \tag{7.17}
$$

可知($\|\alpha(x)\|+Hm/L$)的增长速度低于指数,经过简单推导有

$$
\|\alpha(x)\| \leqslant \exp((x-x_0)L)\|\alpha(x_0)\|+\frac{\exp((x-x_0)L)-1}{L}Hm. \tag{7.18}
$$

综合以上的推导,有如下定理.

定理 1 假设 f 满足利普希茨条件,其中 L 为对应的常数,欧拉法的全局截断误差满足

$$
\|y(x)-\widetilde{y}(x)\| \leqslant \begin{cases} \|y(x_0)-\widetilde{y}(x_0)\|+Hm(x-x_0), & L=0 \\ \exp((x-x_0)L)\|y(x_0)-\widetilde{y}(x_0)\|+ \\ (\exp((x-x_0)L-1)\dfrac{Hm}{L}, & L>0 \end{cases} \tag{7.19}
$$

考虑利用欧拉法得到的初值问题(7.2)的解 $y(x)$的一个近似序列 $\widetilde{y}_n(x)$.

令 $\|y(x_0)-\widetilde{y}_n(x_0)\|=K_n$, $\overline{x}=x_0+nh$,其中 h 为步长. 可以利用定理 1 得到如下定理.

定理 2 如果 f 满足利普希茨条件,则欧拉法满足

$$
n\to\infty, \|y(x_0)-\widetilde{y}_n(x_0)\|=K_n\to 0, h\to 0 \Rightarrow \|y(\overline{x})-\widetilde{y}_n(\overline{x})\|\to 0.
$$

已知一个数值结果收敛的前提下,还知道它收敛的速度有多快是很有趣的. 在步长 h 恒定的情况下,定理 1 中给定的全局误差的界与 h 成正比,此时称欧拉方法的阶(至少)是 1. 其实,欧拉法的阶就是 1. 考虑初始值问题

$$
y'=2x, \quad y(0)=0. \tag{7.20}
$$

初值问题(7.20)的精确解为 $y(x)=x^2$. 终点为 1,步长取 $h=1/n$,可以计算解 $h\sum\limits_{k=0}^{n-1}\dfrac{2k}{n}=\dfrac{n-1}{n}$,与真实解 $y(1)$的误差为$\dfrac{1}{n}=h$. 但是,对于一般的微分方程,很难得到与 h 成比例的误差. 上面给出的关于欧拉法收敛阶适用于多数情况,但不排除特例.

例 4 考虑初值问题

$$
y'=-y(x)\tan x-1/\cos x, \quad y(0)=1 \tag{7.21}
$$

在 1.292 695 719 373 处的近似解的收敛阶.

解 初值问题(7.21)的精确解为 $y(x)=\cos x-\sin x$. 如果 $\overline{x}\approx 1.292\,695\,719\,373$(其实是方程 $e^x\cos x=1$ 的根),由于误差中最重要的项在计算过程中被精确抵消,使得该问题的计算结果的收敛阶是 2,而不是 1. 表 7.1 列出了初值问题(7.21)在 $\overline{x}\approx 1.292\,695\,719\,373$ 的误差及误差比. 从表 7.1 中可以看出,随着步数的加倍,误差比近似为 4(这说明收敛阶为 2). 在图 7.4 中与 $\overline{x}=\dfrac{\pi}{4}$做了比较,发现收敛阶的不同.

表 7.1

n	|error|	Ratio	n	|error|	Ratio
20	$1\ 130\ 400.025\ 2\times10^{-10}$	4.412 5	640	$919.136\ 2\times10^{-10}$	4.010 8
40	$256\ 178.988\ 9\times10^{-10}$	4.189 3	1 280	$229.162\ 9\times10^{-10}$	4.005 4
80	$61\ 150.262\ 6\times10^{-10}$	4.090 4	2 560	$57.213\ 4\times10^{-10}$	4.002 6
160	$14\ 949.617\ 6\times10^{-10}$	4.044 2	5 120	$14.294\ 1\times10^{-10}$	4.000 3
320	$3\ 696.596\ 7\times10^{-10}$	4.021 8	10 240	$3.573\ 3\times10^{-10}$	

为了理解在这个示例中真正发生了什么，可以对全局截断误差中最重要的组成部分进行详细分析. 首先第 k 步的截断误差为 $-\frac{1}{2}h^2y''=-\frac{1}{2}h^2(\cos(x_k)-\sin(x_k))$；其次，寻找这个误差对累积误差的贡献：假设第 n 步计算到 $\bar{x}$，也就是说 $\bar{x}=x_n$. 下面推导这时的误差：

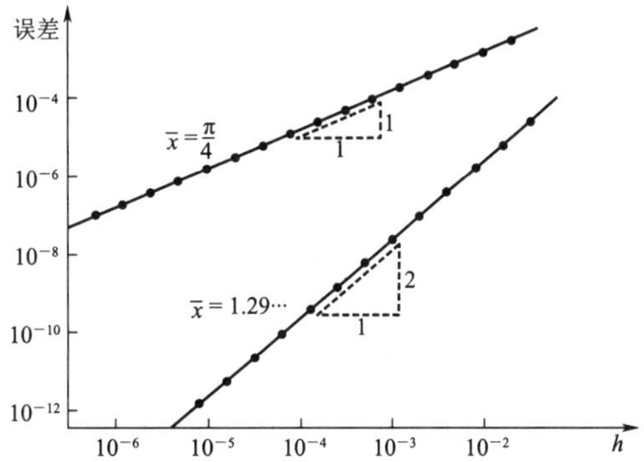

图 7.4

$$
\begin{aligned}
e_n &= y(x_n)-y_n \\
&= y(x_{n-1})+hy'(x_{n-1})+\frac{1}{2}h^2y''(x_{n-1})+\cdots- \\
&\quad y_{n-1}-h\left[-\tan(x_{n-1})y_{n-1}-\frac{1}{\cos(x_{n-1})}\right] \\
&= (1-h\tan(x_{n-1}))e_{n-1}+\frac{1}{2}h^2y''(x_{n-1})+\cdots \\
&= (1-h\tan(x_{n-1}))\left[(1-h\tan(x_{n-2}))e_{n-2}+\frac{1}{2}h^2y''(x_{n-2})+\cdots\right]+\frac{1}{2}h^2y''(x_{n-1})+\cdots \\
&= \prod_{k=0}^{n-1}(1-h\tan(x_k))e_0+\prod_{k=0}^{n-2}(1-h\tan(x_{n-1-k}))\frac{1}{2}h^2y''(x_0)+\cdots+ \\
&\quad \prod_{k=0}^{0}(1-h\tan(x_{n-1-k}))\frac{1}{2}h^2y''(x_{n-2})+\frac{1}{2}h^2y''(x_{n-1}) \\
&= \frac{1}{2}h^2y''(x_{n-1})+(1-h\tan(x_{n-1}))\frac{1}{2}h^2y''(x_{n-2})+\cdots+ \\
&\quad (1-h\tan(x_{n-1}))\cdots(1-h\tan(x_1))\frac{1}{2}h^2y''(x_0),
\end{aligned}
$$

利用 $1-h\tan x\approx\cos h-\sin h\tan x\approx\frac{\cos(x+h)}{\cos x}$，可以得到

$$
\frac{\cos x_n}{\cos x_{n-1}}\cdot\frac{\cos x_{n-1}}{\cos x_{n-2}}\cdot\cdots\cdot\frac{\cos x_{k+1}}{\cos x_k}=\frac{\cos x_n}{\cos x_k},
$$

最后计算总体误差

$$
\begin{aligned}
e_n &= \frac{1}{2}h^2y''(x_{n-1})+\frac{\cos x_n}{\cos x_{n-1}}\frac{1}{2}h^2y''(x_{n-2})+\cdots+\frac{\cos x_n}{\cos x_1}\frac{1}{2}h^2y''(x_0) \\
&= -\frac{1}{2}h^2\cos(\bar{x})\sum_{k=1}^{n-1}\frac{\cos x_k-\sin x_k}{\cos x_k}.
\end{aligned}
$$

用如下积分来近似上述结果

$$-\frac{1}{2}h^2\cos(\bar{x})\int_0^{\bar{x}}\frac{\cos x-\sin x}{\cos x}\mathrm{d}x=-\frac{1}{2}h\cos(\bar{x})(\bar{x}+\ln\cos(\bar{x})),$$

可以看到当 $\bar{x}$ 满足 $\mathrm{e}^x\cos x=1$ 时，上述结果为零. 这就是欧拉法求解初值问题(7.21)时，在 $\bar{x}\approx 1.292\ 695\ 719\ 373$ 的收敛阶提高的原因.

例 5 考虑初值问题

$$y'=-\frac{xy}{1-x^2},\quad y(0)=1 \tag{7.22}$$

在 1 处的收敛阶.

解 初值问题(7.22)的精确解为 $y(x)=\sqrt{1-x^2}$. 如果 $\bar{x}=1$，表 7.2 列出了欧拉法求解(7.22)的误差与误差比. 从表 7.2 中可以看出，随着步数的加倍，误差比近似为$\sqrt{2}$(这说明收敛阶为 0.5).

表 7.2

n	|error|	Ratio	n	|error|	Ratio
8	0.301 201 870 0	1.453 2	1 024	0.024 961 568 4	1.414 9
16	0.207 269 768 7	1.437 6	2 048	0.017 641 453 2	1.414 6
32	0.144 173 824 8	1.427 9	4 096	0.012 470 932 0	1.414 4
64	0.100 972 464 6	1.422 0	8 192	0.008 816 964 6	1.414 3
128	0.071 007 878 9	1.418 6	16 384	0.006 234 037 2	1.414 3
256	0.050 055 644 4	1.416 6	32 768	0.004 407 942 2	
512	0.035 334 189 0	1.415 5			

阶数降低的原因是在 $x=1, y=0$ 时利普希茨条件的失效. 在这种情况下，最后一步中的局部截断误差足以压倒从前面所有步骤中继承来的误差的贡献. 事实上，最后一步的局部截断误差是

$$y(1)-y(1-h)-hf(1-h,y(1-h))=-\sqrt{1-(1-h)^2}+h(1-h)\frac{\sqrt{1-(1-h)^2}}{1-(1-h)^2}.$$

可以近似为$-\frac{1}{\sqrt{2-h}}h^{0.5}\approx -2^{-0.5}h^{0.5}$. 但是，当在 $x=0.5$ 时，这种阶数减低现象就不存在了，$\bar{x}=1$，1/2 时欧拉法求解(7.22)的误差如图 7.5 所示.

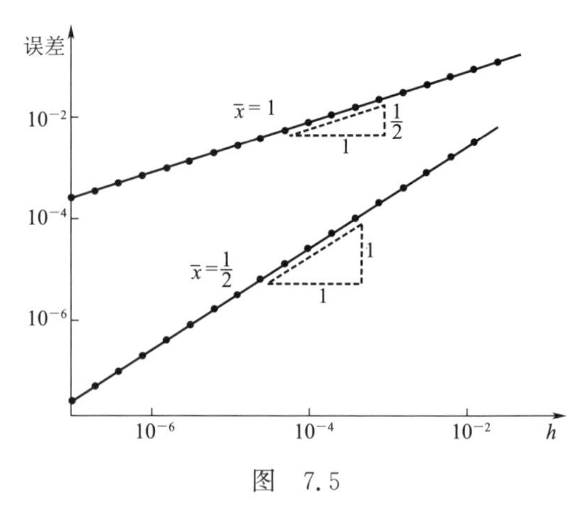

图 7.5

除了知道一个数值方法在有界区间上收敛于真解之外，进一步探知误差在无界区间上是如何表现的也是很有趣的问题. 进行这类定性分析的另一个原因是，在实践中经常出现所谓的“刚性问题”. 对于这些问题，“定性”或“稳定性”分析对于评估在数值解中使用的方法的

适合度是至关重要的. 由于这类分析非常复杂,需要将问题限制在具有常系数的纯线性问题上. 因此,考虑如下形式的微分方程组

$$\boldsymbol{y}'(x)=\boldsymbol{M}\boldsymbol{y}(x), \tag{7.23}$$

其中 $\boldsymbol{M}$ 是常矩阵. 选择固定步长 h,可以得到在 $x_n=x_0+nh$ 处的近似值

$$\boldsymbol{y}_n=(I+h\boldsymbol{M})\boldsymbol{y}_{n-1}=\cdots=(I+h\boldsymbol{M})^n\boldsymbol{y}_0. \tag{7.24}$$

方程组(7.23)的精确解为 $\boldsymbol{y}(x_n)=\exp(nh\boldsymbol{M})\boldsymbol{y}(x_0)$. 可以通过改变基底得到 $\boldsymbol{y}(x)=\boldsymbol{S}\hat{\boldsymbol{y}}(x)$,$\boldsymbol{y}_n=\boldsymbol{S}\hat{\boldsymbol{y}}_n$,此时可以把微分方程组(7.23)写成 $\hat{\boldsymbol{y}}'(x)=\hat{\boldsymbol{M}}\hat{\boldsymbol{y}}(x)$,$\hat{\boldsymbol{M}}=\boldsymbol{S}^{-1}\boldsymbol{M}\boldsymbol{S}$,解为 $\hat{\boldsymbol{y}}(x_n)=\exp(nh\hat{\boldsymbol{M}})\hat{\boldsymbol{y}}(x_0)$,欧拉法得到的近似解为 $\hat{\boldsymbol{y}}_n=(I+h\hat{\boldsymbol{M}})^n\hat{\boldsymbol{y}}_0$.

如果选择适当的相似变换阵 $\boldsymbol{S}$,将 $\boldsymbol{M}$ 约化为约当标准形,则变换后的微分方程组和数值逼近在一定程度上可以理解为解耦. 这意味着,此时,对于每个不同的特征值 q,系统中的一个方程具有简单的形式 $y'=qy(x)$,其他分量对这个方程的解没有贡献. 对这个线性方程使用欧拉法得到的近似解为 $(1+hq)^n y(0)$,希望当 $\exp(nhq)$ 有界时,$(1+hq)^n$ 也是有界的. 至少应该是当 $\mathrm{Re}\, q\leqslant 0$ 时,$|1+hq|\leqslant 1$. 因为这种类型的任何分析都会涉及 h 和 q 的乘积,所以把这个乘积写为 $z=hq$ 很方便. 注意,此处允许 z 是复数,因为没有理由认为系数矩阵只有实的特征值.

稳定区域:当 $\mathrm{Re}\, q\leqslant 0$ 时,复平面上符合 $|1+z|\leqslant 1$ 的点 z 的集合称为“稳定区域”.(图 7.6 的左侧的空白部分显示欧拉法的稳定区域和图 7.6 的右侧的空白部分隐式欧拉法的稳定区域)

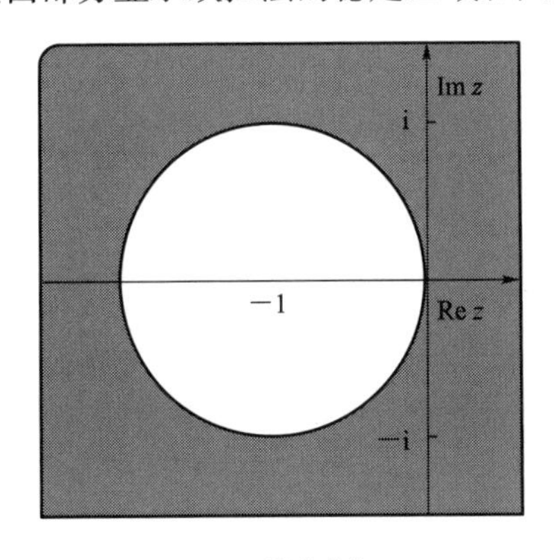

(a) 显式欧拉

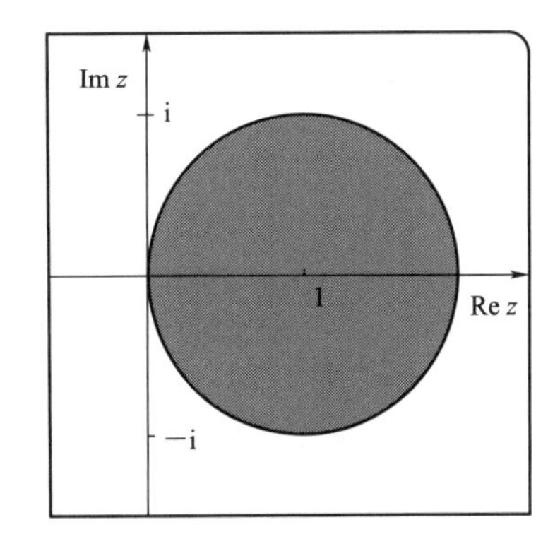

(b) 隐式欧拉

图 7.6

如果整个左半平面都属于稳定区域,则称具有这种特性的方法为“A -稳定的”. 这一特性对于刚性问题至关重要. 通过图 7.6 可以看出隐式欧拉法的稳定区域远远大于显式欧拉法.

对于单步法 $\dfrac{y_n}{y_{n-1}}$ 称为稳定函数 $R(z)$. 如对于显式欧拉法和隐式欧拉法稳定函数分别为 $1+z$ 和 $\dfrac{1}{1-z}$,而稳定区域就是稳定函数的模小于 1 确定的区域.

值得一提的是,对于其他数值方法同样可以进行类似的收敛性和稳定性的讨论,只是计算和推导会更加复杂.

7.2.2　刚性问题简介

在化学反应、电子网络和自动控制领域中经常出现求解微分方程组,这类方程的解中分量

量级差别很大,用前面的常规的数值求解很难得到满意的结果. 例如:

$$\begin{cases}\dfrac{\mathrm{d}u}{\mathrm{d}t}=-2\,000u+999.75v+1\,000.25,\\ \dfrac{\mathrm{d}v}{\mathrm{d}t}=u-v,\\ u(0)=v(0)=-2.\end{cases}\tag{7.25}$$

这个方程组的精确解为

$$\begin{cases}u=-1.499\,88\mathrm{e}^{-0.5t}+0.499\,88\mathrm{e}^{-2\,000.5t}+1,\\ v=-2.999\,7\mathrm{e}^{-0.5t}-0.000\,25\mathrm{e}^{-2\,000.5t}+1.\end{cases}\tag{7.26}$$

其中含 $\mathrm{e}^{-2\,000.5t}$ 的部分随时间增加很快衰减为 0,称这部分为快变分量. 而含 $\mathrm{e}^{-0.5t}$ 的成分随时间衰减比较慢,需经较长一段时间才可以忽略不计,故称为慢变分量. 如果希望得到足够精确的渐近解,必须慢变分量衰减到足够小. 例如,希望 $u(t)$ 中的慢变分量 $1.499\,88\mathrm{e}^{-0.5t}<\dfrac{1}{1\,000}$ 至少需要 $t\geqslant 14.6$;另外,解中含快变分量,如果用显式欧拉法求解,为了数值稳定,必须有步长满足 $h<\dfrac{2}{2\,000.5}$. 因此,大约需要计算 14 604 步才能得到比较满意的解,这显然是极大地降低了运算效率. 这类问题就是典型的刚性问题.

假设在 $\mathbf{R}^N$ 上存在一个由 $(\boldsymbol{u},\boldsymbol{v})$ 表示的内积, $\|\boldsymbol{u}\|=\sqrt{(\boldsymbol{u},\boldsymbol{u})}$.

定义 1 函数 $\boldsymbol{f}$ 满足

$$(\boldsymbol{f}(x,\boldsymbol{u})-\boldsymbol{f}(x,\boldsymbol{v}),\boldsymbol{u}-\boldsymbol{v})\leqslant l\|\boldsymbol{u}-\boldsymbol{v}\|^2,\quad \forall x\in[a,b],\boldsymbol{u},\boldsymbol{v}\in\mathbf{R}^N\tag{7.27}$$

则称 $\boldsymbol{f}$ 在相应区域满足单边利普希茨条件,对应的常数 l 称为单边利普希茨常数.

定理 3 如果 $\boldsymbol{f}$ 满足常数为 l 的单边利普希茨条件, $\boldsymbol{z}$ 和 $\boldsymbol{y}$ 是方程

$$\boldsymbol{y}'(x)=\boldsymbol{f}(x,\boldsymbol{y}(x))\tag{7.28}$$

的两个解,则有 $\|\boldsymbol{y}(x)-\boldsymbol{z}(x)\|\leqslant\exp(l(x-x_0))\|\boldsymbol{y}(x_0)-\boldsymbol{z}(x_0)\|$.

证

$$\begin{aligned}\frac{\mathrm{d}}{\mathrm{d}x}\|\boldsymbol{y}(x)-\boldsymbol{z}(x)\|^2&=\frac{\mathrm{d}}{\mathrm{d}x}(\boldsymbol{y}(x)-\boldsymbol{z}(x),\boldsymbol{y}(x)-\boldsymbol{z}(x))\\&=2(\boldsymbol{f}(x,\boldsymbol{y}(x))-\boldsymbol{f}(x,\boldsymbol{z}(x)),\boldsymbol{y}(x)-\boldsymbol{z}(x))\\&\leqslant 2l\|\boldsymbol{y}(x)-\boldsymbol{z}(x)\|^2.\end{aligned}$$

将两边同乘 $\exp(-2l(x-x_0))$,得到 $\dfrac{\mathrm{d}}{\mathrm{d}x}(\exp(-2l(x-x_0))\|\boldsymbol{y}(x)-\boldsymbol{z}(x)\|^2)\leqslant 0$. 上述函数非增,进一步可得到定理结论.

如果微分方程(7.28)中的 $\boldsymbol{y}(x)$ 换为 $\boldsymbol{y}(x)+\varepsilon\boldsymbol{Y}(x)$,并将解代入方程按照泰勒展开,舍去 2 阶及其以上的项,可以得到

$$\boldsymbol{y}'(x)+\varepsilon\boldsymbol{Y}'(x)=\boldsymbol{f}(x,\boldsymbol{y}(x))+\varepsilon\frac{\partial f}{\partial y}\boldsymbol{Y}(x),\tag{7.29}$$

综合式(7.28)和式(7.29)可以得到

$$\boldsymbol{Y}'(x)=\frac{\partial\boldsymbol{f}}{\partial\boldsymbol{y}}\boldsymbol{Y}(x)=\boldsymbol{J}(x)\boldsymbol{Y}(x).\tag{7.30}$$

"雅可比矩阵"$\boldsymbol{J}(x)$在理解这类问题中起着至关重要的作用. 事实上,它的谱有时被用来表征刚度.

选择一个时间间隔 Δx,使方程(7.28)的解值有适度的变化,$\boldsymbol{J}(x)$的特征值决定了扰动的各个分量的增长率.

例 6　范德波尔(van der Pol)方程是一个很典型的刚性问题,表达式可写成如下形式:

$$\begin{cases} u_1' = u_2, \\ u_2' = 1\,000(1-u_1^2)u_2 - u_1, \quad u_1(0)=2, u_2(0)=0. \end{cases} \tag{7.31}$$

用不同的数值方法来处理上述方程,并列出结果.

解　表 7.3 列出了用欧拉法、预估-校正法、ode45(一种具有高收敛性的龙格-库塔方法)求解方程(7.31)的数值解 u_1 的误差分析.

表 7.3

位置	欧拉法		预估-校正法		ode45		解析解
	u_1	$\lvert u_1-u_1(x_n)\rvert$	u_1	$\lvert u_1-u_1(x_n)\rvert$	u_1	$\lvert u_1-u_1(x_n)\rvert$	$\lvert u_1(x_n)\rvert$
x_1	2.8	0.021 416	2.822 5	0.001 084	2.821 416	6.99E-09	2.821 416
x_2	2.645	0.036 636	2.683 503	0.001 867	2.681 634	2.81E-06	2.681 636
x_3	2.528 25	0.047 006	2.577 667	0.002 411	2.575 257	4.26E-07	2.575 256
x_4	2.444 013	0.053 611	2.500 391	0.002 767	2.497 622	1.72E-06	2.497 623
x_5	2.387 411	0.057 322	2.447 712	0.002 978	2.444 734	6.27E-07	2.444 733
x_6	2.354 299	0.058 84	2.416 217	0.003 077	2.413 138	1.00E-06	2.413 139
x_7	2.341 154	0.058 721	2.402 967	0.003 091	2.399 876	6.95E-07	2.399 875
x_8	2.344 981	0.057 407	2.405 43	0.003 041	2.402 388	5.45E-07	2.402 388
x_9	2.363 234	0.055 247	2.421 427	0.002 946	2.418 481	6.86E-07	2.418 481
x_{10}	2.393 749	0.052 512	2.449 079	0.002 818	2.446 26	2.57E-07	2.446 26
x_{11}	2.434 686	0.049 413	2.486 769	0.002 669	2.484 1	6.35E-07	2.484 1
x_{12}	2.484 484	0.046 114	2.533 105	0.002 507	2.530 598	8.12E-08	2.530 598
x_{13}	2.541 811	0.042 737	2.586 886	0.002 338	2.584 549	5.64E-07	2.584 548
x_{14}	2.605 539	0.039 374	2.647 081	0.002 168	2.644 913	2.06E-08	2.644 913
x_{15}	2.674 708	0.036 09	2.712 798	0.002	2.710 799	4.87E-07	2.710 798
x_{16}	2.748 502	0.032 934	2.783 273	0.001 837	2.781 436	7.51E-08	2.781 436
x_{17}	2.826 227	0.029 936	2.857 844	0.001 68	2.856 164	4.13E-07	2.856 163
x_{18}	2.907 293	0.027 118	2.935 943	0.001 532	2.934 411	1.00E-07	2.934 411
x_{19}	2.991 199	0.024 49	3.017 081	0.001 392	3.015 689	3.44E-07	3.015 689
x_{20}	3.077 519	0.022 055	3.100 836	0.001 262	3.099 574	2.96E-07	3.099 574

可以看到近似效果都可以接受,但是要注意这些结果都是小范围求解. 如果求解区间很大,就会带来麻烦,读者可以用上述数值方法进行大范围求解观察结果. 下面用专门处理刚性

方程的 ode15s 在区间[0,5000]上数值求解方程(7.31). MATLAB 程序代码如下：

```
clear all; close all;
[T,U] = ode15s(@(x,u)[u(2);1000 * (1 - u(1)^2) * u(2) - u(1)],[0 5000],[2 0]);
plot(T,U(:,1),k,LineWidth,1.5)
xlabel x, ylabel u_1
end
```

程序输出如图 7.7 所示，可以看到 u 在某些位置的变化十分剧烈. 如果将代码中的 ode15s 换成针对非刚性问题的 ode45，CPU 占用率将长时间维持在 100%，并且迟迟得不到计算结果；而这对于 ode15s 只需要一瞬间. 这说明处理刚性或非刚性方程时采用正确的方法可以事半功倍.

下面考虑一个很有意思的方程组：

$$\begin{cases} \dfrac{dy_1}{dx} = -16y_1 + 12y_2 + 16\cos x - 13\sin x, & y_1(0) = 1, \\ \dfrac{dy_2}{dx} = 12y_1 - 9y_2 - 11\cos x + 9\sin x, & y_2(0) = 0. \end{cases} \tag{7.32}$$

其对应的解析解为 $y(x)=[\cos x, \sin x]^{\mathrm{T}}$. 显式欧拉方法求近似解，并计算在 $x=\pi$ 时的误差. 图 7.8 是显式欧拉法求解方程组(7.32)的误差，可以看到当步长取不同值时 $\left(h=\dfrac{\pi}{n}\right)$ 的误差结果.

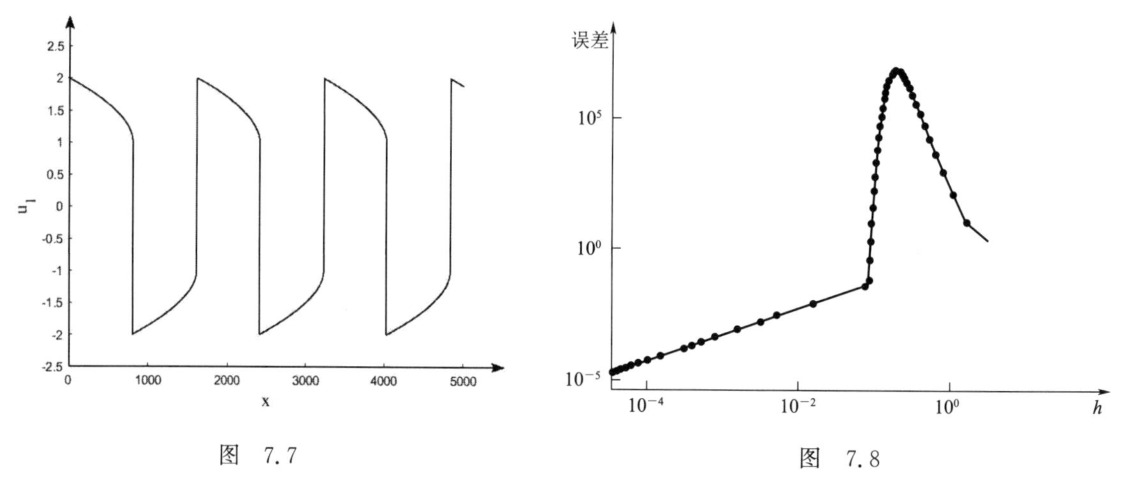

图 7.7　　　　图 7.8

这里显示的结果有一个令人不安的特征. 即使渐近一阶行为清晰可见，这种效应只有在一定的阈值下才能识别，对应于 $n=38$，当 h 高于相应的值$\dfrac{\pi}{38}$时，误差急剧增长，直到它们主导了解本身. 如何避免这种极端行为？这时，可变步长是一种可能的补救措施.

下面来具体分析一下原因. 设方程(7.32)通解为 $y(x)=(\cos x+v_1, \sin x+v_2)^{\mathrm{T}}$，将这个假设代入方程可以得到

$$\begin{cases} \dfrac{dv_1}{dx} = -16v_1 + 12v_2, \\ \dfrac{dv_2}{dx} = 12v_1 - 9v_2. \end{cases} \tag{7.33}$$

进一步，计算系数矩阵$\begin{pmatrix} -16 & 12 \\ 12 & -9 \end{pmatrix}$的特征值为 0 和 25，其对应的特征向量分别为$\begin{pmatrix} 3 \\ 4 \end{pmatrix}$，$\begin{pmatrix} 4 \\ -3 \end{pmatrix}$. 引入线性变换

$$v = Tw = \begin{pmatrix} 3 & 4 \\ 4 & -3 \end{pmatrix} w,$$

可以将方程组(7.33)对角化为

$$\begin{cases} \dfrac{dw_1}{dx} = 0, \\ \dfrac{dw_2}{dx} = -25w_2. \end{cases} \tag{7.34}$$

当试图用欧拉法求解方程组(7.34)的第二个分量时会出现困难：对于走一步的解析解

$$w_2(h) = \exp(-25h), \tag{7.35}$$

数值解为

$$w_2(h) \approx w_2(0) - 25hw_2(0) = 1 - 25h, \tag{7.36}$$

只要步长为正的，式(7.35)就小于 1. 但是，只有步长小于 2/25，才能够保证式(7.36)的绝对值小于 1. 这就是刚性问题的特性：当使用欧拉方法这样的数值近似时，使得稳定的解变得不稳定.

7.2.3　广义欧拉法

正如在第 7.2.1 节中对欧拉方法的讨论中所看到的，这种最简单的数值方法具有许多可取的性质，但同时也有严重的限制. 在本节中，考虑如何将其推广，将在尽可能地保留其简单性的前提下，产生改进的数值方法.

一个重要的目标将是使其误差为步长 h 的高次幂. 正如在第 7.2.2 小节中看到的，由于稳定性的考虑，欧拉方法、ode45 等不能很好地解决刚性问题. 为了方法能够具有更高的准确性和更好的稳定性，必须与避免过度计算成本的需要相平衡，例如，与启动和步长变化机制相关. 在接下来的几个小节中，我们将探讨用于实现这些目标的一些方法.

首先来看一下，在表 7.3 中出现的预估-校正算法

$$\begin{aligned} &\text{预估：} y_n^* = y_{n-1} + hf(x_{n-1}, y_{n-1}), \\ &\text{校正：} y_n = y_{n-1} + \frac{h}{2}(f(x_n, y_n^*) + f(x_{n-1}, y_{n-1})). \end{aligned} \tag{7.37}$$

利用显式欧拉法预估，再利用第二个式子进行校正得到式(7.37). 将这个方法应用到方程组

$$\begin{cases} \dfrac{dy_1}{dx} = y_3, \\ \dfrac{dy_2}{dx} = y_4, \\ \dfrac{dy_3}{dx} = -\dfrac{y_1}{(y_1^2 + y_2^2)^{3/2}}, \\ \dfrac{dy_4}{dx} = -\dfrac{y_2}{(y_1^2 + y_2^2)^{3/2}}. \end{cases} \tag{7.38}$$

并在表 7.4 中列出了利用式(7.37)求解方程组(7.38)的误差结果. 通过表中结果可以看到式(7.37)的收敛阶为 2.

表 7.4

n	y_1 |error|	Ratio	y_2 |error|	Ratio	y_3 |error|	Ratio	y_4 |error|	Ratio
32	0.014 790 21		−0.040 168 58		0.040 386 36		−0.015 481 59	
64	0.003 727 81	3.967 6	−0.010 120 98	3.968 8	0.010 225 25	3.949 7	−0.003 725 85	4.155 2
128	0.000 922 33	4.041 7	−0.002 530 20	4.000 1	0.002 547 93	4.013 2	−0.000 916 36	4.065 9
256	0.000 228 52	4.036 1	−0.000 631 90	4.004 1	0.000 634 40	4.016 3	−0.000 227 42	4.029 4
512	0.000 056 82	4.021 9	−0.000 115 785	4.003 1	0.000 158 18	4.010 5	−0.000 056 66	4.013 8
1 024	0.000 014 16	4.011 9	−0.000 039 45	4.001 8	0.000 039 49	4.005 9	−0.000 014 14	4.006 7

可以利用多个节点的信息来推广欧拉法:在当需要近似 $y(x_n)$时,不仅可以用 $y(x_{n-1})$和 $y'(x_{n-1})$,也可以用 $y(x_{n-2})$和 $y'(x_{n-2})$,甚至可以利用更多以前的信息. 考虑以复杂的方式计算 y_n:

$$y_n = y_{n-1} + h(1.5f(x_{n-1}, y_{n-1}) - 0.5f(x_{n-2}, y_{n-2})), \tag{7.39}$$

这就是后来所叙述的一种线性多步法.

还可利用高阶导数推广欧拉法:对于许多实际问题,利用微分方程给出的一阶导数的公式,可以推导出 y 的二阶导数和高阶导数的公式. 这就打开了许多组合的可能,可用于提高多级和多值方法的性能. 如果这些高阶导数是可用的,那么最直接的选择是用它们来计算泰勒展开式中的一些项. 考虑如下初值问题:

$$y' = yx + y^2, \quad y(0) = \frac{1}{2}, \tag{7.40}$$

其解为 $y(x) = \dfrac{\exp(0.5x^2)}{2 - \int_0^x \exp(0.5t^2)\,dt}$. 如果对初值问题(7.40)进行微分运算一次、两次、三次,就会得到一系列等式

$$y'' = (x + 2y)y' + y, \tag{7.41}$$

$$y''' = (x + 2y)y'' + (2 + 2y')y', \tag{7.42}$$

$$y^{(4)} = (x + 2y)y''' + (3 + 6y')y''. \tag{7.43}$$

在点 $\bar{x} = 1$ 求解初值问题(7.40)来说明泰勒级数方法. 步长 $h = 1/n$,对于 $n = 8, 16, 32, \cdots$,该方法的收敛阶可以为 $p = 1, 2, 3, 4$. 例如,如果 $p = 4$,则有

$$y_n = y_{n-1} + hy' + \frac{h^2}{2}y'' + \frac{h^3}{6}y''' + \frac{h^4}{24}y^{(4)}. \tag{7.44}$$

这里需要用到的各阶导数信息可以由式(7.41)~式(7.43)提供.

利用泰勒级数法计算初值问题(7.40)的解的误差如图 7.9 所示. 在每种情况下,误差都被绘制出来,其中精确解是

$$\exp(0.5) \Big/ \left(2 - \int_0^1 \exp(0.5t^2)\,dt\right) = 2.047\,993\,245\,438\,83. \tag{7.45}$$

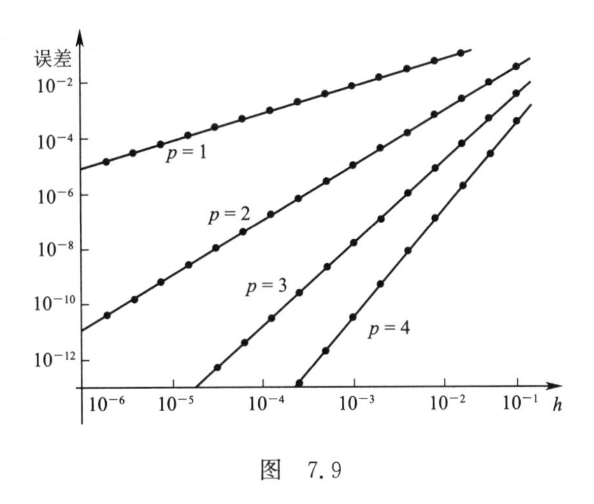

图　7.9

可以尝试将多步方法、多级方法和多导数方法结合，以获得大 p 的新方法．图 7.10 给出了广义欧拉法的示意图.

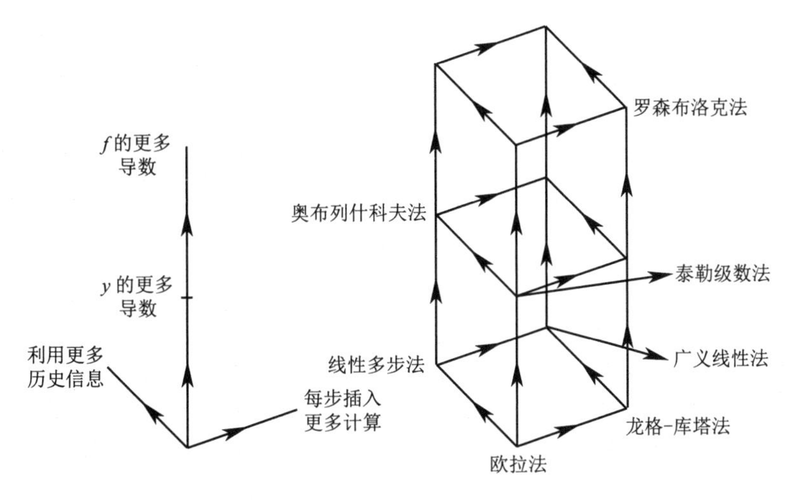

图　7.10

素养提升

从多角度认识常微分方程数值解中基础的简单的欧拉法

1768 年欧拉(Leonhard Euler)首先提出了解初值问题的欧拉法.用差商替换导数的角度，可以理解后退的欧拉法、中点法等数值方法；从泰勒展开的角度，可以构造精度高的龙格-库塔等数值方法；从数值积分的角度可以构造多步法.由此看出欧拉法的地位和作用.

欧拉是 18 世纪数学界最杰出的人物之一，他在数学的多个领域有重大贡献.

欧拉的一生，是为数学发展而奋斗的一生，他顽强的毅力.孜孜不倦的奋斗精神和高尚的科学道德值得我们学习.

7.3　龙格-库塔方法

数值分析中，龙格-库塔(Runge－Kutta)方法是用于非线性常微分方程的解的重要的一类数值方法. 此类方法由数学家卡尔·龙格和马丁·威尔海姆·库塔于1900年左右发明,它是一种在工程上应用广泛的高精度单步算法,其中包括之前的欧拉法. 自从数字计算机出现以来,人们对龙格-库塔方法产生了新的兴趣,大量的研究人员对该理论的近期扩展和特定方法的发展做出了贡献. 虽然早期的研究完全致力于显式的龙格-库塔方法,但现在很多人已经转向隐式方法,用于求解刚性微分方程.

7.3.1 龙格-库塔方法思想

欧拉方法收敛阶本来就低,且用计算机计算还有舍入误差,因此整体的阶会更低. 提高单步法阶的一个有效途径是提高局部截断误差的阶,即用泰勒级数法和龙格-库塔方法.

设初值问题

$$y' = f(x,y), \quad y(x_0) = y_0 \tag{7.46}$$

的解 $y(x)$ 具有 $p+1$ 阶连续导数. 考虑 $y(x)$ 在 $x=x_0$ 处的泰勒展开式

$$y(x_0+h) = y(x_0) + y'(x_0)h + \frac{y''(x_0)}{2!}h^2 + \cdots + \frac{y^{(p)}(x_0)}{p!}h^p + O(h^{p+1}).$$

若取

$$y_1 = y(x_0) + y'(x_0)h + \frac{y''(x_0)}{2!}h^2 + \cdots + \frac{y^{(p)}(x_0)}{p!}h^p, \tag{7.47}$$

则截断误差为

$$y(x_0+h) - y_1 = O(h^{p+1}). \tag{7.48}$$

式(7.47)中的各阶导数可以利用式(7.46)不断求导得到

$$\begin{aligned} &y' = f, \\ &y'' = f_x + ff_y, \\ &y''' = f_{xx} + 2ff_{xy} + f_{yy}f^2 + f_y^2 f + f_x f_y, \\ &\cdots\cdots \end{aligned} \tag{7.49}$$

这样就得到了所谓的泰勒级数法

$$y_{n+1} = y_n + hy'_n + \frac{y''_n}{2!}h^2 + \cdots + \frac{y_n^{(p)}}{p!}h^p. \tag{7.50}$$

理论上它可以实现任意精度,但是由于式(7.49)使得各阶导数的计算相当复杂,计算量的巨大使得这种方法并不实用.

注意:当 $p=1$ 时,泰勒级数法就退化为显式欧拉法.

当 $p=2$ 时,

$$\begin{cases} y_{n+1} = y_n + hf(x_n,y_n) + \dfrac{h^2}{2}\Big(f_x(x_n,y_n) + f(x_n,y_n)f_y(x_n,y_n)\Big), \\ y(x_0) = y_0, \quad n = 0,1,\cdots. \end{cases} \tag{7.51}$$

与另外一种常用的隐式方法——梯形方法

$$\begin{cases} y_{n+1} = y_n + \dfrac{h}{2}(f(x_n,y_n) + f(x_{n+1},y_{n+1})), \\ y(x_0) = y_0, \quad n = 0,1,\cdots. \end{cases} \tag{7.52}$$

相比,式(7.51)的计算量大概是式(7.52)的3倍. 因为梯形方法和之前学习过的预估-校正方法不需要计算 f 的偏导数,也达到了二阶收敛. 这使得我们期待着用 f 在一些点处的函数值构造高阶的单步法，即龙格-库塔方法.

7.3.2 龙格-库塔方法的构造

龙格-库塔方法的构造有很多种，这里只介绍其中一种.

利用积分中值定理，可以得到

$$\int_{x_n}^{x_{n+1}} f(x,y(x))\mathrm{d}x = hf(x_n+\theta h, y(x_n+\theta h)),\quad \theta\leqslant\theta\leqslant 1$$

$$\Rightarrow y(x_n+h)=y(x_n)+hf(x_n+\theta h, y(x_n+\theta h))$$

但是 $f(x_n+\theta h, y(x_n+\theta h))$ 的值是无法计算出来的，可以用函数 f 在区间 $[x_n, x_n+h]$ 上的若干个点的函数值组合来近似它，并使之有尽可能高的精度

$$\begin{cases} y_{n+1} = y_n + h\sum_{i=1}^{s} b_i K_i, \\ K_i = f\left(x_n + c_i h, y_n + h\sum_{j=1}^{s} a_{ij} K_j\right). \end{cases} \tag{7.53}$$

因为我们用了 s 个 K_i 的组合，所以称之为 s 级的龙格-库塔方法.

下面给出几种常用的龙格-库塔方法.

1 级显式：$y_{n+1}=y_n+hK_1, K_1=f(x_n,y_n)$，即显式欧拉法.

2 级显式：$y_{n+1}=y_n+hb_1K_1+hb_2K_2, K_1=f(x_n,y_n), K_2=f(x_n+c_2h, y_n+a_{21}hK_1)$，其中的待定参数可以按照如下方法确定.

令 $f=f(x_n,y_n), f_x=f_x(x_n,y_n), f_y=f_y(x_n,y_n)$，则有

$$K_1 = f,$$

$$K_2 = f + c_2hf_x + a_{21}ff_yh + \frac{h^2}{2!}(c_2^2 f_{xx} + 2c_2a_{21}f_{xy}f + a_{21}^2 f_{yy}f^2) + O(h^3).$$

所以，可以计算得到

$$\begin{aligned} y_{n+1} = {} & y_n + (b_1+b_2)hf + h^2(c_2b_1f_x + a_{21}b_2ff_y) + \\ & \frac{h^3}{2}b_2(c_2^2 f_{xx} + 2c_2a_{21}f_{xy}f + a_{21}^2 f_{yy}f^2) + O(h^4). \end{aligned}$$

为了使方法达到尽可能高的精度，对照泰勒级数法应该有

$$\begin{cases} b_1 + b_2 = 1, \\ c_2b_1 = \dfrac{1}{2}, \\ a_{21}b_2 = \dfrac{1}{2}. \end{cases}$$

此时二级显式龙格-库塔方法至少为二阶方法.

从推导过程中可以看出，二阶方法有无穷多个，但不存在二级三阶方法. 如取 $b_1=b_2=0.5, c_2=a_{21}=1$ 即为预估-校正的欧拉方法

$$y_{n+1} = y_n + \frac{h}{2}\Big(f(x_n,y_n) + f\big(x_n+h, y_n+hf(x_n,y_n)\big)\Big).$$

取 $b_1=0, b_2=1, c_2=a_{21}=\dfrac{1}{2}$ 得到中点法

$$y_{n+1}=y_n+hf(x_n+0.5h,y_n+0.5hf(x_n,y_n)).$$

取 $b_1=\frac{1}{4},b_2=\frac{3}{4},c_2=a_{21}=\frac{2}{3}$ 得到二阶哈恩(Heun)方法

$$y_{n+1}=y_n+\frac{h}{4}\left(f(x_n,y_n)+3f\left(x_n+\frac{2}{3}h,y_n+\frac{2}{3}hf(x_n,y_n)\right)\right)$$

三级的显式方法待定参数有八个,若想达到三阶方法,应满足

$$\begin{cases}b_1+b_2+b_3=1,\\ c_2=a_{21},\\ c_3=a_{31}+a_{32},\\ b_2c_2+b_3c_3=\frac{1}{2},\\ b_2c_2^2+b_3c_3^2=\frac{1}{3},\\ b_3c_2a_{32}=\frac{1}{6}.\end{cases}$$

与二阶方法一样,该方程组的解也是不唯一的,但不存在三级四阶方法.

常见的有三级三阶哈恩方法

$$\begin{cases}y_{n+1}=y_n+\frac{h}{4}(K_1+3K_3),\\ K_1=f(x_n,y_n),\\ K_2=f\left(x_n+\frac{1}{3}h,y_n+\frac{h}{3}K_1\right),\\ K_3=f\left(x_n+\frac{2}{3}h,y_n+\frac{2}{3}hK_2\right).\end{cases}$$

三级三阶库塔方法

$$\begin{cases}y_{n+1}=y_n+\frac{h}{6}[K_1+4K_2+K_3],\\ K_1=f(x_n,y_n),\\ K_2=f\left(x_n+\frac{1}{2}h,y_n+\frac{h}{2}K_1\right),\\ K_3=f(x_n+h,y_n-hK_1+2hK_2).\end{cases}$$

四阶的龙格-库塔方法是常用的算法,其具有精度高、程序简单、计算稳定、易于调整步长等优点,缺点是对 f 的光滑性要求高,当 f 不够光滑时需要较大的计算量.

四阶方法中的参数确定原理与之前二阶、三阶方法是相同的,由于较为烦琐,这里不做具体推导,直接给出一些常见的四阶方法.

古典格式

$$\begin{cases}y_{n+1}=y_n+\frac{h}{6}(K_1+2K_2+2K_3+K_4),\\ K_1=f(x_n,y_n),\\ K_2=f\left(x_n+\frac{1}{2}h,y_n+\frac{h}{2}K_1\right),\\ K_3=f\left(x_n+\frac{1}{2}h,y_n+\frac{h}{2}K_2\right),\\ K_4=f(x_n+h,y_n+hK_3).\end{cases}$$

库塔格式

$$\begin{cases} y_{n+1} = y_n + \dfrac{h}{8}(K_1 + 3K_2 + 3K_3 + K_4), \\ K_1 = f(x_n, y_n), \\ K_2 = f\left(x_n + \dfrac{1}{3}h, y_n + \dfrac{h}{3}K_1\right), \\ K_3 = f\left(x_n + \dfrac{2}{3}h, y_n - \dfrac{h}{3}K_1 + hK_2\right), \\ K_4 = f(x_n + h, y_n + hK_1 - hK_2 + hK_3). \end{cases}$$

吉尔格式

$$\begin{cases} y_{n+1} = y_n + \dfrac{h}{6}\left[K_1 + (2-\sqrt{2})K_2 + (2+\sqrt{2})K_3 + K_4\right], \\ K_1 = f(x_n, y_n), \\ K_2 = f\left(x_n + \dfrac{1}{2}h, y_n + \dfrac{h}{2}K_1\right), \\ K_3 = f\left(x_n + \dfrac{1}{2}h, y_n + \dfrac{\sqrt{2}-1}{2}hK_1 + \left(1-\dfrac{\sqrt{2}}{2}\right)hK_2\right), \\ K_4 = f\left(x_n + h, y_n - \dfrac{\sqrt{2}}{2}hK_2 + \left(1+\dfrac{\sqrt{2}}{2}\right)hK_3\right). \end{cases}$$

当然,可以循此方法构造更高阶的龙格-库塔方法,但是计算会变得相当烦琐,而在实际应用中四阶方法已经能够满足大多数需求了.下面给出龙格-库塔方法的一个应用实例.

例 7　用 MATLAB 分别实现一种二阶和四阶龙格-库塔方法求解初值问题:

$$\begin{cases} \dfrac{dy}{dx} = 1 - \dfrac{2xy}{1+x^2}, \quad 0 \leqslant x \leqslant 2, \\ y(0) = 0. \end{cases} \tag{7.54}$$

解　图 7.11 和图 7.12 分别是利用二阶哈恩方法求解初值问题(7.54)和利用古典格式求解初值问题(7.54)的结果. 图中曲线为精确解,圆圈为近似解,可以看到高阶的方法得到更好的近似解.

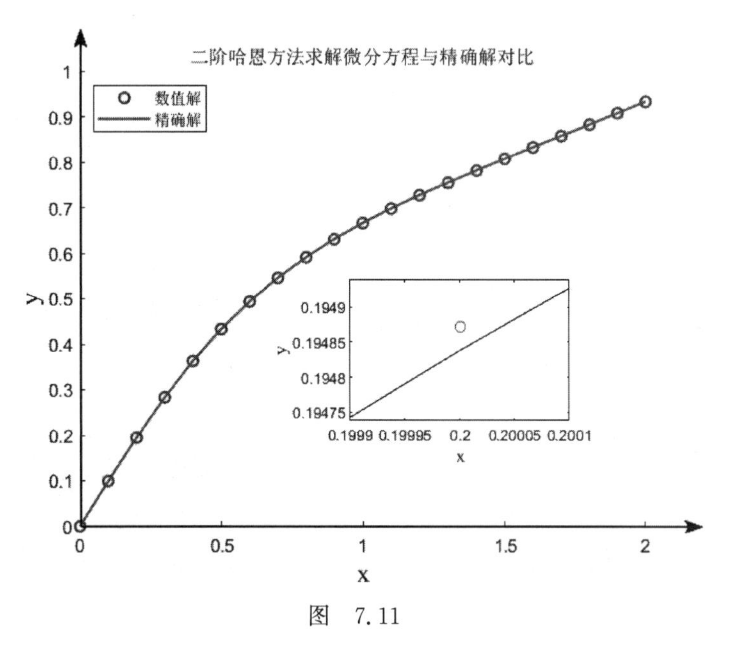

图　7.11

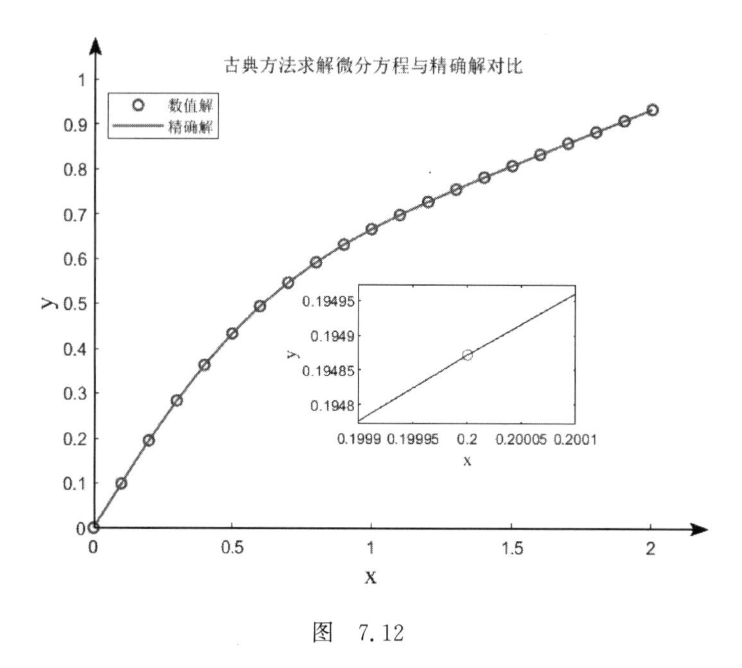

图 7.12

通过二阶、三阶方法的推导可知，四阶方法的推导更加复杂，这为构造方法带来了困难. 有没有统一的记忆方法，让我们能够轻松地给出高阶方法的系数所需要满足的方程组？这就需要根数理论，这里不做详细介绍，有兴趣的读者可以参考有关文献.

由于大于四级的显式龙格-库塔方法，达到与级数相同收敛阶不再可能. 如五阶需要六级，六阶需要七级，超过了六阶之后，所需的级数甚至有更明显的增加，所以很少应用高于五阶的方法.

除了显式方法，同样可以构造稳定性强劲的隐式方法. 与显式方法相比，隐式方法具有潜在的优势，即相同阶时所需要的级数更少. 其缺点是至少有一些计算是隐式的，这使得它不可能避免迭代运算，比如下面的三个隐式格式，如果 f 的结构不好，在计算 K_1 或者 K_2 时是需要迭代的.

$$\begin{cases} y_{n+1} = y_n + \dfrac{h}{4}(3K_1 + K_2), \\ K_1 = f\left(x_n + \dfrac{1}{3}h, y_n + \dfrac{1}{3}hK_1\right), \\ K_2 = f(x_n + h, y_n + hK_1). \end{cases} \tag{7.55}$$

$$\begin{cases} y_{n+1} = y_n + \dfrac{h}{4}\left[(1+\sqrt{2})K_1 + (3-\sqrt{2})K_2\right], \\ K_1 = f\left(x_n + (3-\sqrt{2})h, y_n + \dfrac{5-3\sqrt{2}}{4}hK_1 + \dfrac{7-5\sqrt{2}}{4}hK_2\right), \\ K_2 = f\left(x_n + h, y_n + \dfrac{1+\sqrt{2}}{4}hK_1 + \dfrac{3-\sqrt{2}}{4}hK_2\right). \end{cases} \tag{7.56}$$

$$\begin{cases} y_{n+1} = y_n + \dfrac{h}{2}(K_1 + K_2), \\ K_1 = f\left(x_n + \left(\dfrac{1}{2} - \dfrac{\sqrt{3}}{6}\right)h, y_n + \dfrac{1}{4}hK_1 + \left(\dfrac{1}{4} - \dfrac{\sqrt{3}}{6}\right)hK_2\right), \\ K_2 = f\left(x_n + \left(\dfrac{1}{2} + \dfrac{\sqrt{3}}{6}\right)h, y_n + \left(\dfrac{1}{4} + \dfrac{\sqrt{3}}{6}\right)hK_1 + \dfrac{1}{4}hK_2\right). \end{cases} \tag{7.57}$$

素养提升

传染病模型

传染病模型有着悠久的历史，一般认为始于 1760 年 Daniel Bernoulli 在一篇论文中对接种预防天花的研究. 真正的确定性传染病数学模型研究的前进步伐早在 20 世纪初就开始了，Hamer、Ross 等人在建立传染病数学模型的研究中做出了大量的工作. 1927 年 Kermack 与 McKendrick 在研究流行于伦敦的黑死病时提出的 SIR 仓室模型，并于 1932 年继而建立了 SIS 模型，在对这些模型的研究基础上提出了传染病动力学中的阈值理论. 根据传染病的传播速度不同、空间范围各异、传播途径多样、动力学机理等各种因素，对传染病模型按照传染病的类型划分为 SI，SIR，SIRS，SEIR 等模型：S(Susceptible)，易感者，指缺乏免疫能力健康人，与感染者接触后容易受到感染；E(Exposed)，暴露者，指接触过感染者但暂无传染性的人，可用于存在潜伏期的传染病；I(Infectious)，患病者，指有传染性的病人，可以传播给 S，将其变为 E 或 I；R(Recovered/Resistance)，康复者/抵抗者，指病愈后具有免疫力的人，如是终身免疫性传染病，则不可被重新变为 S、E 或 I，如果免疫期有限，就可以重新变为 S 类，进而被感染.

如果是按照连续时间划分，那么这些模型基本可以划分为常微分方程、偏微分方程等多种方程模型. 我们主要研究这些方程的数值离散，最终都是差分方程. 研究传染病模型对社会经济和维持秩序有重大意义，根据病种的不同，可以选用不同的基础模型，在此基础上可以进行优化和拓展. 这里探讨两个不同的模型，采用的数值方法主要是龙格-库塔方法.

SIR 模型

$$\begin{cases} \dfrac{\mathrm{d}S}{\mathrm{d}t} = -\beta rSI/N, \\ \dfrac{\mathrm{d}I}{\mathrm{d}t} = \beta rSI/N - \gamma I, \\ \dfrac{\mathrm{d}R}{\mathrm{d}t} = \gamma I, \\ N = S + I + R, \end{cases} \tag{7.58}$$

其中 N 为所研究的总体人口数，β 为感染率，r 为接触人数，γ 为移出率. SIR 模型构建的重要基础假设为不考虑出生、死亡和流动因素的影响. 原因在于在一个封闭的环境里，相对于人口总数而言，这部分所占的比例很小，且疫情变化的速度比死亡速度要显著得多，故可忽略不计.

如果未采取任何防控措施，则病毒处于完全自然传播状态. 采用经典的 ode45 进行数值求解并仿真预测(人口总数 N=902.45 万人，初始感染数 41 人，$\beta=0.035\,8$，接触人数 $r=16$ 人，移出率 $\gamma=0.25$，$\gamma=1/4$)，代码如下：

子程序：

```
function dydt = aodefun(t,y,beta,gamma,r,N)
dydt = zeros(3,1);
dydt(1) = - beta * r * y(1) * y(2)/N;
dydt(2) = (beta * y(1) * y(2) * r/N) - gamma * y(2);
```

```
dydt(3) = gamma * y(2);
end
% 共模拟 76 天
```

主程序：

```
clc
clear
close all;
N = 9024500;
beta = 0.0358;
r = 16;
gamma = 0.25;
% ode45
tspan = [1:1:76];
I0 = 41;
R0 = 0;
S0 = N - I0 - R0;
y0 = [S0 I0 R0];
[t, y] = ode45(@(t,y)aodefun(t,y,beta,gamma,r,N), tspan, y0);
% 画图
plot(t,y(:,1),'-o',t,y(:,2),'-.',t,y(:,3),'g');
hold on;
legend('易感者:S(t)','感染者:I(t)','恢复者:R(t)','Location','Best');
ylabel('人数');
xlabel('时间 t');
title('SIR 模型(ode45)');
```

运行程序可得易感数量、感染数量和移出数量随时间变化情况，如图 7.13 所示. 从图 7.13中可以看出，80 多天后易感数量趋于稳定，数量保持在 110.6 万人，44 天后感染数量达到峰值为 195.745 万人；移出数量在 90 天后基本达到稳定状态，为 791.8 万人，累计确诊人数等于稳定状态的移出数量，同样为 791.8 万人. 可见，如不采取任何防控措施，累积感染人数将达到总人口数量的 87.74%，死亡人数可能达到 49.1 万人(按统计死亡率 6.62%计算)，后果将十分严重.

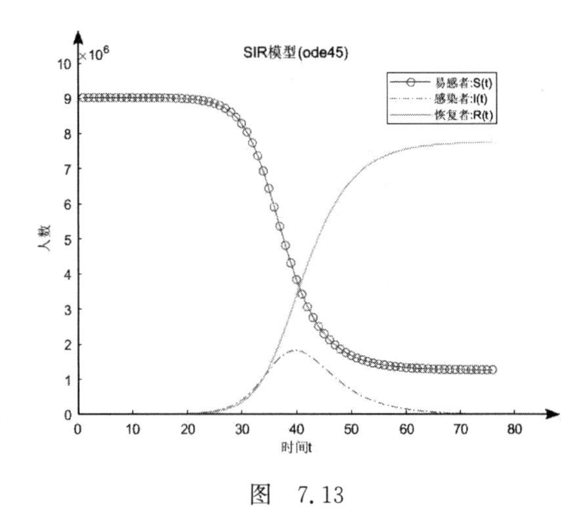

图 7.13

采取防控措施. 如果发生疫情后，城市除封城外，严格限制居民出行：居民每户 3 天只能有 1 人可以外出，且出行居民均要求戴口罩，洗手、消毒措施均已变成居民常态，这些措施能够有效地降低接触人数，模型参数需要重新设定. 由于限制出行等措施主要影响接触人数 $r=4.5$.

对于采取防控措施的模型参数代入方程，代码如下：

子程序：

```
function dydt = aode(t,y,beta,gamma,r,N)
dydt = zeros(3,1);
dydt(1) = - beta * r * y(1) * y(2)/N;
dydt(2) = (beta * r * y(1) * y(2)/N) - gamma * y(2);
dydt(3) = gamma * y(2);
end
```

主程序：

```
clc
clear
close all;
N = 9024500;
beta = 0.0358;
r = 4.5; % 接触人数，由最小二乘法得到
gamma = 0.25;
% ode45
tspan = [1:1:59]; % 2020 年 2 月 10 日 - 4 月 8 日
I0 = 16400;
R0 = 1206;
S0 = N - I0 - R0;
y0 = [S0 I0 R0];
[t, y] = ode45(@(t,y)aode(t,y,beta,gamma,r,N),tspan, y0);
```

有兴趣的读者可以运行程序，与之前未采取防控措施的情况进行对比. 如果考虑病毒可能经历多次变异，那么一成不变的模型不足以模拟病毒发展，因此需要不断改进更新. 如将潜伏期或发育期(免疫期延迟、感染期延迟和潜伏期延迟)应用到基本模型中，可以改变系统解的行为，下面的模型就充分考虑了延迟对传染病的影响.

$$\begin{cases}\dfrac{\mathrm{d}S}{\mathrm{d}t}=\mu N-\beta SI/N-\mu S,\\[2mm] \dfrac{\mathrm{d}E}{\mathrm{d}t}=\beta SI/N-\beta S(t-\tau)I(t-\tau)\mathrm{e}^{-\mu\tau}/N-\mu E,\\[2mm] \dfrac{\mathrm{d}I}{\mathrm{d}t}=\beta S(t-\tau)I(t-\tau)\mathrm{e}^{-\mu\tau}/N-\gamma H-(1-\omega)H_N(t)-\mu I,\\[2mm] \dfrac{\mathrm{d}H}{\mathrm{d}t}=\alpha I-\gamma H-\mu H,\\[2mm] \dfrac{\mathrm{d}H_N}{\mathrm{d}t}=(1-\alpha)I-(1-\omega)H_N-\mu H_N,\\[2mm] \dfrac{\mathrm{d}R}{\mathrm{d}t}=\gamma H+(1-\omega)H_N-\mu R,\\[2mm] \dfrac{\mathrm{d}D}{\mathrm{d}t}=\omega H_N+(1-\gamma)H,\end{cases}\tag{7.59}$$

其中 $E(t)$ 表示在 t 时刻没有传染性的受感染的个体；τ 表示潜伏期，代表受感染个体从被

感染到具有传染能力的时间间隔；$e^{-\mu\tau}$表示感染者在t时刻的存活比例. 在这个模型中，受感染仓室$I(t)$被分为两个不同的小仓室，病毒感染者和住院人数$H(t)$和病毒感染但未住院的人数（未被发现）$H_N(t)$；$R(t)$表示从疾病中恢复的感染者人数；$D(t)$表示因该疾病而死亡的受感染者的人数；β表示受感染者与该人群的接触率；μ表示出 生率和自然死亡率；α表示受感染者住院率；γ表示住院的受感染者的康复率；ω表示因该疾病引起的死亡率.

采用处理时滞微分方程的dde23来求解上述问题，其代码如下：

```
%参数取值:
mu = 0.01;
beta = 0.08;
N = 100000;
alpha = 0.9;
gamma = 0.5;
omega = 0.0 2;
tau = 1;
%方程求解:
ddex1deZ = @(t,y,Z)[mu * N - beta * y(1) * y(3)/N - mu * y(1);
        beta * y(1) * y(3)/N - beta * Z(1,1) * Z(3,1) * exp( - mu * tau)/N - mu * y(2);
        beta * Z(1,1) * Z(3,1) * exp( - mu * tau)/N - gamma * y(4) - (1 - omega) * y(5) - mu * y(3);
        alpha * y(3) - gamma * y(4) - mu * y(4);
        (1 - alpha) * y(3) - (1 - omega) * y(5) - mu * y(5);
        gamma * y(4) + (1 - omega) * y(5) - mu * y(6);
        omega * y(5) + (1 - gamma) * y(4)];
Sol = dde23(ddex1deZ,[tau,1],[80000,10000,5000,3000,1000,800,200],[0,50]);
%画图:
figure;
plot(Sol.x,max(0,Sol.y(1,:)),'-');
hold on
 plot(Sol.x,max(0,Sol.y(2,:)),'-');
 hold on
 plot(Sol.x,max(0,Sol.y(3,:)),'-');
 hold on
 plot(Sol.x,max(0,Sol.y(4,:)),'-');
 hold on
 plot(Sol.x,max(0,Sol.y(5,:)),'-');
 hold on
 plot(Sol.x,max(0,Sol.y(6,:)),'-');
 %% 取不同时滞τ:
subplot(2,2,1)
 tau = 0.1;
 ddex1deZ = @(t,y,Z)[mu * N - beta * y(1) * y(3)/N - mu * y(1);
        beta * y(1) * y(3)/N - beta * Z(1,1) * Z(3,1) * exp( - mu * tau)/N - mu * y(2);
        beta * Z(1,1) * Z(3,1) * exp( - mu * tau)/N - gamma * y(4) - (1 - omega) * y(5) - mu * y(3);
        alpha * y(3) - gamma * y(4) - mu * y(4);
```

```
            (1 - alpha) * y(3) - (1 - omega) * y(5) - mu * y(5);
            gamma * y(4) + (1 - omega) * y(5) - mu * y(6);
           omega * y(5) + (1 - gamma) * y(4)];
       y(4) + y(4) * randn(1); - 1 * y(3) - y(3) * randn(1)];
Sol = dde23(ddex1deZ,[tau,1],[80000,10000,5000,3000,1000,800,200],[0,50]);
plot(Sol.x,max(0,Sol.y(3,:)),'-');
title('SEIHRD 模型');
xlabel('时间 t');
ylabel('人数');
subplot(2,2,2)
tau = 3;
ddex1deZ = @(t,y,Z)[mu * N - beta * y(1) * y(3)/N - mu * y(1);
            beta * y(1) * y(3)/N - beta * Z(1,1) * Z(3,1) * exp( - mu * tau)/N - mu * y(2);
            beta * Z(1,1) * Z(3,1) * exp( - mu * tau)/N - gamma * y(4) - (1 - omega) * y(5) - mu * y(3);
            alpha * y(3) - gamma * y(4) - mu * y(4);
            (1 - alpha) * y(3) - (1 - omega) * y(5) - mu * y(5);
            gamma * y(4) + (1 - omega) * y(5) - mu * y(6);
            omega * y(5) + (1 - gamma) * y(4)];
       y(4) + y(4) * randn(1); - 1 * y(3) - y(3) * randn(1)];
Sol = dde23(ddex1deZ,[tau,1],[80000,10000,5000,3000,1000,800,200],[0,50]);
plot(Sol.x,max(0,Sol.y(3,:)),'-');
title('SEIHRD 模型');
xlabel('时间 t');
ylabel('人数');
subplot(2,2,3)
tau = 10;
ddex1deZ = @(t,y,Z)[mu * N - beta * y(1) * y(3)/N - mu * y(1);
            beta * y(1) * y(3)/N - beta * Z(1,1) * Z(3,1) * exp( - mu * tau)/N - mu * y(2);
            beta * Z(1,1) * Z(3,1) * exp( - mu * tau)/N - gamma * y(4) - (1 - omega) * y(5) - mu * y(3);
            alpha * y(3) - gamma * y(4) - mu * y(4);
            (1 - alpha) * y(3) - (1 - omega) * y(5) - mu * y(5);
            gamma * y(4) + (1 - omega) * y(5) - mu * y(6);
           omega * y(5) + (1 - gamma) * y(4)];
           y(4) + y(4) * randn(1); - 1 * y(3) - y(3) * randn(1)];
Sol = dde23(ddex1deZ,[tau,1],[80000,10000,5000,3000,1000,800,200],[0,50]);
plot(Sol.x,max(0,Sol.y(3,:)),'-');
title('SEIHRD 模型');
xlabel('时间 t');
ylabel('人数');
subplot(2,2,4)
tau = 100;
ddex1deZ = @(t,y,Z)[mu * N - beta * y(1) * y(3)/N - mu * y(1);
            beta * y(1) * y(3)/N - beta * Z(1,1) * Z(3,1) * exp( - mu * tau)/N - mu * y(2);
            beta * Z(1,1) * Z(3,1) * exp( - mu * tau)/N - gamma * y(4) - (1 - omega) * y(5) - mu * y(3);
            alpha * y(3) - gamma * y(4) - mu * y(4);
            (1 - alpha) * y(3) - (1 - omega) * y(5) - mu * y(5);
```

```
            gamma * y(4) + (1 - omega) * y(5) - mu * y(6);
            omega * y(5) + (1 - gamma) * y(4)];
        y(4) + y(4) * randn(1); - 1 * y(3) - y(3) * randn(1)];
Sol = dde23(ddex1deZ,[tau,1],[80000,10000,5000,3000,1000,800,200],[0,50]);
plot(Sol.x,max(0,Sol.y(3,:)),'-');
title('SEIHRD 模型');
xlabel('时间 t');
ylabel('人数');
 hold on
 plot(Sol.x,max(0,Sol.y(7,:)),'-');
title('SEIHRD 模型');
xlabel('时间 t');
ylabel('人数');
legend('S','E','I','H','Hn','R','D');
```

运行程序可得感染数量随时间变化情况. 可以看到不同的潜伏期对传染病传播的影响,如图 7.14 所示.

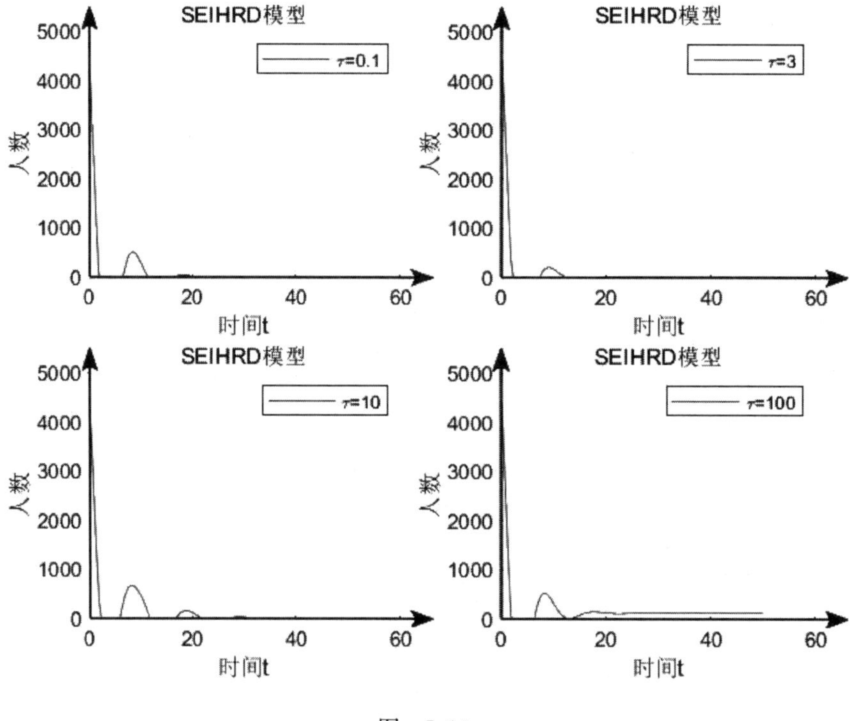

图 7.14

以上分析体现了,根据实际问题,不断完善模型的过程就是研究内在规律时要发挥主观能动性,认识利用规律,又要按客观规律办事,实事求是,不能违背规律. 认识是发展变化的,具有反复性、无限性和上升性. 认识不断地向前发展. 是螺旋式的上升和波浪式的前行.

7.3.3 收敛性和稳定性

在欧拉法中,我们探讨过截断误差随步长 h 的变化. 如果在步长 h 趋于 0 时,整体截断误差也趋于 0,则称方法是收敛的. 具体定义如下所示.

定义 2 若对初值问题(7.2)采用单步法

$$y_{n+1}=y_n+h\varphi(x_n,y_n,h),\quad y_0=y(x_0),\quad n=0,1,\cdots \tag{7.60}$$

求解. 对于固定的 $x_n=x_0+nh$,有 $\lim\limits_{\substack{h\to 0\\ n\to\infty}} y_n=y(x_n)$,其中 $y(x_n)$ 为初值问题(7.2)在固定点 $x_n=x_0+nh$ 处的准确解,则称单步法(7.60)是收敛的.

仿照欧拉法的收敛性讨论,可以给出单步法的收敛性定理,并得到收敛阶的相关结论.

定理 4 单步法(7.60)具有 p 阶精度,且增量函数 $\varphi(x,y,h)$ 关于 y 满足利普希茨条件

$$|\varphi(x,y,h)-\varphi(x,\hat{y},h)|\leqslant L_\varphi|y-\hat{y}| \tag{7.61}$$

在初值准确的前提下其整体截断误差为 $O(h^p)$.

定理证明可仿照定理 1,读者也可以参考其他文献,这里不做具体证明. 定理告诉我们判断收敛性的关键是验证增量函数能否满足利普希茨条件. 比如,欧拉方法的增量函数就是初值问题(7.2)方程的右端,故而当 $f(x,y)$ 满足利普希茨条件时,欧拉法就是收敛的.

如果增量函数满足 $\varphi(x,y,0)=f(x,y)$,则称对应的单步法是相容的. 这种相容指的是步长趋于 0 时,数值方法可以看作微分方程的离散化,即 $\lim\limits_{h\to 0}\dfrac{y_n-y_{n-1}}{h}=f(x,y)$. 关于相容性和收敛性的关系可以用下面的定理概括.

定理 5 单步法(7.60)具有 p 阶精度,此方法与初值问题(7.2)相容的充分必要条件是 $p\geqslant 1$.

由此可见,相容的方法至少是一阶的,单步法收敛的充要条件为相容.

例 8 设微分方程(7.2)的右端项关于 y 满足利普希茨条件,且初值是精确的,证明如下四级四阶的古典格式收敛.

证 由定理 4 知,只需证明上述方法的增量函数关于 y 满足利普希茨条件. 古典格式为

$$\begin{cases} y_{n+1}=y_n+\dfrac{h}{6}(K_1+2K_2+2K_3+K_4),\\ K_1=f(x_n,y_n),\\ K_2=f\left(x_n+\dfrac{1}{2}h,y_n+\dfrac{h}{2}K_1\right),\\ K_3=f\left(x_n+\dfrac{1}{2}h,y_n+\dfrac{h}{2}K_2\right),\\ K_4=f(x_n+h,y_n+hK_3). \end{cases}$$

把增量函数记为

$$\varphi(x,y,h)=\frac{1}{6}\Big(K_1(x,y,h)+2K_2(x,y,h)+2K_3(x,y,h)+K_4(x,y,h)\Big),$$

根据 $f(x,y)$ 关于 y 满足利普希茨条件可得

$$|K_1(x,y,h)-K_1(x,\hat{y},h)|\leqslant L\,|y-\hat{y}|\triangleq C_1\,|y-\hat{y}|$$

$$\begin{aligned}|K_2(x,y,h)-K_2(x,\hat{y},h)|&\leqslant L\left|y+\frac{h}{2}K_1(x,y,h)-\hat{y}-\frac{h}{2}K_1(x,\hat{y},h)\right|\\&=L\left|y-\hat{y}+\frac{h}{2}(C_1\,|y-\hat{y}|)\right|\\&=\left(L+\frac{hL}{2}C_1\right)|y-\hat{y}|\\&\triangleq C_2\,|y-\hat{y}|.\end{aligned}$$

同理,可以计算

$$|K_3(x,y,h)-K_3(x,\hat{y},h)|\leqslant\left(L+\frac{Lh}{2}C_3\right)|y-\hat{y}|\triangleq C_3\,|y-\hat{y}|,$$

$$|K_4(x,y,h)-K_4(x,\hat{y},h)|\leqslant\left(L+hLC_3\right)|y-\hat{y}|\triangleq C_4\,|y-\hat{y}|.$$

综合上述结果可得

$$|\varphi(x,y,h)-\varphi(x,\hat{y},h)|\leqslant\frac{1}{6}(C_1+2C_2+2C_3+C_4)|y-\hat{y}|,$$

即方法的增量函数满足利普希茨条件,所以方法收敛.

在欧拉法中,我们探讨了稳定区域. 同样,对于龙格-库塔方法也可以进行类似讨论. 将方法应用到模型方程 $y'=qy(x)$上,令 $z=hq$,对于精确解可以知道当自变量向前前进一步,相应的解应该乘以因子 $\exp(z)$,而对应的数值解前进相同步长时也将会乘以一个 z 的函数,记作 $R(z)$,称之为稳定函数. 把$\{z\in C:|R(z)|<1\}$称为稳定区域,在这个区域内的参数 z 保证数值解在若干步骤之后仍然有界. 人们对左半平面的 z 值特别感兴趣,因为在这种情况下,精确解是有界的,此时要求数值解有类似的行为是可以理解的.

对于一个给定的 s 级龙格-库塔方法$(c,\boldsymbol{A},\boldsymbol{b})$有 $\boldsymbol{Y}=1\boldsymbol{y}_0+h\boldsymbol{A}q\boldsymbol{Y}=1\boldsymbol{y}_0+z\boldsymbol{A}\boldsymbol{Y}$,可以解出 $\boldsymbol{Y}=(\boldsymbol{I}-z\boldsymbol{A})^{-1}\boldsymbol{y}_0$. 对于解的近似值 $\boldsymbol{y}_1$,$\boldsymbol{y}_1=\boldsymbol{y}_0+h\boldsymbol{b}^{\mathrm{T}}q\boldsymbol{Y}=\boldsymbol{y}_0+z\boldsymbol{b}^{\mathrm{T}}(\boldsymbol{I}-z\boldsymbol{A})^{-1}1\boldsymbol{y}_0=R(z)\boldsymbol{y}_0$

这里 $R(z)=1+z\boldsymbol{b}^{\mathrm{T}}(\boldsymbol{I}-z\boldsymbol{A})^{-1}1$,这里 $1=\begin{pmatrix}1\\\vdots\\1\end{pmatrix}$.

对于1,2,3,4级显式龙格-库塔方法,稳定函数是相当简单的,即指数函数的 s 级近似,

$$R(z)=\begin{cases}1+z, & p=1;\\1+z+\dfrac{1}{2}z^2, & p=2;\\1+z+\dfrac{1}{2}z^2+\dfrac{1}{6}z^3, & p=3;\\1+z+\dfrac{1}{2}z^2+\dfrac{1}{6}z^3+\dfrac{1}{24}z^4, & p=4.\end{cases}\tag{7.62}$$

由这些函数定义的稳定区域的边界如图 7.15 所示.

其中,最外层对应的为 $s=6$,$p=5$ 的显式方法的稳定区域边界. 稳定函数为

$$R(z)=1+z+\frac{1}{2}z^2+\frac{1}{6}z^3+\frac{1}{24}z^4+\frac{1}{120}z^5+Cz^6,\tag{7.63}$$

对应的 $C=\frac{1}{1\ 280}$. 在图 7.15 中绘制这个稳定区域边界的任务是比较容易的. 因为,对于一个稳定函数 $R(z)=1+a_1z+\cdots+a_sz^s$,边界曲线上的点应该满足

$$(1-w)+a_1z+\cdots+a_sz^s=0,\quad w=\exp(\mathrm{i}\theta),\quad \theta\in[0,2\pi]. \tag{7.64}$$

因此,在 $p=5$ 中绘制稳定边界的一个合理的方法为:描绘出满足(7.64)的所有 z.

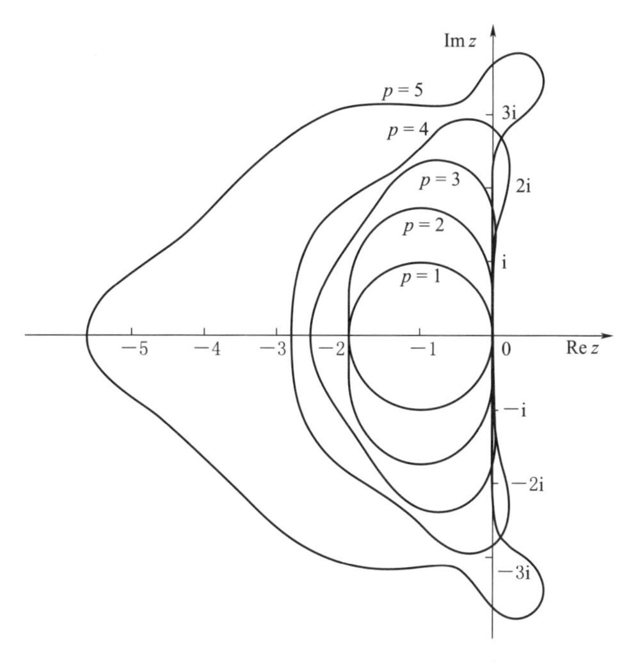

图　7.15

由于 $R(z)=1+z+O(z^2)$,因此即使增加额外的 s,也不可能设计出至少 1 阶的显式方法其稳定区域包含全部左半平面. 然而,正如在隐式欧拉方法中所看到的,隐式龙格-库塔方法并没有这样的障碍.

下面给出三个隐式方法(7.55)～(7.57)对应的稳定函数如下

$$R(z)=\begin{cases}\dfrac{1+\dfrac{2z}{3}+\dfrac{z^2}{6}}{1-\dfrac{z}{3}},\\[2ex] \dfrac{1+(\sqrt{2}-1)z}{[1-(1-0.5\sqrt{2}z)]^2},\\[2ex] \dfrac{1+\dfrac{z}{2}+\dfrac{z^2}{12}}{1-\dfrac{z}{2}+\dfrac{z^2}{12}}.\end{cases} \tag{7.65}$$

注意:对于函数(7.65)中的第三个式子,稳定区域正好是封闭的左半平面. 第一个方法的稳定区域与显式龙格-库塔方法类似,有界. 第二个方法有一个无界的稳定区域,该稳定区域包括整个左半平面.

7.4 线性多步法

除了龙格-库塔方法，另外一种扩展欧拉法的方式是利用几个点的函数值和导数值来推导下一个节点的近似值，最初提出这种想法的是巴什福思(Bashforth)和阿当姆斯(Adams). 这种方法现在被称为阿当姆斯-巴什福思(Adams - Bashforth)法，因为这些方法都用到了多个节点信息的线性组合，所以称之为线性多步法. 现今常用的线性多步法有下面几种：显式阿当姆斯方法、隐式阿当姆斯方法、米尔尼(Milne)方法、汉明(Hamming)方法等.

7.4.1 阿当姆斯方法

对于非刚性问题，最重要的线性多步法是阿当姆斯型的.

$$y_n = y_{n-1} + h(\beta_1 f(x_{n-1}, y_{n-1}) + \beta_2 f(x_{n-2}, y_{n-2}) + \cdots + \beta_k f(x_{n-k}, y_{n-k})) \tag{7.66}$$

以及

$$y_n = y_{n-1} + h(\beta_0 f(x_n, y_n) + \beta_1 f(x_{n-1}, y_{n-1}) + \cdots + \beta_k f(x_{n-k}, y_{n-k})). \tag{7.67}$$

适当选取参数 $\beta_0, \beta_1, \cdots, \beta_k$，使数值格式具有尽可能高的精度. 假设在计算第 n 步值之前的所有值都没有误差，那么式(7.66)和式(7.67)中计算得到的近似值与真实值的误差称为局部截断误差. 进一步，如果这个误差为 $O(h^{p+1})$，则称对应的方法具有 p 阶精度.

为了得到一个关于阶的简单准则，可以把所有的项都写成

$$y(x_n) - y(x_{n-1}) - h(\beta_0 y'(x_n) + \beta_1 y'(x_{n-1}) + \cdots + \beta_k y'(x_{n-k})), \tag{7.68}$$

将式(7.68)与泰勒展开比较可得到参数满足的一系列条件.

例如，当 $k=4$，式(7.68)变成

$$\begin{aligned}
&hy'(x_n)(1-\beta_0-\beta_1-\beta_2-\beta_3-\beta_4)+\\
&h^2y''(x_n)(-0.5+\beta_1+2\beta_2+3\beta_3+4\beta_4)+\\
&h^3y'''(x_n)\left[\frac{1}{6}-\frac{1}{2}(\beta_1+4\beta_2+9\beta_3+16\beta_4)\right]+\\
&h^4y^{(4)}(x_n)\left[-\frac{1}{24}-\frac{1}{6}(\beta_1+8\beta_2+27\beta_3+64\beta_4)\right]+O(h^5)
\end{aligned} \tag{7.69}$$

与

$$C_1hy'(x_n) + C_2h^2y''(x_n) + \cdots + C_ph^py^{(p)}(x_n) + O(h^{p+1}), \tag{7.70}$$

比较可以得到

$$\begin{aligned}
C_1 &= 1-\beta_0-\beta_1-\beta_2-\beta_3-\beta_4,\\
C_2 &= -0.5+\beta_1+2\beta_2+3\beta_3+4\beta_4,\\
C_3 &= \frac{1}{6}-\frac{1}{2}(\beta_1+4\beta_2+9\beta_3+16\beta_4),\\
C_4 &= -\frac{1}{24}-\frac{1}{6}(\beta_1+8\beta_2+27\beta_3+64\beta_4).
\end{aligned} \tag{7.71}$$

对于阿当姆斯方法而言，若 $\beta_0=0$ 时(阿当姆斯-巴什福思方法)，

如果考虑 $k=2$，则有 $\beta_3=\beta_4=0$，再解方程 $C_1=C_2=0$，即可得到 $\beta_1=1.5, \beta_2=-0.5$；

如果考虑 $k=3$，解方程 $C_1=C_2=C_3=0$，得到 $\beta_1=23/12, \beta_2=-4/3, \beta_3=5/12$；

如果考虑 $k=4$，解方程 $C_1=C_2=C_3=C_4=0$，得到

$$\beta_1 = 55/24,\quad \beta_2 = -59/24, \beta_3 = 37/24,\quad \beta_4 = -3/8.$$

对于阿当姆斯方法而言，若 $\beta_0 \neq 0$ 时(阿当姆斯-莫尔顿法)，

如果考虑 $k=1(p=2)$，则有 $\beta_2=\beta_3=\beta_4=0$，再解方程 $C_1=C_2=0$，即可得到 $\beta_1=\beta_0=0.5$；

如果考虑 $k=2(p=3)$，同样方法计算得到 $\beta_1=2/3, \beta_2=-1/12, \beta_0=5/12$；

如果考虑 $k=3(p=4)$，同样方法计算得到 $\beta_1=19/24, \beta_2=-5/24, \beta_3=1/24,\quad \beta_0=3/8$.

7.4.2 线性多步法的一般形式

尽管阿当姆斯方法是最常用的线性多步法之一，但没有充分利用函数值的信息，因为计算 y_n 忽略了 $y_{n-1}, y_{n-2}, \cdots, y_{n-k}$. 线性多步法的一般形式应该包括这些因素. 因此，它就有了这样一种形式

$$\begin{aligned} y_n =& \alpha_1 y_{n-1} + \alpha_2 y_{n-2} + \cdots + \alpha_k y_{n-k} + \\ & h(\beta_0 f(x_n, y_n) + \beta_1 f(x_{n-1}, y_{n-1}) + \cdots + \beta_k f(x_{n-k}, y_{n-k})). \end{aligned} \tag{7.72}$$

通常用这些参数 α_k, β_k 的多项式来描述这种方法，标准的术语是使用多项式 $\rho(z)$ 和 $\sigma(z)$ 定义

$$\begin{aligned} \rho(z) &= z^k - \alpha_1 z^{k-1} - \alpha_2 z^{k-2} - \cdots - \alpha_k, \\ \sigma(z) &= \beta_0 z^k + \beta_1 z^{k-1} + \beta_2 z^{k-2} + \cdots + \beta_k. \end{aligned} \tag{7.73}$$

采用如下一对稍微不同的多项式，有时候可能更加方便：

$$\begin{aligned} \alpha(z) &= 1 - \alpha_1 z - \alpha_2 z^2 - \cdots - \alpha_k z^k, \\ \beta(z) &= \beta_0 + \beta_1 z + \beta_2 z^2 + \cdots + \beta_k z^k. \end{aligned} \tag{7.74}$$

当然使用式(7.74)还是式(7.73)会有些许不同，一旦知道了 k 的值就可以通过这些关系在它们之间转变

$$\alpha(z) = z^k \rho\left(\frac{1}{z}\right),\quad \beta(z) = z^k \sigma\left(\frac{1}{z}\right),\quad \rho(z) = z^k \alpha\left(\frac{1}{z}\right),\quad \sigma(z) = z^k \beta\left(\frac{1}{z}\right).$$

对于所有的 α 多项式有 $\alpha(0)=1$，以及对于阿当姆斯方法，$\alpha(z)=1-z$. 使用$[\alpha, \beta]$表示，是可以区分阿当姆斯-巴什福思和阿当姆斯-莫尔顿(Adams - Moulton)法的，因为阿当姆斯-巴什福思对应的 $\beta(0)=0$.

7.4.3 相容性、稳定性和收敛性

假设尝试寻找简单微分方程 $y'(x)=0$ 的数值解，此时精确解为 $y(x)=1$. 这里讨论具有特征多项式对$[\alpha, \beta]$的线性多步法，可以推导出 $\alpha(1)=0$，这个条件称为预相容性条件.

对于一个预相容的方法，进一步希望可以找到另一个简单的微分初值问题 $y'(x)=1$，$y(0)=0$的精确解，可以看到每一步的 f 都是 1，把这个条件代入式(7.72)可以计算得到 $nh = \sum_{i=1}^{k} \alpha_i h(n-i) + h\sum_{i=1}^{k} \beta_i$. 经简单运算可以得到 $n\left(1-\sum_{i=1}^{k} \alpha_i\right) = \sum_{i=1}^{k} \beta_i - \sum_{i=1}^{k} i\alpha_i$.

对于预相容的方法，左边消失，而右边可以写成 $\beta(1)+\alpha'(1)$，因此自然希望 $\beta(1)+\alpha'(1)=0$ 成立，使得数值方法能够对 $y'(x)=1$，$y(0)=0$ 精确求解.

至此，得到相容的条件为

$$\alpha(1) = 0, \beta(1) + \alpha'(1) = 0 \text{ 或 } \rho(1) = 0, \sigma(1) - \rho(1) = 0.$$

如果对小扰动很敏感，则无论对微分方程解的数值近似有多精确，这种精度都没有实际意

义. 扰动的来源可能是未知函数 y 和其导函数 f. 为了分析简单,忽略第二部分,此时未扰动问题和扰动问题之间的差异将满足更简单的方程 $y'(x)=0$. 考虑扰动引起的数值解的差所满足的差分方程

$$y_n=\alpha_1 y_{n-1}+\alpha_2 y_{n-2}+\cdots+\alpha_k y_{n-k}, \tag{7.75}$$

如果当 $n\to\infty$ 时,方程(7.75)的所有解都是有界的,则称对应的线性多步法是稳定的.

通过差分方程的理论,可以知道方程式(7.75)的所有解有界的充要条件是多项式 ρ 的所有根落在单位圆盘上,并且所有重根都落在圆盘内部. 根据多项式 α 与多项式 ρ 的关系,上述条件可以描述为:多项式 α 的所有根都落在单位开圆盘外部,并且所有重根都落在单位闭圆盘外部.

"收敛"指的是一种方法在允许步长任意小时,将微分方程的解近似到任何需要的精度的能力. 当然,用线性多步方法计算的任何数值结果不仅取决于该方法和微分方程的特定系数,还取决于用于获得起始值的程序. 在这个概念的正式定义中,不会对起始值的近似方式施加任何条件,除非要求,如 $h\to 0$,起始值中的误差趋于零. 因为精确解是连续的,这相当于要求起始值都收敛到问题指定的初始值.

将 $[x_0,\bar{x}]$ 划分为 n 小段,每步的大小 $h=\dfrac{\bar{x}-x_0}{n}$,对于每个正整数 n. 使用起始值 y_0, $y_1,\cdots,y_{k-1}$ 来解决一个标准的初始值问题,这些初始值依赖于 h 并收敛到 $y(x_0)(h\to 0)$. 用 E_n 表示计算 $y(\bar{x})$ 的误差,如果 $\lim\limits_{n\to\infty}\varepsilon_n=0$,则称该方法是收敛的. 根据上述内容可以得到如下定理.

定理 6 线性多步法收敛的充要条件是它稳定并且相容.

7.4.4 预估-校正阿当姆斯方法

继续讨论阿当姆斯方法,可以给出不同阶数下的相关系数. 如表 7.5 是阿当姆斯-巴什福思法的系数和误差常数,表 7.6 是阿当姆斯-莫尔顿法的系数和误差常数.

根据这些方法的系数以及给出的误差常数的值,可以写出具体的线性多步法格式. 例如,阶为 2 的阿当姆斯-巴什福思方法为

$$y(x_n)=y(x_{n-1})+h(1.5y'(x_{n-1})-0.5y'(x_{n-2}))+Ch^3y^{(3)}(x_n)+O(h^4),$$

这里 $C=\dfrac{5}{12}$.

可以将这两类方法配合使用. 具体来说,就是用阿当姆斯-巴什福思法预估,然后利用阿当姆斯-莫尔顿法校正. 如

$$\text{预估}:y_n^*=y_{n-1}+h\sum_{i=1}^{k^*}\beta_i^* f(x_{n-i},y_{n-i}), \tag{7.76}$$

$$\text{校正}:y_n=y_{n-1}+h\beta_0 f(x_n,y_n^*)+h\sum_{i=1}^{k}\beta_i f(x_{n-i},y_{n-i}). \tag{7.77}$$

这种类型的方法称为"预估-校正"方法,因为在一个步骤中的整体计算包括对解的初步预估,然后对这个第一个预估值进行校正.

表　7.5

k	β_1	β_2	β_3	β_4	β_5	β_6	β_7	β_8	C
1	1								$-\frac{1}{2}$
2	$\frac{3}{2}$	$-\frac{1}{2}$							$\frac{5}{12}$
3	$\frac{23}{12}$	$-\frac{4}{3}$	$\frac{5}{12}$						$-\frac{3}{8}$
4	$\frac{55}{24}$	$-\frac{59}{24}$	$\frac{37}{24}$	$-\frac{3}{8}$					$\frac{251}{720}$
5	$\frac{1\ 901}{720}$	$-\frac{1\ 387}{360}$	$\frac{109}{30}$	$-\frac{637}{360}$	$\frac{251}{720}$				$-\frac{95}{288}$
6	$\frac{4\ 277}{1\ 440}$	$-\frac{2\ 641}{480}$	$\frac{4\ 991}{720}$	$-\frac{3\ 649}{720}$	$\frac{959}{480}$	$-\frac{95}{288}$			$\frac{19\ 087}{60\ 480}$
7	$\frac{198\ 721}{60\ 480}$	$-\frac{18\ 637}{2\ 520}$	$\frac{235\ 183}{20\ 160}$	$-\frac{10\ 754}{945}$	$\frac{135\ 713}{20\ 160}$	$-\frac{5\ 603}{2\ 520}$	$\frac{19\ 087}{60\ 480}$		$-\frac{5\ 257}{17\ 280}$
8	$\frac{16\ 083}{4\ 480}$	$-\frac{1\ 152\ 169}{120\ 960}$	$\frac{242\ 653}{13\ 440}$	$-\frac{296\ 053}{13\ 440}$	$\frac{2\ 102\ 243}{120\ 960}$	$-\frac{115\ 747}{13\ 440}$	$\frac{32\ 863}{13\ 440}$	$-\frac{5\ 257}{17\ 280}$	$\frac{1\ 070\ 017}{3\ 628\ 800}$

表　7.6

k	β_0	β_1	β_2	β_3	β_4	β_5	β_6	β_7	C
0	1								$\frac{1}{2}$
1	$\frac{1}{2}$	$\frac{1}{2}$							$-\frac{1}{12}$
2	$\frac{5}{12}$	$\frac{2}{3}$	$-\frac{1}{12}$						$\frac{1}{24}$
3	$\frac{3}{8}$	$\frac{19}{24}$	$-\frac{5}{24}$	$\frac{1}{24}$					$-\frac{19}{720}$
4	$\frac{251}{720}$	$\frac{323}{360}$	$-\frac{11}{30}$	$\frac{53}{360}$	$-\frac{19}{720}$				$\frac{3}{160}$
5	$\frac{95}{288}$	$\frac{1\ 427}{1\ 440}$	$-\frac{133}{240}$	$\frac{241}{720}$	$-\frac{173}{1\ 440}$	$\frac{3}{160}$			$\frac{19\ 087}{60\ 480}$
6	$\frac{19\ 087}{60\ 480}$	$\frac{2\ 713}{2\ 520}$	$-\frac{15\ 487}{20\ 160}$	$\frac{586}{945}$	$-\frac{6\ 737}{20\ 160}$	$\frac{263}{2\ 520}$	$-\frac{863}{60\ 480}$		$\frac{275}{24\ 192}$
7	$\frac{5\ 257}{17\ 280}$	$\frac{139\ 849}{120\ 960}$	$-\frac{4\ 511}{4\ 480}$	$\frac{123\ 133}{120\ 960}$	$-\frac{88\ 547}{120\ 960}$	$-\frac{115\ 747}{13\ 440}$	$\frac{1\ 537}{4\ 480}$	$\frac{275}{24\ 192}$	$-\frac{33\ 953}{3\ 628\ 800}$

7.4.5　米尔尼方法

预测-校正方法的一个特征是，在每一步都可以找到 $y(x_n)$ 的两个近似，每个都具有不同的误差常数，即使它们可能具有相同的阶 p.

将 p 阶阿当姆斯-巴什福思法的误差常数记作 C_p^*，$p-1$ 阶阿当姆斯-莫尔顿法的误差常数记作 C_{p-1}. 这意味着，假设前面的过程都是精确的，那么 y_n^* 的误差就等于

$$y_n^* = y(x_n) - h^{p+1}C_p^* y^{(p+1)}(x_n) + O(h^{p+2}). \tag{7.78}$$

当然，前面的值并不精确，但可以在一般情况下将式(7.78)解释为步骤 n 中引入的新误差. 同样的方法可以给出校正过程中引入的误差为

$$y_n = y(x_n) - h^{p+1}C_{p-1} y^{(p+1)}(x_n) + O(h^{p+2}). \tag{7.79}$$

综合处理式(7.78)和式(7.79)可以得到

$$y(x_n)-y_n \approx \frac{C_{p-1}}{C_{p-1}-C_p^*}(y_n^*-y_n). \tag{7.80}$$

式(7.80)归功于米尔尼，被用于实际算法中局部截断误差. 在一些现代实现中，预估器的阶一般是比校正小1. 按照这个原则，米尔尼方法的预估和校正阶数是不合适的.

7.5 随机微分方程数值解法

假设已经熟悉欧拉法等关于确定性微分方程的数值解法，并至少对随机变量的概念有一个直观的感觉. 本节围绕布朗运动驱动的随机微分方程构建简单的数值解法.

随机微分方程(SDEs)在生物学、化学、流行病学、力学、微电子学、经济学和金融学等一系列应用领域中发挥着突出的作用. 对随机微分方程理论的完整理解需要熟悉高级概率论和随机过程；然而，只要有确定性常微分方程方法的背景知识和对随机变量的直观理解，就可以理解如何数值模拟随机微分方程. 此外，数值方法的经验为随机微分方程的基础理论提供了有用的第一步. 因此，在本节我们将直观解释如何将简单的数值方法应用于随机微分方程.

7.5.1 布朗运动

随机微分方程与确定性微分方程不同点在于随机项的存在，那么其数值求解的关键也就在于随机项的离散. 下面将本书涉及的随机项部分进行简单介绍和离散处理.

定义3 一个实值二阶随机过程$\{X(t):t\in T\}$，如果$\boldsymbol{X}=[X(t_1),\cdots,X(t_M)]^{\mathrm{T}}$服从多维高斯分布，则称其为高斯过程.

上面介绍的高斯分布是下面布朗运动定义的关键.

定义4 设$\{W(t):t\in\mathbf{R}_+\}$是一个实值二阶高斯过程，样本路径连续，期望函数$\mu(t)=0$，自协方差函数$C(s,t)=\min\{s,t\}$，则称$W(t)$为布朗运动，也称为维纳过程.

布朗这个名字指的是罗伯特·布朗(Robert Brown，英国植物学家)，他确定了花粉颗粒运动为布朗运动. 布朗运动通常被称为维纳过程(因此是符号的选择$W(t)$)，在诺伯特·维纳(Norbert Wiener)之后，布朗对数学理论做出了重大贡献. 下面我们重点关注实值过程，并使用名称布朗运动.

一个标准布朗运动，或标准的维纳过程，在$[0,T]$是一个随机变量$W(t)$，它连续地依赖于$t\in[0,T]$. 布朗运动相关性质有：

(1)依概率1有$W(0)=0$.

(2)增量$W(t)-W(s)\sim N(0,|t-s|)$.

(3)增量$W(t)-W(s)$与$W(u)-W(v)$相互独立，其中区间$[t,s]$与$[u,v]$不相交.

(4)$W(t)$是t的连续函数.

利用这些性质可以对$W(t)$离散处理：

$$W_j=W_{j-1}+\mathrm{d}W_j,\quad j=1,2,\cdots,N,\mathrm{d}W_i\sim\sqrt{\delta t}N(0,1) \tag{7.81}$$

MATLAB文件bmotion.m使用式(7.81)对$[0,1]$上的布朗运动给出了$N=500$的一次模拟. 这里,使用随机数生成使用 randn,每次调用 randn 都会从 $N(0,1)$分布中产生一个独立的“伪随机”数. 为了使实验具有可重复性,MATLAB 允许设置随机数生成器的初始状态. 如使用命令 randn('state',100),表示设置状态名为 100. 此时 bmotion. m 的重新运行将产生相同的输出. 图 7. 16 显示了 MATLAB 中运行 bmotion. m 和 bmotion2. m 生成的布朗运动结果. 注意:为了可视化,离散数据用直线连接. 将把由 bmotion 中的算法创建的数组 W 称为离散的布朗路径.

```
% 布朗运动的离散化—bmotion. m.
randn('state',100) % 设置随机数种子
T = 1; N = 5 00; dt = T/N;
dW = zeros(1,N); % 预分配数组
W = zeros(1,N); % 预分配数组
dW(1) = sqrt(dt) * randn;
W(1) = dW(1);
for j = 2:N
dW(j) = sqrt(dt) * randn; % 增量
W(j) = W(j - 1) + dW(j);
end
plot([0:dt:T],[0,W],'r - ') % 路径可视化
xlabel('t','FontSize',16)
ylabel('W(t)','FontSize',16,'Rotation',0)
```

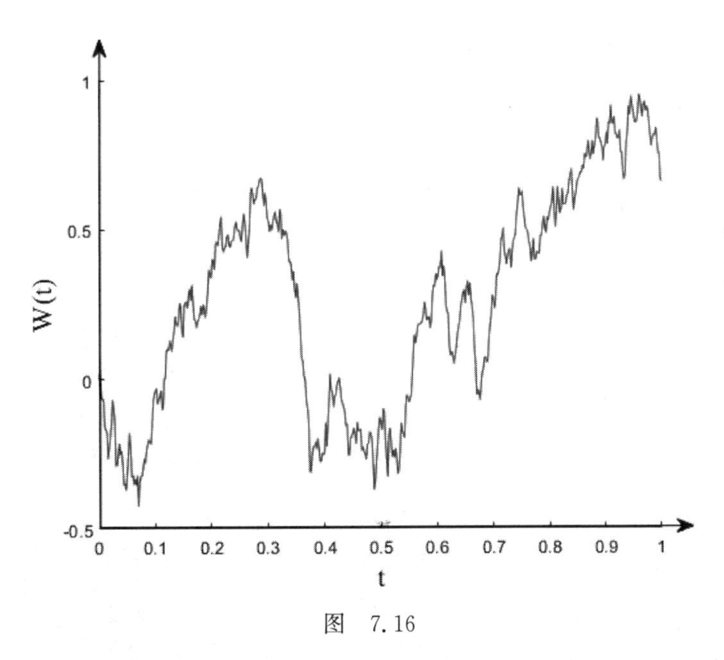

图　7. 16

可以通过用更高级的“向量化”命令替换 for 循环来更有效地执行相同的计算,如 bmotion2. m 所示. 随机数生成器含有两个参数:randn(1,N)创建了一个 1 - by - N 数组,里面的元素都是独立服从 $N(0,1)$的. 函数 cumsum 计算其参数的累积和,因此 1 - by - N 数组 W 的第 j 个元素是 dW(1)+dW(2)+…+dW(j). 避免使用循环,从而直接使用数组而不是单个组件进行计算,是编写高效 MATLAB 代码的关键. 如果以非矢量化的形式编写,本文中的一些 m 文件

的运行将会慢几个数量级.

```
% 布朗运动的高效离散化—bmotion2.m.
randn('state',100) % 设置随机数种子
T = 1; N = 5 00; dt = T/N;
dW = sqrt(dt) * randn(1,N); % 增量
W = cumsum(dW); % 累积求和
plot([0:dt:T],[0,W],'r-') % 路径可视化
xlabel('t','FontSize',16)
ylabel('W(t)','FontSize',16,'Rotation',0)
```

7.5.2 随机常微分方程

随机常微分方程是一个具有随机强迫力的常微分方程,通常由白噪声 $\zeta(t)$ 给出. 选择白噪声,使随机力 $\sigma\zeta(t)$ 在不同的时间 t 不相同. 例如,在常微分方程 $\frac{du}{dt}=-\lambda u$ 中添加噪声得到随机常微分方程

$$\frac{du}{dt}=-\lambda u+\sigma\zeta(t),\quad u(0)=u_0 \tag{7.82}$$

参数 $\lambda,\sigma>0$ 和初始条件 $u_0\in\mathbf{R}$.

如果把白噪声看作布朗运动的形式导数,$\zeta(t)=dW(t)/dt$,通过对方程(7.82)在$[0,t]$进行积分,

$$u(t)=u_0-\lambda\int_0^t u(s)ds+\sigma W(t) \tag{7.83}$$

或者,写成微分形式

$$du=-\lambda u dt+\sigma dW(t),\quad u(0)=u_0 \tag{7.84}$$

该方程的解是一个随机过程$\{u(t):t\geqslant 0\}$,被称为奥恩斯坦-乌伦贝克(Ornstein - Uhlenbeck)过程.

对随机积分的正确解释是一个微妙的问题,如积分

$$\int_0^t G(u(s))dW(s), \tag{7.85}$$

因此,如何求解 $u(t)$ 取决于这个解释. 对于它的解释,我们更倾向伊藤(Ito)积分,它认为布朗增量 $dW(s)$ 独立于当前状态 $u(s)$. 伊藤积分经常用于金融问题的数学建模,因为它导致了鞅过程. 另一种方法是"平滑"微分方程,用连续可微近似代替 $W(t)$,从而使积分由常规微积分来定义,这时随机积分被定义为一个极限. 这种方法导致了斯特拉托诺维奇(Stratonovich)积分,通常表示为 $\int_0^t G(u(s))\circ dW(s)$. 相应的方程称为斯特拉托诺维奇形式的方程. 这种方程通常适用于一些物理问题的数学建模. 有限差分求解随机常微分方程(SODEs)最简单的一种方法是 Euler - Maruyama 方法,它是确定性方程的欧拉方法的随机版本.

例 9 (Ornstein - Uhlenbeck 过程)考虑一个单位质量的粒子在时间 t 以 $P(t)$ 运动,受周围气体粒子的不规则轰击的动力学. 粒子可以用耗散力 $-\lambda P(t)$ 建模,其中 $\lambda>0$ 称为耗散常数,波动力 $\sigma\zeta(t)$,其中 $\zeta(t)$ 是白噪声,$\sigma>0$ 是扩散常数. 牛顿第二运动定律给出了加速度作为两种力的和.

$$\frac{dP}{dt}=-\lambda P+\sigma\zeta(t), \tag{7.86}$$

即具有加性噪声的线性 SODE. 它也可以表达为

$$dP = -\lambda P\,dt + \sigma dW(t). \tag{7.87}$$

通常考虑 $P(0)=P_0$ 的初值问题,解 $P(t)$ 被称为 Ornstein - Uhlenbeck 过程.

常数变易公式也适用于 SODEs,对于式(7.87)有

$$P(t) = e^{-\lambda t}P_0 + \sigma\int_0^t e^{-\lambda(t-s)}\,dW(s), \tag{7.88}$$

其中,第二项是一个随机积分. 可以用它来推导出统计物理学中的一个重要关系.

根据定义,系统的每个自由度在温度 T 下的动能为 $\frac{1}{2}k_B T$,其中 k_B 表示玻尔兹曼常数. 特别地,处于热平衡状态的粒子系统的温度可以由 λ 和 σ 来确定. 对于 Ornstein - Uhlenbeck 模型,动能的期望

$$\begin{aligned} E[P^2(t)] &= e^{-2\lambda t}P_0^2 + \sigma^2\int_0^t e^{-2\lambda(t-s)}\,ds \\ &= e^{-2\lambda t}P_0^2 + \frac{\sigma^2}{2\lambda}(1-e^{-2\lambda t}) \to \frac{\sigma^2}{2\lambda}, \quad t\to\infty, \end{aligned} \tag{7.89}$$

平均动能 $E\left[\frac{1}{2}P^2(t)\right]\to\frac{\sigma^2}{4\lambda}, t\to\infty$. 因此,$\frac{\sigma^2}{4\lambda}$ 称为平衡动能,平衡温度由 $k_B T=\frac{\sigma^2}{2\lambda}$ 给出,称为波动与耗散之间的关系. 深入研究会发现 $P(t)\to N\left(0,\frac{\sigma^2}{2\lambda}\right)$.

图 7.17(a)是对方程(7.87)利用 Euler - Maruyama 近似得到的样本轨道,参数选取为 $P_0=1, \lambda=1, \sigma=0.5, \Delta t=0.05$,两条水平线中间的区域是置信度为 90% 的置信区间 $\left[-2\sqrt{\sigma^2/2\lambda}, 2\sqrt{\sigma^2/2\lambda}\right]$;图 7.17(b)是 $P(t_n), t_n\in[10, 1\ 000]$ 的直方图.

下面再看一个二维的例子.

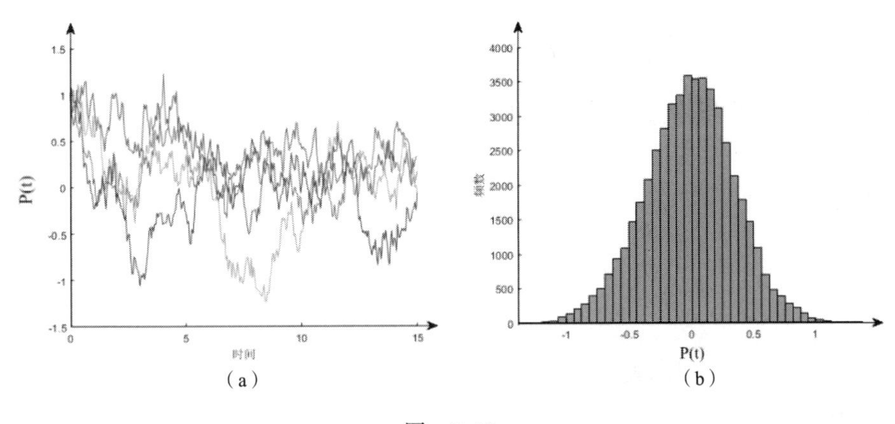

(a)　　(b)

图 7.17

例 10　(Langevin equation)如果例 9 中的势能函数为 $V(Q)$,则粒子的动力学可以被如下 SODEs 描述:

$$\begin{cases} dQ = p\,dt, \\ dP = [-\lambda P - V'(Q)]\,dt + \sigma dW(t). \end{cases} \tag{7.90}$$

参数 $\sigma>0, \lambda>0$. 引入向量表达方式

$$f(u)=\begin{pmatrix}P\\-\lambda P-V'(Q)\end{pmatrix},\quad G(u)=\begin{pmatrix}0\\\sigma\end{pmatrix},\quad u=\begin{pmatrix}Q\\P\end{pmatrix},$$

这里噪声是加性的，且直接作用在动量 P 上，这个方程称为郎之万方程. 图 7.18(a)给出了 $P_0=Q_0=1,\lambda=1,\sigma=0.2,\Delta t=0.0025,V(Q)=0.5Q^2$ 条件下的三条样本轨道，图 7.18(b)中两条水平线中间的区域是置信度为 90%的置信区间 $\left[-2\sqrt{\sigma^2/2\lambda},2\sqrt{\sigma^2/2\lambda}\right]$.

平稳密度为 $p(Q,P)=\dfrac{\mathrm{e}^{-\beta H(Q,P)}}{Z},\beta=\dfrac{1}{k_BT}=\dfrac{2\lambda}{\sigma^2}$，$Z$ 是归一化常数，$H=0.5P^2+V(Q)$.

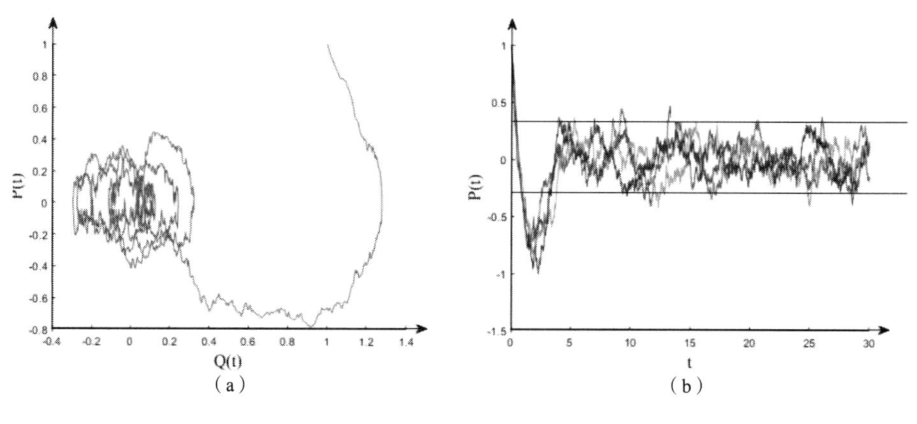

图 7.18

例 11 （几何布朗运动）在金融建模中，利率为 r 的无风险资产 t 时的价格 $u(t)$ 服从微分方程 $\dfrac{\mathrm{d}u}{\mathrm{d}t}=ru$. 在股票市场上，股票价格波动迅速，波动通过随机过程 $r+\sigma\zeta(t)$ 取代无风险利息 r 建立随机模型

$$\mathrm{d}u=ru\,\mathrm{d}t+\sigma u\,\mathrm{d}W(t),\quad u(0)=u_0,\tag{7.91}$$

参数 σ 称为波动率，随机项 $\zeta(t)$ 为白噪声. 图 7.19 的参数选取为 $r=1,\sigma=5,\Delta t=0.005$，图 7.19(a)给出了几何布朗运动的样本轨道，图 7.19(b)是采用 Euler - Maruyama 方法得到的几何布朗运动数值近似.

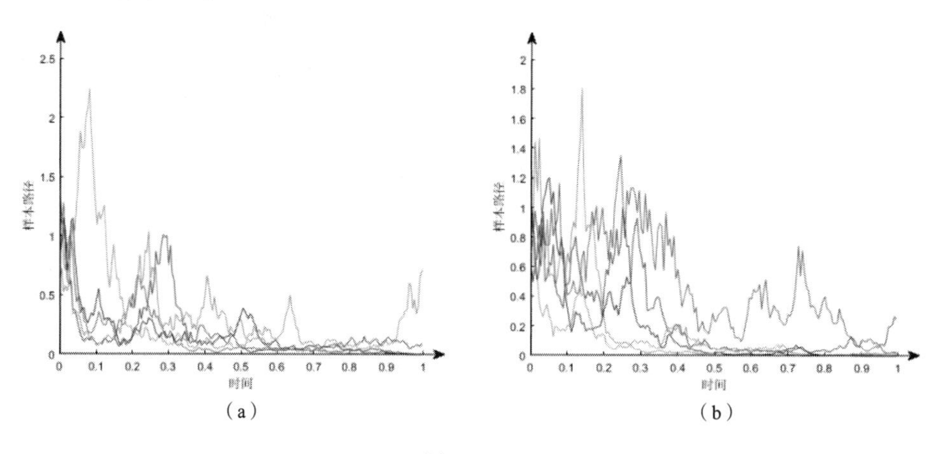

图 7.19

7.5.3 随机微分方程数值方法

下面简要介绍 Euler - Maruyama 方法的推导过程. 将随机微分方程

$$du = f(u(t))dt + G(u(t))dW(t), \quad u(0) = u_0 \tag{7.92}$$

从 0 到 t_{n+1}, t_n 进行积分得到

$$u(t_{n+1}) = u_0 + \int_0^{t_{n+1}} f(u(s))ds + \int_0^{t_{n+1}} G(u(s))dW(s),$$

$$u(t_n) = u_0 + \int_0^{t_n} f(u(s))ds + \int_0^{t_n} G(u(s))dW(s).$$

这样可以得到单步格式

$$u(t_{n+1}) = u(t_n) + \int_{t_n}^{t_{n+1}} f(u(s))ds + \int_{t_n}^{t_{n+1}} G(u(s))dW(s).$$

如果按照左矩形公式,可以得到 Euler - Maruyama 方法:

$$u_{n+1} = u_n + f(u_n)\Delta t + G(u_n)\Delta W_n, \quad \Delta W_n = W(t_{n+1}) - W(t_n),$$

这样就得到了随机微分方程的数值方法. MATLAB 程序代码如下:

```
% Euler - Maruyama 求解样本路径. 输入为初值 u0,终点 T,采样段数 N, 方程维数 d 和随机项的维数 m,漂移项 fhandle 和扩散项 ghandle;输出是[0,Δt,...,T]ᵀ和 u₀,...,uₙ.
function [t, u] = EulerMaruyama(u0,T,N,d,m,fhandle,ghandle)
Dt = T/N; u = zeros(d,N + 1); t = [0:Dt:T]'; sqrtDt = sqrt(Dt);u(:,1) = u0; u_n = u0; %初值
for n = 1:N,
dW = sqrtDt * randn(m,1); % 布朗增量
u_new = u_n + Dt * fhandle(u_n) + ghandle(u_n) * dW;
u(:,n + 1) = u_new; u_n = u_new;
end
```

下面利用上述代码,求解杜芬-范德波尔(Duffing - van der Pol)随机微分方程.

例 12　随机微分方程的漂移项和扩散项分别为

$$f(u) = \begin{pmatrix} P \\ -P(\lambda + Q^2) + \alpha Q - Q^3 \end{pmatrix}, \quad G(u) = \begin{pmatrix} 0 \\ \sigma Q \end{pmatrix}, \quad u = \begin{pmatrix} P \\ Q \end{pmatrix}.$$

解　首先建立 m 文件 vdp. m.

```
function [t,u] = vdp(u0,T,N,alpha,lambda,sigma)
[t, u] = EulerMaruyama(u0, T, N, 2, 1, @(u) vdp_f(u,lambda, alpha),...
@(u) vdp_g(u,sigma));
function f = vdp_f(u, lambda, alpha) % define drift
f = [u(2); - u(2) * (lambda + u(1)^2) + alpha * u(1) - u(1)^3];
function g = vdp_g(u,sigma) % define diffusion
g = [0; sigma * u(1)];
```

输入代码:

```
>>lambda = 1; alpha = 1; sigma = 1;
>>u0 = [0.5;0]; T = 10; N = 1000;
>>[t, u] = vdp(u0, T, N, alpha, lambda, sigma);
```

计算结果如图 7.20 所示,其中,图 7.20(a)是 Duffing - van der Pol SODEs 的样本轨道，图 7.20(b)是样本轨道对应的相图.

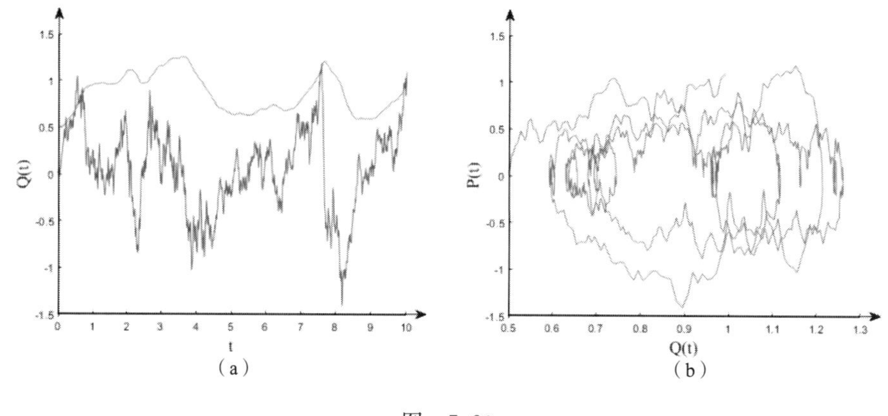

图 7.20

习 题

1. 分别用欧拉法、隐式欧拉法、梯形法求解初值问题

$$\begin{cases} y' = -y, & 0 \leqslant x \leqslant 1, \\ y(0) = 1. \end{cases}$$

2. 利用欧拉法求解初值问题

$$\begin{cases} y' + y + y^2 \sin x = 0, & 1 \leqslant x \leqslant 2, \\ y(1) = 1. \end{cases}$$

要求计算 $y(2)$ 的近似值,小数点后保留 5 位.

3. 用一个分割的表格来表示龙格-库塔方法,形式为

$$\begin{array}{c|c} \boldsymbol{C} & \boldsymbol{A} \\ \hline & \boldsymbol{b}^{\mathrm{T}} \end{array}$$

其中向量 $\boldsymbol{C}$ 表示节点位置. 矩阵 $\boldsymbol{A}$ 的位置表示对导数依赖性,$\boldsymbol{b}$ 是一个加权值的向量,通常把它称为“龙格-库塔表”或者“Butcher 表”. 请写出欧拉法、隐式欧拉法、预估校正欧拉法、梯形法的 Butcher 表.

4. 推导梯形法的稳定函数.

5. 构造一个三阶龙格-库塔方法满足下列方程,其中 $b_1=0$,$c_3=1$.

$$\begin{cases} b_1 + b_2 + b_3 = 1 \\ b_2 c_2 + b_3 c_3 = \dfrac{1}{2} \\ b_2 c_2^2 + b_3 c_3^2 = \dfrac{1}{3} \\ b_3 c_2 a_{32} = \dfrac{1}{6} \end{cases}$$

6. 证明求解初值问题(7.2)的欧拉法和改进欧拉法是收敛的.

7. 确定求解初值问题(7.2)的单步法

$$y_{n+1}=y_n+\frac{h}{2}\Big(f(x_n,y_n)+f(x_{n+1},y_{n+1})\Big)$$

的收敛阶.

8. 证明求解初值问题(7.2)的单步法

$$y_{n+1}=y_n+\frac{h}{6}\Big(4f(x_n,y_n)+2f(x_{n+1},y_{n+1})+hf'(x_n,y_n)\Big)$$

是三阶方法.

9. 确定下面两种龙格-库塔方法的收敛阶:

(1) $\begin{cases} y_{n+1}=y_n+\dfrac{h}{4}\Big(K_1+3K_3\Big), \\ K_1=f(x_n,y_n), \\ K_2=f\Big(x_n+\dfrac{h}{3},y_n+\dfrac{h}{3}K_1\Big), \\ K_3=f\Big(x_n+\dfrac{2h}{3},y_n+\dfrac{2h}{3}K_2\Big); \end{cases}$

(2) $\begin{cases} y_{n+1}=y_n+\dfrac{h}{9}\Big(2K_1+3K_2+4K_3\Big), \\ K_1=f(x_n,y_n), \\ K_2=f\Big(x_n+\dfrac{h}{2},y_n+\dfrac{h}{2}K_1\Big), \\ K_3=f\Big(x_n+\dfrac{3h}{4},y_n+\dfrac{3h}{4}K_2\Big). \end{cases}$

10. 证明求解 $y'=\lambda y,\lambda<0$ 的单步法

$$y_{n+1}=y_n+\frac{h}{3}[f(x_n,y_n)+2f(x_{n+1},y_{n+1})]$$

是无条件稳定的.

上机实验

1. 数值计算例 1,数值计算例 2.

2. 考虑有阻尼自由振动 $y''+2\beta y'+\omega^2 y=0,y(0)=1,y'(0)=0$,首先用 MATLAB 中 ode 函数进行数值求解,然后讨论阻尼系数对解的影响.

3. 考虑有阻尼强迫振动 $y''+2\beta y'+\omega^2 y=F\sin\omega t,y(0)=1,y'(0)=0$,首先用 MATLAB 中 ode 函数进行数值求解,然后讨论阻尼系数、外激励幅值、外激励频率对解的影响.

4. 如果使用足够小的步长,高阶方法通常比低阶方法表现得更好. 请利用不同阶数的龙格-库塔方法求解如下方程,并比较误差.

$$\begin{cases} \dfrac{dy}{dx}=y_3, \\ \dfrac{dy_2}{dx}=y_4, \\ \dfrac{dy_3}{dx}=-\dfrac{y_1}{(y_1^2+y_2^2)^{3/2}}, \\ \dfrac{dy_4}{dx}=-\dfrac{y_2}{(y_1^2+y_2^2)^{3/2}}. \end{cases}$$

参考文献

[1] 白峰杉. 数值计算引论[M]. 北京:高等教育出版社,2004.

[2] 王能超. 数值分析简明教程[M]. 2版. 北京:高等教育出版社, 2003.

[3] 徐仲, 张凯院, 陆全, 等. 矩阵论简明教程[M]. 3版. 北京:科学出版社, 2014.

[4] 索尔. 数值分析(第2版)[M]. 裴玉茹, 马赓宇, 译. 北京:机械工业出版社, 2014.

[5] LAY D L, LAY S R, MCDONALD J J. Linear algebra and its applications[M]. London: Pearson Education Limited, 2016.

[6] 喻文健. 数值分析与算法[M]. 3版. 北京:清华大学出版社, 2020.

[7] 张保才, 王亚红. 计算方法[M]. 北京:中国铁道出版社, 2003.

[8] 关治, 陆金甫. 数值分析[M]. 北京:高等教育出版社, 1998.

[9] 邓建中, 葛仁杰, 程正兴. 计算方法[M]. 西安:西安交通大学出版社, 1985.

[10] 戈卢布, 范洛恩. 矩阵计算[M]. 袁亚湘, 译. 北京:科学出版社, 2001.

[11] MOLER C. Numerical computing with MATLAB[M]. Philadephia: SIAM, 2004.

[12] 蔡大用, 白峰杉. 高等数值分析[M]. 北京:科学出版社, 1997.

[13] 蔡大用. 数值分析与实验学习指导[M]. 北京:科学出版社, 2001.

[14] 姜健飞, 吴笑千, 胡良剑. 数值分析及其MATLAB实验[M]. 2版. 北京:清华大学出版社, 2015.

[15] 李庆扬, 莫孜中, 祁力群. 非线性方程组数值解法[M]. 北京:科学出版社, 1987.

[16] SAAD Y. Iterative methords for sparse linear systens[M]. Boston: PWS Publishing Co., 1996.

[17] 徐树方. 矩阵计算的理论与方法[M]. 北京:北京大学出版社, 1995.

[18] 李晓梅, 吴建平. 数值并行算法与软件[M]. 北京:科学出版社, 2014.

[19] 威尔金森. 代数特征值问题[M]. 石钟慈, 邓健新, 译. 北京:科学出版社, 1987.

[20] 王高雄. 常微分方程[M]. 4版. 北京:高等教育出版社, 2020.

[21] 李荣华. 微分方程数值解法[J]. 北京:人民教育出版社, 1980.

[22] 李庆扬. 常微分方程数值解法:刚性问题与边值问题[M]. 北京:高等教育出版社, 1991.

[23] HOUSEHOLDER A S. Unitary triangularization of a nonsymmetric matrix[J]. Journal of the ACM, 1958, 5(4), 339-342.

[24] 薛定宇, 陈阳泉. 高等应用数学问题的MATLAB求解 [M]. 北京:清华大学出版社, 2004.

[25] ARNOLD L. Random dynamical systems[M]. New York: Springer-Verlag, 1998.

[26] 梁慧. 几类微分方程数值方法的研究[M]. 哈尔滨:哈尔滨工业大学出版社, 2015.

[27] 刘基余. GPS卫星导航定位原理与方法[M]. 北京:科学出版社, 2003.

[28] 廖新浩, 刘林. 辛算法在限制性三体问题数值研究中的应用[J]. 计算物理, 1995, 12(1):102-108.

[29] 王秋宝. 延迟微分系统的Hopf分支及其数值分析[D]. 哈尔滨:哈尔滨工业大学, 2009.

[30] WANG Q B, HAN Z K, ZHANG X, et al. Dynamics of the delay-coupled bubble system combined with the stochastic term[J]. Chaos, Solitons & Fractals, 2021, 148:111053.

[31] WANG Q B, WU H, YANG Y J. The effect of fractional damping and time-delayed feedback on the stochastic resonance of asymmetric SD oscillator[J]. Nonlinear Dynamics, 2022, 107(3):2099-2114.

[32] 白尚恕. 九章算术今译[M]. 济南:山东教育出版社, 1990.

[33] 黄田, 汪劲松, WHITEHOUSE D J. Gough-Stewart平台运动学设计理论与方法[J]. 中国科学(E辑), 1999, 29(4):11.